KB240604

인류와 함께한

진균의 역사

Fungi and Human Life:
The Molds, Mushrooms, and Medicines That Fill Our World

곰팡이, 버섯, 효모가 들려주는 공생의 과학

인류와 함께한

진균의 역사

니컬러스 P. 머니 지음 | 김은영 옮김 | 조정남 감수

세종

일러두기

원서에서 'fungus'는 곰팡이, 버섯, 효모 등을 포함한 미생물의 한 부류를 통칭하는 용어로서, 학술용어로는 진균 혹은 균류라고 한다(미생물은 세균[박테리아]과 진균으로 나뉘며, 진균에는 곰팡이, 효모, 버섯 등이 속해 있다). 따라서 이 책에서는 'fungus'를 정확한 명칭인 '진균(眞菌, 진핵세포 균이라는 의미)'으로 번역하고, 문맥에 따라 '곰팡이', '버섯', '효모', '균류' 등으로 옮겼다.

감수의 글

아무리 희귀한 생명체라 해도 그것이 동물인지 식물인지 구분하는 일은 그리 어렵지 않다. 그렇다면 버섯은 어떤가? 나무에 붙어 자라는 모습이 식물을 연상시키지만, 식물로 분류하기엔 어딘가 어색하다. 버섯이 사실 곰팡이와 같은 종류라는 말을 들으면 많은 사람이 생소하게 느낀다. 버섯과 곰팡이를 포함한 이 생명체 집단을 우리는 '진균', 혹은 '균류'라 부른다.

진균은 대부분 눈에 보이지 않을 만큼 작아 미생물로 분류되지만, 대표적인 미생물인 박테리아(세균)와는 여러 면에서 다르다. 오히려 세포 구조나 기능 면에서는 동물이나 식물에 훨씬 가깝다. 미생물이면서도 동식물과 닮아 있다니, 참으로 알쏭달쏭한 존재다. '진균'이라는 단어조차 낯선 까닭에, 이들이 생물학의 역사에서 상대적으로 주목받지 못했던 것도 이해할 수 있다.

하지만 우리는 진균을 결코 가볍게 여겨서는 안 된다. 진균이 지구 생태계에 등장한 이래 지금까지의 시간을 24시간으로 환산한다면, 인류가 진균과 함께한 시간은 마지막 17초에 불과하다. 그뿐만 아니라 지구상에 존재하는 모든 진균의 무게는 약 800억 톤으로, 모든 동물의 무게를 합친 것보다 여섯 배 이상 많다. 진균이야말로 지구의 오랜 주인이며, 인간은 그 생태계의 일부를 잠시 공유하고 있는 셈이다.

이처럼 진균은 언제 어디에나 존재하며, 우리의 삶 전반에 걸쳐 다양한 방식으로 영향을 미친다. 때로는 질병을 유발하는 병원체로, 때로는 건강, 음식, 문화, 종교에까지 영향을 미치는 동반자로 등장한다. 이 책은 인간과 진균 사이의 복잡한 상호작용을 크게 두 부분으로 나누어 탐구한다. 1부에서는 피부(2장), 호흡기(3장), 뇌(4장), 장(5장) 등 우리 몸속의 진균과 그로 인한 질환을 다루며, 2부에서는 인간의 신체를 넘어 환경 속에 존재하는 진균에 주목한다. 치즈, 빵, 와인과 같은 서양 음식은 물론, 간장과 김치 같은 전통 발효식품도 모두 진균의 도움으로 탄생했다(6장). 진균이 만들어내는 화학물질은 독성을 품고 있기도 하지만(8장), 항생제처럼 인류에 유익한 약물로 이용되기도 한다(7장). 환각버섯을 통해 겪은 초현실적인 감각 경험은 고대 신앙의 형성에 영향을 끼친 것으로 보이기도 한다(9장). 마지막으로, 저자는 진균이 생태계에서 담당하는 고유한 역할, 즉 지구 자원의 순환(10장)을 환기시키며 이 여정을 마무리한다.

이 책은 진균을 단순한 병원체나 식재료로만 인식했던 시선을 넘어, 놀랍고도 다면적인 진균의 세계를 조명한다. 미생물과 생태, 의학과 인문학을 넘나드는 흥미로운 이야기를 통해 독자들은 진균이라는 생명체가 얼마나 다채롭고도 필수적인 존재인지를 새삼 깨닫게 될 것이다. 이 책을 통해 여러분이 진균을 완전히 새로운 시각으로 바라보게 되기를 기대한다.

2026년 1월 영국 더럼에서

조정남

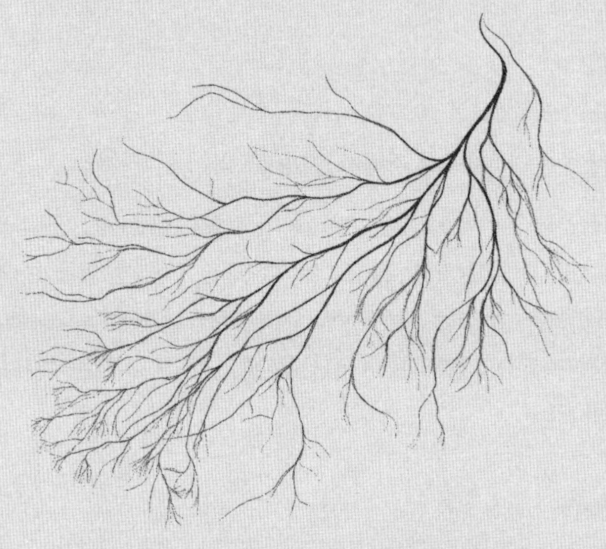

노래하라, 천상의 뮤즈여……

그들 안의 어두운 것을 밝혀주고, 낮은 것을 들어 올려 떠받쳐주소서.

이 위대한 논증의 정상에 이르러 영원한 섭리를 주장하며,

버섯의 이치를 인간에게 정당화하고자 함이니

존 밀턴, 『실락원』(1667) 1권 6절 22~26행

1장

상호작용하다

Interacting

탄생부터 죽음에 이르기까지 진균과의 만남

곰팡이 포자는 내 어린 시절 추억에 검은 그림자를 드리웠다. 나를 거의 죽일 뻔했으니까. 1967년 어느 날, 겨우 다섯 살 난 나의 몸은 폐렴으로 폐기능이 멈추면서 온몸의 산소가 바닥났고, 앰뷸런스가 도착하기도 전에 내 피부는 푸른빛을 띠기 시작했다. 나는 잉글랜드 남부 템스 밸리에서 태어났다. 템스 밸리는 천식 환자만 아니라면 아주 아름다운 고장이다. 여름이면 나무에서 날리는 꽃가루와 곰팡이 포자가 옥스퍼드셔의 공기를 채우기 때문에 순식간에 천국에서 지옥으로 변한다. 그날 오후에 발생한 폭풍으로 이 유독한 입자들이 구름처럼 하늘을 뒤덮었다. 숨을 들이쉴 때마다 이 입자들이 내 가슴으로 흘러들면서 좁은 기도가 더 좁아지고 점액이 찼다.

천식 발작이 심할 때는 죽을 것 같은 느낌이 든다. 간호사가 나를 산소 텐트에 넣고 커다란 오렌지색 알약을 주었다. 알약이 너무 커서 삼키기 힘들었지만, 이삼일 항생제와 스테로이드 약물 처방을 받고 나니 폐가 다시 열렸다. 50년이 넘게 흐른 지금도 그 투명한 비닐 텐트 안에서 숨을 쉬려고 버둥거리던 내 모습이 눈앞에 생생하다. 그때의 트라우마가 균학자로서의 내 커리어에 미친 영향뿐만 아니라 그 텐트에 발을 들여놓게 한 포자를 연구하는 데 굉장히 큰 원동력으로 작용했을 거라고 생각한다.

포자 때문에 병을 얻은 그 소년이 성인이 되어 균을 연구하고, 균의 생물학을 학생들에게 가르치며, 법정에서 균 노출 관련 증언을 하는 전문가로서 봉사한다는 사실은 인생의 우연이 운명이 되어 한 인간의 삶을 정의한 사례 중 하나가 아닐까 싶다. 한 테라피스트와 함께한 짧은 치료 경험이 내 어린 시절과 지금의 직업을 이어주는 연결고리가 되었다. 그 테라피스트는 턱수염을 기른 점잖은 아저씨였는데, 내가 왜 죽음공포증thanatophobia으로 괴로워하게 되었는지를 이해하는 데 도움이 될 만한 통찰력 있는 질문들을 나에게 던졌다. 당시 나는 죽음불안증death anxiety이라고도 불리는 죽음공포증 때문에 인생을 즐기지 못하고 있었다. 늘 죽음에 대한 공포에 시달렸기 때문이다. 테라피스트와의 대화 초반에 나는 균학자, 즉 진균에 대한 전문가라고 내 소개를 하고, 진균이 무엇이며 어떤 역할을 하는지 간략히 설명했다. 다른 많은 것들—나의 건강 상태, 결혼생활, 그리고 10대 자녀를 둔 부모로서의 고민 등—에 대해 이야기한 후, 테라피스트는 다시 본론으로 돌아가 이런 질문을 했다. "당신이 위대한 분해자라고 설명했던 미생물과 죽음에 집착하게 된 이유에 대해 생각해본 적 있습니까?" 우리는 마주 보며 함께 웃었다. 천식 발작이 그 모든 불안과 공포의 원인이었다는 설은 그럴듯해 보인다. 죽음공포증과 균에 대한 병적인 집착은, 심기증hypochondria(건강 염려증이라고도 한다-편집자) 환자였던 사람이 의사가 되는 것처럼, 그 증상에 대한 치료를 받는 동안 잠재의식 속에서 치료 수단으로 발전했을 수도 있다. 사실은 단순히 버섯을 좋아했을 뿐일 수도 있지만 말이다.

이 책의 주제이자 현재 나의 흥미를 끌고 있는 것은 인간과 진균의 공생에 대한 과학이다. 인간과 균은 매우 밀접하고 광범위한 관계를 맺고 있다. 그 관계는 우리 피부와 장내에서 기생하는 효모로부터 음식과 약품의 원료로 쓰이는 진균, 그리고 지상의 생명체들이 살아갈 수 있게 해주는 땅속의 버섯 군집에 이르기까지 폭넓게 이어져 있다. 진균과 인간 사이에 존재하는 가장 가까운 물리적 관계는 눈으로 확인할 수 없다. 우리 몸속에 사는 진균은 현미경으로 봐야 할 정도로 미세하기 때문이다. 이 진균들은 숫자상 훨씬 더 많은 박테리아와 바이러스에 둘러싸여 살며, 인간의 건강에 결정적인 역할을 한다. 이 미생물들은 함께 어우러져 휴먼 마이크로바이옴human microbiome, 즉 인체 내의 미생물 군집을 형성하며, 이 내밀한 생태계에서 진균 부분을 진균 군집*mycobiome*, 즉 마이코바이옴이라고 부른다(접두사 *myco*-는 '모든 균'을 의미하는 그리스어 *mykes*에서 온 말이다).

사람의 피부와 몸 안에서 사는 엄청난 수의 진균들은 예상 밖의 놀라운 과학적 사실을 보여준다. 진균은 수조 개에 이르는 인체 세포와 미생물 세포들의 상호작용으로 작동하는 거대한 인체 생태계에서 결정적인 한 부분을 차지한다. 인간은 이러한 진균 없이는 살아갈 수 없다. 귀 뒤의 주름진 피부를 만져보거나 손가락으로 머리카락 사이를 쓸어보자. 물론 눈으로 볼 수는 없지만, 피부나 두피를 만지거나 긁은 후의 손가락 끝에는 진균 세포가 달라붙어 있다. 균은 우리에게는 필수불가결한 파트너이며 우리 몸에 깃들어 사는 존재들이다. 마이코바이옴을 형성하는 대부분의 진균들은 우리에게 유익하지만, 그중 일부는 우리 몸의 면역체계가 약화되면 갑자기 등을 돌려 매우 위험한 감염증을 일으킨다. 보통 식물이나 고목, 퇴비, 새똥 등에서 자라는 진균들이 우리 몸에서도 살 수 있는데, 몸이 약해지면 몸속 조직을 공격할 수 있다. 인체가 균에 감염되어 발생하는 질병을 진균증*mycoses*이라고 하는데, 무좀 같은 흔한 증상에서부터 생명을 위협하는 뇌 감염brain infections까지 매우 다양하다.

그러나 우리와 관계를 맺고 있는 진균은 우리 몸에서 발견되는 종들에 그치지 않는다. 우리가 먹는 음식에 영향을 주는 미생물, 효험 있는 약의 원료로서도 인간과 상호작용하며, 인간은 이러한 상호작용을 의식적으로 이용한다. 피부에서 자라는 효모의 다양성에서부터 우울증 치료에 쓰이는 환각버섯psychedelic mushroom 연구에 이르기까지, 균류학은 모든 분야에서 눈부신 발전을 이루어왔다. 이러한 인간과 진균 사이의 기브-앤드-테이크식 관점을 확장해보면 더 폭넓은 관계, 즉 우리의 생물학적 특성과 문화적 정체성을 규정하는 인간-균류 공생이라는 더욱 심오한 관계를 발견할 수 있다. 이 책에서는 '공생symbiosis'이라는 단어를 서로 다른 종 사이에 존재하는 유익하거나 유해한 관계를 설명하는 데 있어 그 어원이 지닌 가장 근본적이면서도 개방적인 의미로 사용했다. 공생이야말로 인간과 균 사이의 믿을 수 없이 다양한 상호작용을 완벽하게 설명해 주는 단어다.

식물도 동물도 아닌 존재,
진균이란 무엇인가?

식물도, 동물도 아니면서 식물보다는 동물에 가깝고, 대중문화에서 가장 신비로운 생물 집단으로 대접받고 있는 진균은 그 형태나 크기가 매우 다양하다.[1] 종종 우리 눈에 띄는 진균은 미생물이라는 범주에 넣기에는 너무 큰 것이 아닌가 싶기도 하다. 하얀 점박이 무늬의 빨간 갓을 쓴 광대버섯, 고목에 붙어 살며 때로는 음식 담는 접시만큼 자라는 목질버섯, 얇게 썰어 피자 토핑으로 올리는 양송이버섯 등 버섯류가 바로 그런 진균에 속한다. 이런 종을 미생물microorganism이라 부르는 이유는 버섯을 이루는 진균들이 현미경으로나 볼 수 있는 미시적인 생물이기 때문이다. 한살이의 거의 전 기간 동안, 버섯은 균사hyphae라 불리는 거미줄처럼 가느다란 실의 군집 형태로 존재한다. 균사를 이루는 한 가닥의 굵기는 사람 머리카락 굵기의 10분의 1에 불과하다. 균사는 토양에서 영양분을 섭취하며 길어지거나, 가지를 치고 나무를 썩히는 과정을 거친다. 이렇게 가지를 치면서 갈라지는 균사 섬유의 집합체를 균사체mycelium라고 한다. 균사체가 넓은 면적에 걸쳐 퍼져나가듯이 자라면서 영양분을 충분히 흡수하면, 방향을 바꾸어서 지표면 위로 솟아오른다. 이렇게 무리를 지어 지표면 위로 올라온 균사가 버섯을 형성한다. 주름이 있는 버섯은 자실체 또는 진균의 포자를 공기 중에 뿜어내는 생식기관이다. 번식의 의무가 매우 절박했기에 진균은 양분을 흡수하던 땅 밑에서 땅 위로 올라와 자실체를 만듦으로써 경이로운 생명의 주기 속에서 새로운 역할을 수행한다.

그러나 대부분의 진균은 버섯을 만들지 않으며 성장과 생식의 단계 전체에 걸쳐서 현미경적인 크기의 미생물에 머문다. 연못에서 헤엄치며 살아가는 수생균이 이런 진균에 속하는데, 동물의 정자와 비슷하게 세포에 꼬리가 달려 있다. 마치 미니어처 샹들리에처럼 반짝거리는 포자가 달린 곰팡이mold, 1,500종이 넘는 효모도 균계의 한 가족이다. 효모의 한 종류로 라틴어 학명이 사카로미세스 세레비지에*Saccharomyces cerevisiae*인 진균은 술을 빚거나 빵을 구울 때 쓰인다. 또 다른 진균 중 하나인 칸디다 알비칸스*Candida albicans*는 모든 사람의 몸에서 사는데, 특히 여성의 질 속에서 가려움증을 동반하는 감염을 일으켜 질 효모[2]라고 불리기도 한다(이 책에서는 라틴어 학명의 사용을 최소한으로 줄이겠지만, 진균에 따라 일반 명칭보다 라틴어 학명이 더 잘 알려져 있는 경우도 있다). 흔히 곰팡이라 불리며 가느다란 실의 형태로 자라는 진균과는 달리, 효모는 둥그스름한 단일 세포들이 출아를 통해 세포 표면에 딸세포를 만들어내는 방식으로 번식한다.

몸속의 진균 세계, 마이코바이옴의 비밀

사람의 몸은 어느 한 군데 진균으로부터 영향을 받지 않는 곳이 없다. 효모는 피부와 모낭 근처에 밀집해 있고, 외이도, 비관, 구강에도 여러 종의 진균이 산다. 소화관, 생식기관도 예외가 아니다. 균은 인체 조직의 세포만큼 작다. 피부 표면에서 증식해 커다란 얼룩이나 반점처럼 보일 정도로 자라야 우리 눈에 보인다. 그러나 지금 이 순간은 물론이고 우리가 살아 있는 모든 순간에 진균 세포는 두피와 장에서 우리가 매일 노폐물로 배출하는 점액과 죽은 세포를 먹고 자라면서 박테리아를 제어하는 데 도움을 준다. 이런 균들의 군집은 마치 강물이 흐르듯 끊임없는 흐름을 이룬다.

진균은 내 연구 생활 내내 미생물학자들 사이에서 박테리아 연구나 바이러스 연구에 밀려 늘 벤치를 지키는 무명선수 신세였고, 의학계에서도 언제나 뒷전이었다. 초기 진균학자들은 대부분의 진균을 병원 환자들에게 피해를 입히는 병균으로 오해하고 모든 사람의 몸에서 평화롭게 살아가는 효모의 중요성을 제대로 인식하지 못했다. 분자유전학 기술이 발전해 어마어마한 장내 미생물 수와 다양성이 밝혀지기 시작했을 때도 진균은 학자들의 시야 바깥에 있었다. 당시의 기술은 박테리아의 DNA 시퀀스를 식별하는 데 머물러 있었기 때문이다. 이러한 구도에도 마침내 변화가 찾아왔다. 새로운 연구방법 덕분에 체외에서는 두피에서 발가락까지, 체내에서는 구강에서 항문까지 모든 곳에서 증식하고 있는 효모와 곰팡이—덩어리지거나 가느다란 실 형태인—를 제대로 들여다볼 수 있게 되었다. 진균에 대한 자세한 연구가 진행되면서, 박테리아의 영역에 갇혀 있던 미생물에 대한 연구자들의 시야가 복잡한 화학적 상호작용을 통해 박테리아와 협력하고 투쟁하며 살아가는 다양한 진균 집단까지 확대되었다.[3] 이러한 혁신을 통해 우리는 인체와 건강한 삶에 마이코바이옴이 미치는 강력한 영향력을 깊이 파헤치기 시작했다.

아무리 지식과 기술이 발전했어도 사람의 눈으로는 볼 수 없다는 한계 때문에 사람의 몸에 깃든 마이코바이옴을 쉽게 이해하기는 어렵다. 마이코바이옴을 들여다볼 수 있게 된 것은 인체에 대한 새로운 시각을 제시했다는 점에서 생명 이해에 획기적인 변화를 가져왔지만, 한편으로는 어느 정도의 상상력도 필요하다. 사람의 지각능력으로는 세포나 미생물을 직접 관찰할 수 없다. 사람들은 자신을 반고체 상태의 개체로 여긴다. 어떤 부분은 매끄럽고 어떤 부분은 거칠며, 여기는 우묵하고 저기는 불룩한 독자적 존재로, 수십 년 동안 그 모든 부분이 서로 뭉쳐서 유지되어온 실체로 여긴다. 그러나 이러한 관념은 인간의 생물학적 본질에 대해 반만 맞는 관념이다. 이보다 계몽적인 관념을 가지려면, 우선 눈을 감고 우리 몸을 세포로 이루어진 하나의 은하라고 상상해야 한다. 그리고 이렇게 믿는 것이다. "나는 삼위일체로서, 하나의 세포로 태어났고, 그것을 수십조 개로 복제했으며, 다른 생명체들로 채워져 있다."

우리 몸에서 자연스럽게 자라는 미생물은 건강한 마이크로바이옴의 일부다. 피부, 외이도, 비관, 폐, 치아, 소화관, 생식기 등 신체 부위에 따라 서로 다른 미생물이 살고 있다. 각각의 신체 부위에서 우리 몸은 박테리옴bacteriome(세균 군집), 바이롬virome(바이러스 집합체), 그리고 마이코바이옴이라 불리는 박테리아, 바이러스, 진균들의 복잡한 사회가 함께 공존할 수 있도록 돕는다. 마이코바이옴이라는 용어가 처음 쓰이기 시작한 것은 버지니아주 이스턴 쇼어의 염습지에서 식물에 붙어 자라던 진균들을 일컫기 시작하면서부터였지만, 지금은 어떤 장소에서 발견되는 진균이든 모든 진균의 군집을 설명할 때 이 용어를 사용한다.[4] 예를 들면, 농장의 파인애플에는 49종의 진균이 살고, 열대 산호에는 해양 진균이 달라붙어 있으며, 살아 있는 가장 큰 여우원숭이의 일종인 인드리 여우원숭이의 장에는 토양 진균과 식물성 먹이로부터 얻은 미생물이 넘쳐난다.[5] 모든 동물과 식물, 그리고 해초가 진균으로 뒤덮여 있는 셈이다.

인간 조상의 마이코바이옴은 원숭이와 기타 영장류에서 그 흔적을 볼 수 있는데, 이들의 장내 진균은 종에 따라 다르게 나타난다.[6] 인간 특유의 마이코바이옴은 아주 오랜 옛날 인류 조상의 몸에서 자라던 진균들로부터 개조, 변형되어 왔다. 이들 마이코바이옴이 사람의 식습관과 행동 변화에 적응하면서 일부 진균은 사라지거나 다른 진균으로 대체되기도 했다. 이러한 진화적 변형은 수백만 년에 걸쳐서 이루어졌지만, 여러 종의 진균이 그보다 훨씬 짧은 기간에 유입되거나 퇴출되었다. 인류가 첫 탄생지인 아프리카로부터 다른 기후대로 이주하면서, 그리고 옷을 입고 신을 신게 되자 사람의 몸에서 사는 진균 집단들도 재구성되었다. 옷과 신발은 피부에 사는 진균들에게 영향을 미쳤고, 수렵과 채집에 의존하던 생활방식에서 농경 정착생활로 바뀌자 장에서 사는 진균들도 바뀌었다.

몸속 진균들이 펼치는 조용한 공존의 기술

진균은 먹이가 있는 곳이라면 어디서든 잘 자라므로 사람의 몸에서도 번성할 수밖에 없다. 우리 몸은 열량으로 충만하다. 우리 몸에 붙어 있는 살 한 근에는 아이스크림 한 근이 갖고 있는 것만큼의 칼로리가 들어 있다. 사람의 몸은 평균적으로 일인당 10만 칼로리의 에너지를 갖고 있다.[7] 사람의 두피에 생기는 피지를 먹고 사는 효모 군집이 소비하는 열량은 그야말로 먼지 한 알갱이 수준이다. 다른 균들은 박테리아를 분해해서 먹고 살거나, 사람이 섭취한 음식물이 장의 연동 운동으로 1.5미터 길이의 장관을 따라 이동하는 동안 그 음식물 조각이나 찌꺼기를 분해해 먹고 산다. 이를테면 사람은 진균에게 1년 365일 연중무휴로 근사한 뷔페를 제공하는 셈이다.

이런 균들이 염증을 일으키거나 조직에 손상을 주기 전까지는 그 존재를 의식하지 않고 살아가지만, 우리의 면역 시스템은 하루 24시간 이들에게서 감시의 눈길을 거두지 않는다. 인체의 방어기제는 경이로운 천연 공학의 산물이다. 면역에 있어서 최고로 빛나는 스타는 단연 백혈구다. 이 무색의 세포는 수적으로 훨씬 많은 적혈구와 함께 혈액을 타고 흐른다. 적혈구와 백혈구를 수적으로 비교하면 600대 1에 이르는데, 이 많은 적혈구가 하는 일은 한결같다. 들숨에 폐로 들어온 신선한 공기에서 산소를 추출하여 온몸에 배달하는 것이다. 그리고 다시 폐로 돌아가 날숨에 이산화탄소를 내보낸다. 백혈구는 이러한 가스 교환과는 무관한 대신, 다른 다양한 역할을 맡고 있다. 식세포phagocyte라 불리는 백혈구는 고유의 유전자 프로그래밍에 따라 마치 물과 토양에 사는 아메바처럼 몸을 앞으로 뻗은 후 뒷부분을 수축시켜 앞으로 나가는 방식(아메바 운동)으로 움직인다. 백혈구 중 일부는 혈관에서 주변 조직으로 흘러들어 폐의 내막이나 표피층으로 침투하기도 한다. 어디서든 미생물체를 만나면, 그것을 죽일지 살려서 놓아줄지 판단한다. 또한 백혈구는 손상되었거나 종양으로 발전할 가능성이 있는 인체 세포들을 제거하는 역할도 한다. 면역체계에 이러한 방어기전이 없다면, 사람은 장수를 누릴 수 없을 것이다.

면역체계는 인체 조직과 그 안에 깃든 미생물체들의 종합적인 생태계를 관리한다. 피부 표면의 죽은 세포와 두피에서 분비되는 지방을 처리하는 것이 전문인 진균에게는 그 역할을 하도록 허락하고, 또 다른 진균에게는 소화관이나 호흡기 점막 안에서 증식하도록 눈감아준다. 이보다 공격적인 역할을 살펴보면, 면역체계는 폭도들을 상시 진압하는 역할을 한다. 면역체계 전체를 질식시키겠다고 위협하는 여러 병원균pathogen이 대표적인 폭도다. 이러한 감시와 관리의 결과로 각자의 몸에는 독특한 진균의 혼합 집단이 남게 된다.[8] 각 신체 부위마다 서로 다른 종류의 진균들이 서식하며, 같은 진균이라도 한쪽에서는 성장하고 번식하는 반면 다른 쪽에서는 노화와 사멸을 겪으므로, 그 개체수는 잠시도 고정되어 있지 않고 끊임없이 변화한다. 사람의 성별과 나이도 자기 몸에 사는 미생물의 종류와 수에 영향을 미치며, 성별에 따른 호르몬의 차이도 특정 진균 집단의 성장을 자극할 수 있다고 알려져 있다. 땀은 피부에 사는 진균의 성장을 자극하는 반면, 햇볕은 진균을 죽인다. 정원 가꾸기를 좋아하는 사람들에게는 흙과 식물로부터 진균이 옮아갈 수 있다. 아이들은 부모로부터, 또 부모는 아이들로부터 진균이 옮는다. 연인들은 잠자리에서 진균을 서로 주고받는다. 우리가 호흡할 때 코를 통해 폐로 흘러 들어가는 진균의 종류와 수는 숨을 쉴 때마다 달라지고, 구강과 소화기 내부의 진균은 끼니때마다 격동을 겪는다.

지리와 지형 역시 또 하나의 변수다. 진균은 지구상 곳곳에 고르게 분포하지 않기 때문이다. 마이코바이옴에도 지역적 편차가 있어서, 아프리카 사람이 가진 진균과 아시아 사람이 가진 진균은 서로 다르다. 음식은 진균의 종류와 그 진균이 장에서 번성할 수 있는지 여부를 좌우한다. 채식주의자와 육식을 좋아하는 사람, 가공식품을 즐기는 사람의 장에는 제각각 다른 진균들이 산다.[9] 질병 역시 진균의 종류와 수, 특히 장에 사는 진균에게 영향을 미칠 수 있으며, 극심한 피부화상 등을 포함한 외상 역시 진균이 우리 조직 깊숙이 침투할 수 있도록 돕는다. 인체에 깃들어 사는 마이코바이옴의 구성에 영향을 미치는 사소하고 잡다한 변수들을 일일이 열거하자면 끝이 없다.

인간과 진균 사이의 상호작용이 중요하다는 사실은 다소 뜻밖이다. 마이크로바이옴의 박테리아에 비해 마이코바이옴의 진균은 개체수가 매우 적기 때문이다. 사람의 장에 깃들어 있는 박테리아 세포의 총수는 40조 개인 데 비해 진균 세포의 총수는 400억 개에 불과하다. 박테리아 세포 천 개에 진균 세포 하나꼴이다.[10] 그 박테리아들을 모두 뭉쳐 놓는다면 무게는 설탕 한 컵 정도, 한 줄로 늘어놓는다면 지구를 한 바퀴 돌 수 있다. 그에 비해 개체수가 적은 진균은 다 합해 뭉쳐놓았을 때 무게는 고작 건포도 한 알 정도지만, 개체의 크기는 훨씬 커서 고른 평면에 2차원의 한 겹으로 배열해놓았을 때 8인용 식탁을 덮을 수 있다. 이 정도면 사람의 대장大腸 내막의 면적과 비슷하다. 진균의 상당수가 분해 중인 음식이나 형성 중인 배설물 속에 감춰져 있기는 하지만, 이렇게 물리적으로 비교해보면 인체 내에서 일어나는 각종 화학반응에서 상당한 역할을 하고 있음을 알 수 있다. 광대한 면적의 진균 세포 표면과 면역체계 사이에서 일어나는 개별 분자들의 움직임에서부터, 이토록 작은 유기체가 인간의 건강에 어떻게 그토록 심대한 영향을 끼칠 수 있는지에 대한 이해에 이르기까지, 이 모든 과정에는 수많은 난제가 도사리고 있다.

진균이 장 건강에 미치는 영향은 마이크로바이옴 전문가들 사이에서도 논쟁이 많은 주제다. 어떤 전문가들은 진균이 장내 생태계에서 핵심적인 역할을 한다고 보는 반면에, 또 어떤 전문가들은 진균의 활동이 수적으로 압도하는 박테리아에 의해 빛을 잃는다고 주장한다.[11] 이렇게 시각의 차이가 존재하는 이유는 마이코바이옴의 과학이 거의 빛의 속도로 발전하고 있기 때문이다. 사람의 건강에 미치는 진균의 영향에 대해서는 그 결론의 진폭이 매우 크다. 그럼에도 진실은 조금씩 밝혀지고 있다. 이 책은 학계에서 합의된 관점을 공유하는 동시에, 마이코바이옴 연구에서 아직 해결되지 않은 부분도 조명해볼 것이다.

마이코바이옴 연구의 불확실성은 여러 원인에 기인한다. 가장 먼저 꼽을 수 있는 것은 원인 대 결과의 문제다.[12] 특정 질병을 앓고 있는 사람의 몸에서 어떤 진균의 개체수가 급격히 증가한 사실이 발견되었다고 가정해보자. 이 경우 그 진균이 해당 질병의 원인인지, 아니면 그 질병으로 인해 진균이 급격히 증가한 것인지 판단하기가 매우 어려울 수 있다. 어느 쪽이 맞든, 진균을 잘 처치하는 것이 고통스러운 질병의 증상을 완화시키는 데 가장 효과가 클 수도 있다. 진균이 질병의 직접적인 원인은 아니지만, 진균의 개체수 변화가 질병과 연관이 있음은 다음 장에서 살펴보기로 하자. 진단상의 두 번째 문제는 오늘날 유전학 기술의 가공할 힘에 기인한다. 우리는 이러한 기술을 통해 음식에 섞여 우리 몸에 들어와 장을 통과하는 죽은 진균 세포들을 감지할 수 있다. 이는 장내 살아 있는 진균들을 발견하기 어렵게 만드는데, 살아 있는 진균들이야말로 음식 찌꺼기에 섞여 있는 죽은 진균들보다 소화계의 건강에 훨씬 중요한 역할을 한다.

건강한 장 기능에 진균이 어떤 영향을 미치는지는 논란의 여지가 있으나, 다른 신체 부위들에서 건강과 질병에 결정적인 역할을 하는 미생물 안에 진균도 속해 있음이 구체적인 연구를 통해 밝혀졌다. 피부의 건강을 유지하고 눈에 보이지 않는 감염이나 알레르기 반응을 일으킬 수 있는 장소인 우리 몸의 표면에서 진균이 매우 중요한 역할을 한다는 것은 의심의 여지가 없다. 마찬가지로, 진균의 포자는 호흡기에서 천식 발작을 비롯한 알레르기성 질병을 유발할 수 있다. 마지막으로, 인체 각 부위에서 마이코바이옴끼리의 연계를 파악하는 것이 중요하다. 면역체계에 미치는 장내 진균의 효과는 다른 곳의 건강 상태에 영향을 줄 수 있다. 또한 진균은 한 장소에서 다른 장소로 물리적으로 이동할 수도 있다. 이를테면 피부에서 장으로, 또는 장에서 피부로 이동할 수 있다. 진균이 사람의 건강에 어떤 영향을 미치는지에 대해 이토록 큰 관심이 쏠리고 있는 지금이야말로 진균과 인간의 경이로운 공생을 탐험하기에 완벽한 때다.

진균이 반기를 들 때:
우리 몸의 경고등

사람은 누구나 삶의 어느 대목에서 진균에 의해 건강상의 해를 입을 수 있다. 수억 명의 사람들이 균류 포자가 일으키는 알레르기 질환으로 고통받고 있으며, 피부염, 손발톱 기형, 심한 경우 근육융해증flesh-melting diseases에 시달린다. 근육융해증은 그 심각성 때문에 병리학 교재에 빠지지 않고 등장하는 질환이다. 세계보건기구WHO는 2022년에 공중보건을 가장 크게 위협하는 진균 감염증 19가지를 우선 감시대상으로 발표했다.[13] 진단과 치료가 어려우면서 점점 증가하는 진균 감염증에 대응하기 위한 조치였다. 진균증으로 인한 사망자가 매년 150만 명에 이르고, 항생제 내성을 가진 변종 효모의 출현으로 감염증의 위협은 더욱 독해졌다. 적절한 치료 수단이 부족한 저개발 국가와 경제적으로는 부유하지만 감염에 취약한 노령층 인구가 폭증하고 있는 선진국에서도 이러한 질병의 위협은 고조되고 있다. 사람과 진균의 관계에 있어서는 중독도 또 하나의 위험요소다. 야생버섯을 제대로 구별하지 못하거나 독소를 가진 곰팡이가 자란 저장 곡물을 그대로 섭취할 수 있기 때문이다. 이러한 해로운 상호작용은 사람과 진균의 관계를 그린 퍼즐의 마지막 조각, 즉 미녀와 야수를 함께 등장시키고 인간-진균 공생관계의 명과 암을 똑똑하게 보여주는 결정적인 한 조각이라고도 할 수 있다.

눈에 보이지 않는다는 이유로 건강에 이로운 진균을 쉽게 간과

하기도 하고, 진균 감염을 피할 수만 있다면 진균이 지닌 어두운 면모를 전혀 모른 채 살아가는 행운을 누릴 수도 있다. 그러나 지혜롭게 살기 위해서는 이런 주제와 친해져야 한다. 우리 몸에 사는 진균의 종류와 그들이 얼마나 활발하게 활동하는지는 우리가 어디에 사는지, 무엇을 먹는지, 실내에서 일하는지, 실외에서 일하는지에 따라 달라진다. 건강상의 변화, 복용하는 약, 치약, 샴푸, 바디로션 등 우리가 사용하는 일상용품 역시 진균과 인간 사이의 밀접한 관계에 영향을 미친다. 아무리 꼼꼼하게 씻고 아무리 좋은 화장품을 써도 몸에서 자라는 진균을 완전히 박멸할 수는 없다. 다행이다. 진균이라는 파트너가 없다면 우리는 매우 곤란한 지경에 처할 것이기 때문이다. 진균이 없는 몸은 버섯 하나 자라지 않는 숲과 같은 황무지에 불과하다. 우리 몸에 대한 지식과 정보로 무장한다면, 이러한 내밀한 상호관계에 불균형이 발생했을 때 해결책을 찾을 수 있다.

내 몸을 넘어, 확장된 공생관계

진균은 우리 몸뿐만 아니라 우리가 기르는 반려동물에서도 살고, 집 안의 눅눅한 곳에도 살며 주방에 보관된 과일이나 야채에서도 번성한다. 반려견과 반려묘는 효모로 뒤덮여 있고, 화장실과 욕실은 진균들의 놀이터다. 샐러드 채소에도 진균이 달라붙어 있다는 것은 까맣게 모른 채, 토마토에 머리카락같이 가느다란 실 모양의 곰팡이가 나타날 때까지 우리는 아주 맛있게 먹는다. 우리가 이런 진균들과 늘 접촉하며 산다는 것은 부인할 수 없는 사실이며 거기에 대가가 따르기도 한다. 우리가 처한 환경 속에서 진균과 맺어온 이러한 수동적인 상호작용은 역사적인 성격을 띠며 현대 사회에까지 그대로 이어져왔다. 1만 년 전 수렵채집과 유목생활에서 정착 농경생활로의 전환은 진균과 인간의 상호작용에도 큰 변화를 가져왔다. 저장 곡물에서 뿜어져 나온 엄청난 양의 진균 포자와 상한 곡물로 요리된 음식물에 노출되었기 때문이다. 진균 포자로 인한 천식과 알레르기는 수천 년에 걸친 농경방식의 변화로부터 생겨났고, 도시의 인구 집중은 피부백선균의 확산을 부추겼다. 야생버섯을 채집하고 점점 더 많은 종류의 버섯을 재배하는 데서부터 진균 단백질이나 생물반응기에서 제조한 마이코프로틴 너겟의 인기가 점점 높아지기까지, 진균이 사람의 식생활에 점점 깊이 스며들면서 인간과 진균의 관계는 더욱 의식적인 수준으로까지 발전했다. 치즈를 만들고 빵 반죽을 발효시키며, 맥주와 와인을 빚으면서 음식을 만들기 위해 점점 더 많은 진균을 쓰게 되었다. 식생활을 풍요롭게 해주는 진균들을 의도대로 활용할 수 있게 됨으로써 우리는 이런 미생물들이 환경 속에서 자연스럽게 하던 활동을 인간의 문화 속으로 욱여넣었고 수천 년의 세월 동안 문명의 변화를 이끌어냈다. 효모와 곰팡이를 활용한 모든 방법은 인간과 진균의 공생관계를 확장한 것이라고 볼 수 있다.

사람과 진균의 상호작용은 의약산업 분야에서 진균을 활용하는 생명공학을 통해 더욱 확장되고 있다. 박테리아 감염을 치료하는 항생제에서부터 이식된 장기의 거부반응을 예방해주는 시클로스포린, 유전자변형 효모에 의해 생산되는 인간 인슐린과 백신 등이 대표적인 진균 의학의 작품이다. 진균 의학에 대해 말하자면, 활력을 증진시키고 죽어가는 사람도 살린다는 평판 덕분에 약용버섯 시장이 국제적으로 큰 활기를 띠고 있다. 소비자들은 버섯이 면역체계에 작용해 질병 치료에 효험이 있다는 믿음으로 버섯 추출물에 매년 수백억 달러를 쓴다. 이러한 주장 대부분은 과학적으로 검증되지는 않았지만, 버섯 추출물을 이용한 항암제 개발 임상실험에 투자가 몰리면서 희망적인 소식들이 들려오기도 한다. 더욱 강력한 과학적 근거에 기반해서, '마법' 버섯에 씌워져 있던 반문화적 문제에 대한 염려는 우울증과 외상 후 스트레스 치료제로서의 가능성으로 대체되었다. 고대로부터 현대에 이르기까지의 이러한 문화적 관습을 통해, 우리의 생명에 미치는 진균의 긍정적인 영향이 더욱 확대되고 있다.

자궁에서 무덤까지,
우리 인생을 함께하다

몇 년 전에 건물에서 발견되는 유독성 곰팡이에 대한 세미나 중에 이렇게 말한 적이 있다. "우리는 첫 들숨부터 마지막 날숨까지 이들의 포자를 들이마시고 내쉬며 살아갑니다." 이 말은 사실이다. 그러나 최근에 밝혀진 바에 따르면 이는 인간과 진균의 상호작용에 대한 설명으로 완벽하지 않다. 인간과 진균의 상호작용은 탄생 이전부터 시작되어 무덤까지 계속 이어지기 때문이다.

자궁이 태아를 위해 완벽하게 살균된 인큐베이터라는 시각은 이제 구식 의서에서나 찾아볼 수 있다.[14] 태변의 유전학적 분석으로부터 나온 증거는 사람과 박테리아, 진균의 관계가 태어나기 이전부터 시작된다는 것을 분명히 보여준다. 태변은 태아의 장에서 만들어졌다가 신생아가 배출하는 끈끈한 액체 상태의 물질이다. 태어난 직후 며칠 안에 배출되는 태아 시절의 노폐물이며 한 사람이 평생에 걸쳐 배출하게 될 12톤에 이르는 배설물의 전조다. 엄마의 질 내부에 있는 진균, 특히 칸디다 효모는 태변에서 가장 흔히 발견되는 진균이다. 이는 칸디다 진균이 태아를 둘러싼 양수 속에 살고 있다가 출산 전의 태아가 양수를 삼킬 때 태아의 장으로 들어갔다는 뜻이다.[15] 태변에서 발견되는 진균의 흔적이 태아의 발달에 영향을 주는지는 불분명하지만, 양막 안에서 몇몇 종류의 미생물이 증가하면 조산의 위험이 증가한다는 사실은 분명하다.[16] 진균은 혈류를 타고 엄마의 피부로부터 태아에게 전달될 수도 있다. 미생물은 대개 혈류로부터 차단되지만, 조직 장벽이 약해져서 출혈이 일어나면 혈류가 박테리아와 진균의 전달 경로가 된다. 잇몸의 염증, 더 심각한 형태의 잇몸 질병 또는 치주염으로 악화되기도 하는 치은염이 바로 그러한 경우다. 따라서 임산부의 구강 위생과 치아 관리는 매우 중요하다.

출산은 아기를 미생물의 세계로 밀어 넣는다. 아기의 피부는 진균으로 덮이고, 인체 내부는 박테리아로 가득 차며, 바이러스에 감염되기도 한다. 또한 자극적인 입자들로 가득한 공기를 들이마신다. 자궁 속의 태아는 태반을 통해 미량의 외부 단백질을 받아들이고 양수에 들어 있는 소수의 미생물과 만난다. 자궁 밖으로 나온 신생아는 미생물의 홍수 속에 빠진다. 자연선택 덕분에 지구는 수백억 년 동안 사람에게 유익하거나 유해한 균의 정글이 되었고, 사람은 누구나 이 양육강식의 세계에 적응할 수밖에 없다. 인간의 생존은 우리의 수호천사, 즉 면역체계에 달려 있다. 면역체계는 우리의 건강을 지켜주는 균은 배양하고 해를 끼칠 세균은 물리침으로써 우리가 이 혼돈의 전쟁터를 안전하게 탐험할 수 있도록 돕는다.

미생물과의 더욱 깊은 관계는 출산 후에 시작되며 아기가 어떻게 태어났는지에 따라 양상이 달라진다. 자연분만의 경우, 양막이 터지면서 수축 작용을 통해 아기를 산도 밖으로 밀어낸다. 산도를 지나면서 아기는 엄마가 가지고 있던 박테리아와 진균의 세례를 받는다. 수축력 있는 산도가 아기의 몸을 감싸므로 아기는 피부 전체에 그 세례를 받는 것이다. 산모의 질과 아기의 피부에서 똑같은 칸디다균이 발견되는 것은 바로 이러한 이유 때문이다. 제왕절개로 태어난 아기도 엄마와 같은 칸디다균을 갖고 있지만, 산도가 아니라 엄마의 피부에서 발견되는 종류의 칸디다균을 더 많이 갖고 있다는 점이 다르다. 진균의 종류를 구별하는 일은 매우 어렵기 때문에 이러한 연구도 쉽지 않다. 하지만 질 분만의 경우에는 질 내 미생물이, 제왕절개의 경우에는 피부의 미생물이 아기에게서 발견된다는 패턴은 분명해 보인다. 아기가 태어나는 날은 아홉 달 동안 미생물의 폭풍을 대비해온 면역체계가 집중교육을 받는 첫날이다.

진균은 엄마와의 친밀한 접촉이나 분만에 참여한 다른 사람들과의 접촉을 통해서도 전달되며, 모유를 먹음으로써 아기는 새로운 종의 다양한 진균과 만난다. 최근의 한 실험에서는 엄마의 젖꼭지 피부로부터 오염되는 것을 막기 위해 사전조치를 취했음에도 모유에서 많은 진균이 발견되었다. 이 실험들은 젖을 빠는 유아가 매일 2억 세포 이상의 진균과 비슷한 수의 박테리아를 삼킨다는 것을 보여준다.[17] 공기 중에 떠돌던 곰팡이의 포자도 미량 포함되어 있지만, 유아가 삼키는 진균의 대부분은 효모다. 모유 속에서 발견되는 진균은 태반을 통과하는 진균처럼 혈류를 통해 모유에 섞여 들어갔을 것이다. 면역체계의 세포가 비관, 폐, 장으로부터 진균을 받아들여 유방 조직으로 전달하고, 유방 조직에서 그 진균이 모유에 섞여 들었을 수도 있다. 이 과정에서 진균을 전달하는 배달부는 미생물을 찾아 체내를 떠도는 수지상 세포들이다.

엄마에게서 그 자손에게로 미생물이 전달되는 것은 자연계에서 널리 퍼져 있는 현상이다.[18] 외부 유기체가 엄마에게서 아기에게로, 마치 의도적인 것처럼 건너가는 현상이 어디서나 보편적으로 관찰된다는 사실은 모든 동물의 갓 태어난 새끼가 생명을 유지하는 데 그 외부 생명체가 결정적인 역할을 함을 암시한다. 이러한 미생물 대부분은 동물에게 이로운 것처럼 보이나, 일부 병원균도 이와 같은 방식으로 전달될 수 있다. 엄마에게서 아기에게로 건너가는 유해한 미생물에는 톡소플라즈마증toxoplasmosis을 일으키는 기생균, 매독 박테리아syphilis bacterium, 인간면역결핍바이러스human immunodeficiency virus, HIV 등이 있다. 모자간의 밀접한 관계에 이렇듯 무임승차하는 병원균은 다음 세대를 키워내는 원초적인 과정에서 피할 수 없는 악재다. 자연선택이 미생물 전이를 촉진해온 것은 바깥 세상에 대항할 면역체계를 준비시킨다는 이점이 무임승차 병원균이라는 부작용보다 훨씬 크기 때문이다. 인간의 번식 메커니즘의 성공, 그리고 대부분의 유아들은 미생물 감염에 쓰러지지 않는다는 사실이 그 증거다. 진화는 미미한 사상자 비율에는 눈을 감는다.

'미녀와 야수'를 한 몸에 갖고 있는 진균의 이중인격은 자연의 이치를 통해 정확하게 예측할 수 있다. 여러 생명체 간의 대통합, 멋진 하모니라는 개념은 순진한 상상이다. 크든 작든, 모든 생명체가 그렇듯이 진균도 끊임없이 생존을 위한 투쟁을 겪는다. 진균은 서로 득이 될 상황이라면 다른 유기체와도 협력하지만, 상대가 지나치게 공격적으로 나오면 맞서 싸운다. 또한 포자를 퍼뜨림으로써 어디서든 자신의 영역을 구축한다. 어떤 진균들은 숙주에 달라붙자마자 숙주의 조직을 손상시키기 때문에 미처 숙주와 협력할 시간을 갖지 못한다. 우리 몸과 장에 유익한 진균을 생각할 때 우리는 그 유익한 의도를 관계의 특성 때문이라고 여기는 경향이 있는데, 이는 다소 헛된 희망이다. 우리 몸에 사는 진균은 원래 주어진 역할을 충실히 수행한다. 우리 몸의 구석구석—이를테면 두피—을 차지하고서 다른 미생물이 더 잘 해낼 수 없는 일들을 하는 것이다. 진화의 역사가 전개되는 동안, 진균은 건조한 두피에서 지방을 먹고 살며 박테리아를 감시하면서 진화해왔다. 피부를 지나치게 자극하지만 않는다면, 진균과 인간의 관계는 평화롭게 유지된다. 머리카락과 진균을 둘러싼 환경에서 균형이 깨지면, 진균은 난폭해지고 비정상적인 방식으로 개체수가 폭증한다. 피부가 벗겨지고, 면역체계는 무엇인가가 잘못되었다고 경고 신호를 보낸다. 이익과 손해가 공존하면서 하루하루 시간이 가고, 오르막과 내리막이 반복되는 이런 과정이 소화기계, 생식기 등 진균이 깃들어 사는 우리 몸 어디서든 일어난다.

인간이라는 생태계 속 각자의 위치에서 적응하며 살아가는 진균들은 면역체계가 파트너로 인정할 만큼 가치 있는 존재이므로 그들의 균형을 함부로 깨뜨리지 말아야 한다. 이러한 진균들의 적응 과정 대부분이 아직 베일에 가려져 있지만, 유아의 면역체계는 자궁 안에서, 출산 중에, 그리고 모유 수유를 통해 진균과 만나고, 태어나 평생 조우하게 될 미생물과의 접촉을 준비하는 것으로 보인다. 피부에서 가장 흔히 발견되는 몇몇 진균들의 작용에 대해 알아보는 것도 좋은 교훈이 될 것 같다. 이렇게 무해한 종들에 대해 미리 알고 충돌을 피함으로써 이 진균들이 피부를 뒤덮고 있는 박테리아의 작용을 제어하도록 관리할 수 있다. 효모는 박테리아와 화학전을 치른다. 효모는 비정상적으로 증식하지만 않는다면 건강한 마이크로바이옴의 일부로 남는다.

신생아의 면역체계는 매우 연약하다. 갓 태어났을 때는 폐와 기타 조직들을 감시할 이동성 면역세포의 수가 매우 적지만, 며칠 만에 성인 수준으로 폭증한다. 감염에 취약한 그 며칠이라는 기간이 과거에는 높은 유아 사망률로 연결되었다. 20세기 이전에는 신생아의 25퍼센트 이상이 한 살을 넘기지 못했고, 사춘기에 도달하기 전에 반 넘게 죽었다. 아구창이라고도 불리는 칸디다성 구내염에 걸리면 감염이 전신으로 확산되면서 사망에 이르기도 했다.[19] 영양 공급과 위생 상태가 개선되고 백신과 항생제를 비롯한 여러 가지 약품이 개발되면서 20세기에 들어서는 상황이 바뀌었다. 오늘날 유아 사망률은 아프리카 몇몇 나라에서만 5퍼센트에 이르고 유럽에서는 1퍼센트를 밑돈다.

이런 통계자료를 감안하면, 현대의 의료 행위를 탓하기는 어렵다. 하지만 제왕절개로 아이를 낳고 모유 수유를 피하는 산모들이 증가하면서 새로운 위험이 대두되었다.[20] WHO와 UNICEF가 유아를 위해 정한 목표 수준에 맞는 나라가 소수에 불과할 만큼, 모유 수유는 혼란스러운 궤적을 그리고 있다.[21] 이러한 지역적 차이는 경제수준뿐만 아니라 민족과 문화의 차이에도 기인한다. 이러한 문제는 진균학적인 관점에서도 우려스럽다. 분유 수유는 천식과 기타 진균 알레르기를 일으킬 확률을 크게 높이기 때문이다. 면역체계는 탄생의 첫 순간부터 자연세계의 오염물에 대해 학습해야 한다. 이 초기 학습이 실패한다면, 아기는 평생토록 진균으로부터 공격을 당할 때마다 투쟁해야 할 것이다. 어린 시절에 면역체계가 제대로 형성되지 못하면, 성인이 되어 자가면역 질환에 걸릴 위험이 높아진다는 연구결과가 있다.[22]

마이코바이옴의 드라마는 유아기에 끝나지 않는다. 그리고 진균과의 상호작용은 세월과 함께 변화한다. 소화기계 내부의 마이코바이옴은 고형식, 더 나아가 육식과 채식을 가리지 않거나 어느 한쪽에만 치우치거나 하는 식습관의 변화에도 적응한다. 성인이 되어서도 체중이 변화하거나, 임신하거나, 성형수술을 하거나, 치과 치료를 받거나, 항생제를 복용하거나, 부상을 당하거나, 급성 또는 만성 질환에 걸릴 때마다 마이코바이옴은 이리저리 변화를 겪는다. 비록 노년층에서 더 빈번하기는 하지만, 살면서 언제든 진균증에 걸릴 수 있다. 나이가 들면 면역체계를 손상시키는 질병에 걸리거나 장기이식, 암 치료 등을 위해 면역력을 떨어뜨려야 하는 경우도 생기므로 진균 감염은 나이가 들수록 증가한다.

무덤과 점점 더 가까워지면서, 우리는 수억 년 동안 재활용을 업으로 삼아온 진균들에게 성찬의 마지막 메뉴가 된다. 인간 사체의 부드러운 조직은 대부분 박테리아의 차지가 되고, 모발과 손톱의 케라틴 단백질은 수많은 곰팡이의 몫이 된다.[23] 뼈에도 분해를 촉진하는 균사가 침투한다. 이러한 과정은 매우 느리게 진행된다. 그러나 털, 손톱과 발톱, 동물의 뿔 같은 것들이 자연 속에서 분해되어 사라진다는 사실은 진균의 강력한 힘을 보여준다. 우리는 이러한 전 지구적 영양 순환에 기대어 살아간다. 이 순환의 고리에는 식물의 분해도 포함된다. 우리는 숲과 초원, 그리고 진균에 의해 비옥해진 농지 생태계에 의존해 생명을 유지하기 때문이다. 이들이 없다면 우리는 지구상에 존재하지 못할 것이다. 식물과 균근의 파트너십은 진균과 자연이 이루고 있는 관계에서 또 하나의 중요한 일부가 된다. 우리에게는 진균이 우리 몸과 이루고 있는 관계만큼이나 식물과 이루고 있는 관계도 중요하다.

이 책의 구성

앞으로 이어질 이야기에서는 우리 몸의 각 부분에서 살고 있는 진균 집단을 하나하나 알아보고, 음식과 약물로서 진균을 활용한 과거와 현재의 역사를 짚어본다. 그리고 우리 몸을 넘어 보이지 않는 생명유지 시스템의 역할을 하는 진균의 생태학적 역할을 돌아본다. 이 책을 통해 인간의 모낭에서 살고 있는 진균에서부터 숲속 나무뿌리를 둘러싸고 돋아난 버섯 군집에 이르기까지, 인간과 진균의 관계를 보여줄 것이다. 이 책은 탐험의 방향에 따라 두 부분으로 구성했다. 1부는 '우리 몸속의 진균', 2부는 '우리 몸 밖에 존재하는 진균'을 다룬다.

1부에서는 피부의 진균(2장)으로 시작해 폐로 들어가는 포자와 함께 우리 몸 안으로 들어가 보고(3장), 더 깊이 들어가 장기를 감염시키는 효모와 사상균(4장)에 대해 알아본다. 우리 몸의 모든 조직은 진균에 의해 장악될 수 있다. 진균은 한 순간도 조용할 틈이 없는 마이코바이옴의 활동을 폐, 간, 신장, 뇌 그리고 장으로 확산시킨다. 장 속 마이코바이옴이 붕괴되어 면역장애와 관련이 있는 질병이 생길 때까지는 장 속의 균 역시 건강한 소화기계의 일부를 이룬다(5장).

2부에서는 우리 몸 밖에서 사는 진균과의 상호작용을 살펴본다. 먼저 야생버섯과 재배버섯을 포함해 우리의 식생활에서 중요한 역할을 하는 진균으로부터 시작해서 식품산업에 활기를 불어넣고 있는 마이코프로틴 대체육의 개발에 대해 이야기한다(6장). 확장된 공생관계의 개념은 전통 의학에서 유전자변형균을 바탕으로 생산된 현대의 약물과, 논란을 일으키고 있는 대체의학 또는 자연요법의 버섯 추출물 마케팅까지 아우른다(7장). 다음에는 버섯을 잘못 먹었을 때의 위험과 독성 그리고 곰팡이독(진균독)을 만드는 곰팡이와 그 곰팡이에 의해 망가지는 곡식에 대해 알아본다(8장). 우울증과 그 밖의 심각한 정신 질환의 치료에 쓰이는 마법의 버섯이 그다음 이야기로 이어진다(9장). 마법의 버섯의 사용과 기독교 또는 다른 종교의 기원 사이를 연관 짓는 주장들은 종교학자들에 의해 부정되었지만, 새롭고 객관적인 증거의 분석으로 이 두 주장 사이에 화해가 이루어질 가능성은 충분하다. 마지막 장에서는 진균의 생태학적 역할을 더욱 폭넓게 훑어봄으로써 진균과 인간의 관계가 어디까지 확장될 수 있는지를 알아본다(10장). 이로써 우리 몸이 식물의 생장과 생존을 도와주는 진균, 토양을 만들어내는 진균, 빗물을 걸러내는 진균, 탄소를 순환시키는 진균 등 여러 균과 만나면서 독특한 생태학적 개성을 지니게 되었음을 발견하게 될 것이다.

이 책은 우리의 삶이 이 특별한 미생물과의 다채로운 관계로부터 얼마나 큰 영향을 받고 있는지를 보여준다. 내 몸 한구석에서부터 온 지구를 아우르기까지 인간과 진균의 공생관계에 대한 이야기다.

1부

안으로:
우리 몸속의 진균

2장
만지다
Touching

살결 위 공존의 시작, 피부 표면의 진균

자궁 속에서부터 이미 진균에 노출되었다고는 하지만, 출산 도중 온몸에 뒤집어쓰는 효모야말로 평생토록 계속될 인간-진균 공생의 진정한 시작을 의미한다. 호흡을 시작하고 모유 또는 분유의 첫 모금을 삼킬 때 진균은 아기의 폐와 소화기계로 들어간다. 그러나 평생에 걸쳐 진균이 지배하는 가장 큰 영역은 피부다. 피부는 진균이 우리 몸의 미생물학적 세계를 지배하는 곳이다. 피부는 인간의 장기 중에서 가장 크다. 진균은 피부 어디서나 자라면서 피부에서 분비되는 지방과 죽은 세포를 먹어치우며 외부 조직 또는 상피세포의 주름 사이사이마다 피부 건강을 지키거나 해치기도 한다. 두피는 진균이 막대한 수로 밀집해 사는 장소다. 겨우 우표 한 장만 한 면적에 10만 개에서 100만 개의 효모가 살 수 있다.[1] 만약 사람을 이런 밀도로 한 장소에 밀어 넣는다면, 80억 인구도 로스앤젤레스만 한 도시에 모두 들어갈 수 있다.[2] 거울 앞에서 머리를 빗을 때는 느끼지 못하지만, 두피에는 수많은 진균이 우글거리고 있다. 이들은 전력을 다해 피부의 화학적 균형을 들쑤시고, 주변의 덩치 작은 박테리아들에게 갑질을 하며, 비누나 샴푸, 로션 등이 바뀌면 두피를 붉게 부어오르게 하거나, 갈라져서 벗겨지게 만들기도 한다.

목욕용 수건 한 장이면 우리 몸의 부끄러운 곳은 모두 가릴 수 있지만, 미생물이 살 수 있는 피부 표면은 훨씬 더 넓다. 500만 개에 달하는 모낭의 오목볼록한 구석구석과 모든 주름을 전부 평평하게 펴놓으면 수건 30장의 면적과 맞먹는다.[3] 이런 환경에서 살아가는 진균의 군집은 평생토록 끊임없이 변화한다. 효모와 사상균 같은 진균들은 생겨났다 사라지기를 반복하는데, 우리는 그 규칙을 이제 막 이해하기 시작하는 중이다. 머리부터 발끝까지, 우리 몸에서 자라는 진균의 수는 인류의 역사와 함께 변화해왔다. 옷으로 몸을 감싸고, 양말을 신고, 화장품과 약물 치료를 통해 곰팡이가 살아가는 환경이 바뀔 때마다 그 수는 끊임없이 달라졌다. 더 멀리 거슬러 올라가보면, 피부 마이코바이옴은 현생인류가 아프리카의 리프트 밸리에서 등장한 이후 끊임없이 형성 및 재형성되어왔다.

피부는 수분과 먹이가 부족하기 때문에 미생물이 환영할 만한 장소는 아니다. 이런 열악한 환경 덕분에 두피에 사는 진균은 피지샘에서 분비되는 밀랍 같은 피지를 먹고살도록 진화했고, 다른 진균은 피부의 가장 바깥층에 있는 케라틴 단백질을 분해하도록 진화했다. 땀은 소금기 있는 수분을 제공하고, 어떤 균들은 피지 속의 지방을 소화시키면서 스스로 수분을 배출해 건조한 환경을 극복한다. 이런 방법을 통해 효모와 곰팡이는 피부 위에서 성찬을 즐긴다. 우리 몸의 표면에는 진균보다 훨씬 많은 수의 박테리아가 살지만, 진균 세포의 크기에 주목할 필요가 있다. 개체수로 따지면 진균 하나에 박테리아 열 개꼴이지만, 무게로 따지면 진균이 박테리아보다 열 배는 무겁다.[4] 크기의 차이가 피부의 생태계에서 진균이 왜 그렇게 중요한지를 설명해준다. 5장에서 자세히 다루겠지만, 진균은 장에도 풍부하게 존재한다. 그러나 장에서는 진균이 박테리아만큼 잘 견디지 못한다. 그 이유 중 하나는 진균은 산소가 풍부한 환경을 선호하는 반면, 장 속에는 산소가 충분하지 않기 때문이다. 반대로 장내 박테리아는 대부분 산소 농도에 크게 영향을 받지 않고 탄력적이다. 박테리아가 3조 개까지 늘어날 수 있는 이유가 여기에 있다.[5]

진균이 피부 표면에서 무엇을 하는지 알아내는 연구가 연구자들 사이에서 현재 진행 중이다. 하지만 아직 명확하게 밝혀지지 않은 부분이 더 많다. 깨끗한 피부, 풍성한 모발, 건강한 손톱을 유지하는 데 도움이 되는 진균의 정체에 대해서는 의견이 분분하다. 피부 마이코바이옴에서 일어나는 미세한 변화의 중요성은 민감성 피부증후군이라 불리는 불편한 증상을 통해서도 잘 알 수 있다. 민감성 피부증후군은 매우 흔해서, 아주 약한 증상까지 포함한다면 모든 사람 중 거의 절반이 겪고 있는 증상이다. 사람마다 증상이 다르기 때문에 진단을 내리기도 쉽지 않다. 화장품을 사용하거나 일상에서 피부에 자극을 줄 만한 물질에 노출되었을 때 피부가 따갑고, 화끈거리며, 가려운 느낌이 든다. 대부분의 환자들에게는 가시적인 증상이 나타나지 않지만, 불그스름한 발적이 나타나면 홍반erythema이라고 부른다. 한국의 한 연구에서 이 증후군을 가진 여성의 피부 도말 표본(피나 고름, 대변 등을 유리판에 발라 만든 현미경 표본-편집자)에서 채취한 진균이 대조군에서 채취한 진균보다 훨씬 다양하다는 결과가 나왔다. 마이코바이옴이 민감성 피부증후군과 관련이 있음을 암시하는 결과였다.[6] 말라세지아*Malassezia* 효모는 모든 여성의 뺨에서 채취한 도말 표본에서 흔히 볼 수 있는 진균이지만, 민감성 피부증후군을 가진 환자의 경우에는 털곰팡이*Mucor*를 비롯해 다른 종류의 진균들이 폭증한 탓에 말라세지아 효모의 비율이 상대적으로 떨어진다. 환자들마다 마이코바이옴이 제각각 달라서 마이코바이옴끼리의 유사성이 거의 없다. 건선psoriasis 환자들을 괴롭히는 만성피부염에서 발견되는 진균들도 민감성 피부증후군과 똑같은 패턴을 보여준다. 한 사람의 피부라 해도 병변이 있는 부위의 피부에서 발견되는 균종이 병변이 없는 건강한 피부에서 발견되는 균종보다 훨씬 많고 다양하다.[7]

이 연구는 이러한 피부 질환들이 정상적인 마이코바이옴의 붕괴와 관련이 있음을 보여준다. 질병과 직접 연관이 있든 없든 미생물의 균형이 무너진 상태를 세균 불균형dysbiosis이라고 일컫는다. 마이코바이옴과 마이크로바이옴의 요동은 자연에서 정상적으로 발생하는 일이므로 낯선 진균이 나타났을 때, 이것이 비정상적인 현상인지 판단하기가 더욱 어려워진다. 피부 염증이 특정 균종의 성장에 따른 결과일 가능성도 있지만, 우리는 민감성 피부증후군 같은 불편한 증상을 감염이라고 말하지는 않는다. 진균에 의한 감염, 즉 진균증을 진단하려면 상당한 수준의 조직 손상이 있어야 한다. 하지만 우리가 주목해야 할 것은 불안정한 마이코바이옴과 심각한 질환을 명확히 구분하는 것이 아니라, 피부에 서식하는 진균들이 유발하는 일련의 증상들이다.

피부 진균 발달의 운명을 결정짓는 마이코바이옴의 양상은 면역체계의 반응에 따라 변화한다. 면역체계가 마이코바이옴을 형성하는 데 일정 역할을 하는 것은 분명하다. 특정 진균의 성장을 촉진시키고 다른 진균은 소멸시키기도 한다. 마이코바이옴은 면역체계가 유익균과 유해균을 구분하고, 진균의 개체수와 종류를 적절히 조절하도록 훈련시킨다. 가장 심각한 진균증을 들여다보면, 면역체계의 방어 능력에 손상이 있었을 때 감염이 악화됨을 알 수 있다. 내부 장기의 감염에 대해서는 나중에 다루겠지만, 피부진균증은 주변 환경과 진균 사이의 상호작용으로 발생하고, 때로는 면역체계가 건강한 사람에게서도 나타난다.

백선균, 로베르트 레마크, 그리고 방사선의 시대

그리스와 로마의 의사들은 백선에 익숙했다. 백선은 두피에서 발생한 다른 증상과 동반되어 포리고(porrigo, 측두 부분에 붉은 여드름과 비슷한 피부 병변이 발생하는 질병-편집자)라는 증상을 일으켰다.[8] 고대 그리스와 로마의 공중목욕탕, 그리고 피부에 올리브 오일을 바른 뒤 스트리길strigil이라는 도구로 벗겨내던 관습은 피부 기생충에게는 특효약이었다.[9] 그러나 기름을 바른 피부는 진균의 번식을 촉진하여 피부 질환을 유발하기 쉬웠다. 실제로 백선은 로마 시대에 흔히 발생하던 피부병이었다. 초대 황제 아우구스투스는 "가려운 피부를 심하게 긁어서 생긴, 백선과 유사한 딱딱하고 메마른 반점"으로 유명했는데, 이 질환은 "백선으로 기형이 된 얼굴"이라는 손가락질을 받던 로마 원로원 의원 페스터스Festus가 극단적인 선택을 하게 된 원인 중 하나로 추정된다.[10]

백선, 즉 'ringworm'은 피부 어디서나 생겨날 수 있는 진균 감염을 가리키는 일반적인 명칭이다. 'rynge-worme'이라는 이름이 처음 생겨난 것은 1400년대였으며, 17세기 말 무렵 작가이자 선구적인 고고학자였던 존 오브리John Aubrey가 자신의 저서 『윌트셔 자연사 *Natural History of Wiltshire*』에서 버섯이 만드는 요정의 고리와 백선으로 생긴 상처가 닮았음을 지적했다. "풀밭의 초록색 고리를 촌사람들은 요정의 고리(춤)라고 부르는데, 나는 그것이 지하에서 비옥한 증기를 토해내면서 생긴 것이라고 추측한다(사람의 몸에 생기는 백선도 둥그스름하다. 이 현상을 설명하기 위해 심장(체내)의 열과 지하의 열 사이의 유사성을 깊이 생각해보자)."[11] 다시 말해, 요정의 고리가 땅에서 올라온 독한 연기로부터 생기는 것이라면, 백선의 원인도 피의 기질(공기), 가래(물), 검은 담즙(흙), 누런 담즙(불)을 검사함으로써 알 수 있을 것이라는 뜻이었다. 이는 당시에 사람들이 믿던 의학적 지식이었다. 일부 고전학자들은 결코 동의하지 않겠지만, 이런 연역적인 논리야말로 아리스토텔레스가 자연의 작용에 대해 형편없는 설명을 하게 만든 원인이었다. 어쨌든, 오브리의 관찰은 백선 치료에 어떤 기여도 하지 못했지만, 요정의 고리와 백선의 유사성을 정확하게 지적했다. 요정의 고리도, 백선도 포자 하나에서 뻗어 나온 사상균의 균사가 자라나 사방을 향해 동시에 뻗어 나가면서 원형의 군집을 만든다.

질병을 일으키는 진균 또는 병원균에 대한 더 적극적인 연구는 19세기에 들어서면서 시작되었다. 유명한 해부학자였던 리처드 오언Richard Owen은 런던동물원에서 죽은 플라밍고를 부검하다가[12] 그 폐에서 "녹색야채곰팡이 또는 털곰팡이"를 발견하면서 진균 감염에 관심을 갖게 되었다. 오언의 결론은 이 진균이 플라밍고가 죽기 전까지 폐에서 기생하며 자랐다는 것이었다. 그의 연구는 아스페르길루스증aspergillosis이라는 진균증에 대한 연구가 체계화되기 전, 산발적으로 진행되던 초기 연구 중 하나였다. 아스페르길루스증 역시 사람에게서 발생하지만, 사람이 겪는 질병의 원인이 진균이라는 최초의 증거는 백선 연구로부터 나왔다. 1842년, 27세의 의학자 로베르트 레마크Robert Remak는 백선을 앓고 있는 환자의 두피에서 딱지를 뜯어내 자신의 팔에 옮겨 붙이는 놀랍지만 역겨운 실험을 감행했다.[13] 2주 후, 그는 딱지를 붙인 자리에서 "심한 가려움증…… 〔그리고〕 양복 단추만 한 크기의 짙은 붉은색 반점"이 생겼음을 발견했다. 딱지를 뜯어내자 피부 안까지 침투해 있는 진균을 발견했다. 그 진균이 백선의 원인임을 증명한 것이다.

레마크의 백선 실험은 전통적인 의학자들이 직업적인 의무감을 가지고 스스로를 병에 감염시킨 사례 중 하나였다. 어떤 의학자는 위궤양, 황열병, 회귀열, 성병을 일으키는 박테리아와 바이러스에 스스로 감염되었고, 또 어떤 의학자는 스스로에게 방사성 염료를 실험하기도 했으며, 자신의 심장에 카테터를 삽입하기도 했다.[14] 이런 실험을 하던 의학자 중에 노벨상을 받은 학자도 있었지만, 자신을 대상으로 한 실험은 윤리적으로 문제가 있을 수 있다. 히포크라테스 선서에도 위배되며 현대 의학의 임상시험 관리 기준에도 맞지 않는다. 레마크의 실험에는 문제가 있었지만, 그는 진균이 감염을 일으킨다는 것을 확실하게 밝혔다. 더욱 놀라운 것은 루이스 파스퇴르Louis Pasteur가 매균설germ theory을 통해 미생물과 질병의 연관성을 발표하기 20년 전에 그 일을 해냈다는 것이다. 레마크는 과학계에서의 명예, 아카데미의 거의 모든 회원이 그토록 갈망하던 빛나는 상 같은 것에는 전혀 관심이 없었다. 그는 백선의 발견에 대한 공을 한사코 사양하면서 선배 과학자들이 결정적인 통찰을 남겨주었을 뿐이라고 말할 정도로 보기 드물게 겸손한 과학자였다. 오늘날 그는 진균 감염과 그 치료법을 연구하는 분야인 의진균학의 개척자 중 한 사람으로 인정받고 있다.

백선을 일으키는 진균은 묵은 세포들이 밑에 있는 조직에 의해 밀려나와서 머무는 피부의 가장 바깥층을 먹이로 삼는다. 이 묵은 세포들은 섬유상 케라틴 단백질fibrous keratin protein로 가득 차 있고, 죽어가면서 지질 매트릭스에 파묻힌다. 사이사이에 모르타르를 발라 벽돌을 쌓는 것과 비슷한 구조다. 이 구조물이 내부로부터의 탈수와 외부로부터의 감염을 막으며, 묵은 세포를 쉼 없이 벗겨내고 탈락시킴으로써 피부는 끊임없이 재생된다. 백선균의 균사는 효소를 분비하여 단백질과 지방을 소화시키며 자신의 요정의 고리를 확장시킴으로써 이 피부층을 공격한다. 모발과 손발톱 역시 케라틴으로 이루어져 있으므로 백선균에 감염될 수 있다. 두피백선의 경우 진균이 모낭 속으로 들어가 모발의 줄기를 공격한다. 모발이 부서지고 갈라지게 만들다가 급기야 탈모가 일어나 두피에 빈자리가 생기게 된다.

백선균은 자낭균류ascomycete에 속한다. 자낭균류에는 항생제를 만들어내는 페니실륨Penicillium과 오언이 플라밍고 해부로 밝혀낸, 폐 감염을 일으키는 아스페르길루스*Aspergillus*가 속해 있다.[15] 백선 감염증은 백선균이 자라는 장소와 특징적인 성격에 따라 라틴어로 이름이 지어졌다. '*tinea capitis*'는 두피에 일어나는 감염(두피백선)이고 '*tinea pedis*'는 발(무좀, athelet's foot), '*tinea unguium*'은 발톱에 일어나는 감염(조갑백선)이다. 다른 피부 감염은 '*tinea corporis*(체부백선 또는 몸백선)'라는 이름 아래 모두 묶여 있다. 어린 레슬러들과 유도 수련생들에게 잘 생기는 체부백선은 '티네아 코르포리스 글라디아토룸(*tinea corporis gladiatorum*, 레슬링 백선 또는 운동선수 백선)'이라는 멋진 이름이 있었다.[16] '검투사의 체부백선'이라니! 현대의 피부과의사가 이런 창의적인 작명법을 그대로 따라 한다면, 환자들은 좀 더 격조 있는 진단명을 받게 될 것 같다. '무좀'을 'athlete's foot'이라 부르는 것은 약간 아래로 내려다보는 듯한 명칭이다. 이보다는 *tinea pedis-athletarum*, *-gymnasticorum*, 또는 *-victorum*이 어떨까?(*tinea*는 백선, *pedis*는 발, *atheltarum*은 '운동선수의', *gymnasticorum*은 '체조선수의', *victorum*은 '승자의'라는 뜻이다. 따라서 '운동선수의 발백선, 체조선수의 발백선, 승자의 발백선'이라는 뜻이 된다-옮긴이) 아이디어 차원에서 던져보는 말이다.

백선 감염은 가장 흔한 진균증 가운데 하나로, 전 세계적으로 십억 명가량의 사람이 이로 인해 고통받고 있다.[17] 주로 어린아이에게서 잘 나타나고, 사춘기가 지나면 발병률이 뚝 떨어진다. 아마도 피부 분비물의 화학적 성분이 바뀌고 면역체계가 재편되면서 한동안 매우 불안정한 시기인 사춘기의 호르몬 폭풍 앞에 백선균도 무릎을 꿇기 때문인 것으로 보인다. 그러나 사하라 이남 아프리카 지역에서는 백선균 감염이 여전히 창궐하고 있다. 케냐의 한 연구는 무허가 판자촌—이른바 슬럼—에 거주하는 아이들의 81퍼센트가 두피 백선에 걸려 있다고 보고했다.[18] 나이지리아 시골에서 진행된 다른 연구에서는 녹Nok이라는 부족의 아이들 중 50퍼센트가 감염되어 있다고 보고했다.[19] 녹 부족이 두피백선을 가리키는 이름은 그 부족 언어로 '거미줄'이라고 번역된다. 거미가 아이의 머리에 오줌을 누고 가거나 알을 낳아놓고 가면 거기서 거미줄 모양처럼 동심원 패턴으로 백선이 퍼진다고 믿었기 때문이다. 2016년에 발표된 이 연구가 진행될 때, 마을의 한 이발사가 지독한 백선증을 앓고 있는 한 어린아이의 머리를 깎고 있었다. 이발사는 아이의 머리를 깎는 중간중간 가위를 소독용 알코올에 담갔다가 불을 붙이는 방식으로 소독했다.

빈곤과 열악한 위생 상태는 늘 백선 감염을 부른다. 로베르트 레마크가 백선증은 진균에 의해 발병한다는 사실을 밝혀냈을 당시 유럽에도 백선증이 널리 퍼져 있었다. 초기에 서구의 전문가들이 추천하던 백선 치료법에 비하면, 나이지리아 이발사의 처치는 매우 온건한 편이었다. 우선 머리카락을 박박 깎아내는 것은 공통적인 처치였다. 그다음에는 녹인 타르나 레진을 두피에 바른다. 두피에 바른 타르나 레진 반죽이 딱딱하게 굳어지면 반죽을 벗겨낸다. 감염된 머리카락이나 피부는 물론이고 감염되지 않은 부분까지도 한꺼번에 벗겨지기 다반사였다. 생각해보면 이런 치료를 받은 아이는 고통에 눈물을 흘렸을 것이고 평생토록 그 공포와 트라우마에 시달렸을 것이다.[20] 이러한 방법이 19세기에 가장 인기 있는 백선 치료법이었다. 아세트산 탈륨thallium acetate 또는 쥐약도 똑같은 효과가 있었지만, 이 약물들을 처방받아 복용한 아이들이 죽어나가기 시작하자 "치료 용량과 치사량 사이에는 거의 차이가 없다"는 경고를 엄

중히 받아들이게 되었다.[21]

백선은 감염된 피부 세포를 통해 사람과 사람 사이에 감염된다. 산업혁명 시기 런던의 빈민가 판자촌에 살던 아이들 사이에서도 백선은 흔하디흔했고, 고아원과 기숙학교—찰스 디킨스Charles Dickens의 소설 『니콜라스 니클비』를 떠올리면 된다—는 백선균의 온상이었다. 그러다가 1890년대에 획기적인 백선균 치료법이 등장했다. 엑스선 제모술X-ray epilation이었다. 다른 피부 질환 때문에 엑스선 치료를 받은 사람들에게서 탈모 증상이 나타나는 것을 보고, 엑스선 치료를 통해 일부러 탈모를 일으키면 백선증을 치료할 수 있으리라고 본 것은 어쩌면 당연한 결과였다. 엑스선 치료법의 효과는 부정할 수 없을 만큼 분명했다. 안 될 리가 없지 않은가. 『랜싯*the Lancet*』지는 남자들이 매일 밤 몇 분씩 엑스선을 턱에 조사照射하면 다음 날 아침 면도하는 수고를 덜 수 있을 것이라는 글을 실었다.[22] 이 글은 큰 반응을 얻지 못했지만, 1929년까지도 미용 X선 기계를 사용해 원치 않는 털을 제거해주는 '제모미용실'을 찾는 여성들이 많았다.

이 처치법이 얼마나 위험한 것이었는지는 이 기계를 만든 사람이 겪은 불행을 보면 금방 알 수 있다. 그는 암이 퍼져나가는 것을 막기 위해 왼팔을 절단했고, 궤양으로 오른손을 잃었다.[23] 그러나 X선으로 백선을 치료하고자 하는 열의는 1930년대까지 계속되었다. 이 무렵 런던의 한 저명한 방사능학자는 이렇게 썼다. "이 기술에 약간의 결함이 있고 조사량이 조금 지나치다 하더라도 일어날 수 있는 최악의 부작용은 X선 화상에 불과하다."[24] 이러한 무모한 인식은 수십 년 동안 사라지지 않았고, 1960년대에 이르러 이 치료법이 완전히 사라질 때까지 수십만 명의 아이들이 X선 치료를 받았다. 방사능의 조사량도 다양했고, 치료받는 동안 방사능의 방향을 이리저리 바꾸어주면 한 곳에만 집중 조사하는 것보다는 위험을 줄일 수 있었다. 그러나 당시 아이들은 오늘날 같으면 뇌종양 치료에나 쓰일 정도의 X선 치료를 받았고, 그중에서 이 치료로 인해 나중에 어른이 되어 뇌종양에 걸린 아이들이 몇이나 될지는 알 수도 없다.

이 책에서 '~수도'라는 표현(그리고 확실성보다는 가능성을 표현하는 말들)이 자주 쓰이는 것은 과학적인 이유 때문이다. 백선에 대한 X선 치료의 경우, 어릴 때 이 치료를 받은 아이가 성인이 되어 암에 걸린다고 해도 그 원인이 X선 치료 때문이었다고 확신할 수는 없다. 개별적인 암 발병의 사례를 특정 방사능 노출과 연결시키기는 매우 어려우므로, 최대한 많은 수의 백선증 환자들에 대한 정보를 수집해 전염병학의 관점에서 연구하고 시간이 흐른 뒤 이 환자들이 어떻게 되는지를 살펴보고자 한다. 대조군에 비해 백선증 때문에 X선 치료를 받은 환자들 사이에서 뇌종양 발병이 크게 증가한다면, 과학적인 확실성에 한 발 다가서는 게 된다. 반면에 대조군과 비교해 암 발병 사례가 비슷하거나 유의미할 만큼 더 많지 않다면, 우리의 과제는 미해결 상태로 남는 셈이다. 백선증 환자에 대한 연구 중 일부는 방사능과 암 사이의 관계를 보여주지 못하지만, 또 다른 일부는 관계가 있음을 확실히 보여준다.[25] 어쩌면 영원히 결론에 이르지 못할지도 모른다. 암 진단에 대한 두려움 외에도 X선 치료를 받은 한 이스라엘 소녀가 영구 모발 손상 때문에 평생토록 미용 측면에서나 심리학적 측면에서 고통을 겪게 된 사례도 있다.[26] 어떻게 보더라도 백선증의 X선 치료는 의진균학의 관점에서는 최악의 치료법이었다.

대부분의 백선균이 면역체계에서 일으키는 반응은 상대적으로 온건한 편이다. 아이들의 피부에 손상이 생기기는 해도 가려움증이나 다른 염증의 증상이 심하지는 않다. 백선균의 성장이 죽은 세포층으로 국한되고, 활성화된 면역세포의 감시가 이루어지는 피하조직과 분리되어 있기 때문이다. 또한 백선균은 사람의 피부에서 살면서 여러 가지 위장전술을 구사한다. 그러한 위장전술 중 하나는 면역체계가 인지할 수 있는 균사 표면의 분자들을 감추는 것이다. 이 투명망토는 토양진균이 여러 동물의 피부에 적응하면서 수천만 년을 거쳐 진화해온 산물이다. 사람의 몸을 감염시키는 백선균의 친척 중 한 무리는 다른 동물에게 큰 해를 입히지 않으면서 그 동물의 몸에서 살지만, 그 진균이 가축이나 반려동물로부터 사람의 몸으로 옮겨오면 사람의 피부를 손상시킬 수 있다. 다른 동물로부터 옮겨와 사람을 감염시키는 질병을 인수공통감염증 또는 동물원성 감염증이라고 부른다. 고슴도치와의 접촉을 피해야 하는 이유가 바로 여기에 있다. 대부분의 사람들은 고슴도치와 접촉했다고 해도 크게 걱정할 일이 없지만, 이 가시 많은 작은 동물을 사랑하는 사람들 중에는 백선균에 감염되는 사람이 적지 않다. 사람에게 발생하는 백선증의 경우, 개와 고양이가 훨씬 더 흔한 감염원이다. 가장 흔한 반려동물이 개와 고양이인 만큼, 동물원성 감염은 피할 수 없다.[27] 개를 집 안에 들여놓고 기르지 못하게 하는 이슬람 문화의 관습은 균류학적 관점에서 보면 지극히 타당하다.

다행히 항진균제가 개발된 덕분에, 오늘날 백선균에 감염되어도 원치 않는 삭발을 하거나, 쥐약을 복용하거나, X선 치료를 받지 않아도 쉽게 치료할 수 있게 되었다. 그리세오풀빈Griseofulvin은 1930년대에 개발되었고, 1950년대부터 백선 치료에 쓰이기 시작했다. 이 항진균제는 사과에 푸른색 곰팡이가 피게 하는 페니실륨의 한 종에서 자연히 만들어지며, 항생제 페니실린을 만들어내는 진균과 가까운 친척이다. 그리세오풀빈은 경구복용약으로, 모낭으로 침투한 뒤 모발 기둥의 바닥에서부터 머리카락 끝까지 올라가면서 균사를 파괴하는 방식으로 체내에서부터 피부 표면까지, 안에서부터 밖으로 백선균을 죽인다. 균사의 핵분열을 방해해서 더 이상 성장하지 못하고 죽게 만드는 것이다. 백선에 효과가 좋은 또 다른 항진균제인 테르비나핀terbinafine과 아졸azole계 항진균제는 진균의 세포막을 파괴하는 방식으로 진균을 제거한다. 사과식초, 티트리 오일, 생꿀 등의 천연물도 백선 치료제의 대안으로 각광받았다(항진균제에 대해서는 4장에서 더 자세히 다루기로 한다).

두피와 비듬의 진실

요즘 부유한 나라의 아이들 사이에서 백선증이 창궐하는 일은 매우 드물다. 설사 증상이 나타난다 해도 효과적으로 대응할 수 있는 약물 치료법이 여럿 있다. 그렇다고 해서 두피가 미생물의 사막이 되었다는 의미는 아니다. 오히려 그 반대다. 머리를 아무리 자주 감는다 해도 평생토록 두피는 진균이 활개를 치며 살아가는 온상이다. 우리 피부에 사는 대부분의 진균은 곰팡이보다는 효모처럼, 거미줄보다는 얼룩처럼 생겨난다. 이는 매우 다행스러운 일이다. 효모는 표면에만 머물지만 곰팡이나 사상균은 대부분 조직을 뚫고 들어가기 때문이다. 피부 조직에 진균이 침투해서 좋을 것은 없다. 말라세지아 효모는 두피에 가장 많은 진균이다. 말라세지아라는 이름은 지루성 피부염 환자의 피부에서 채취한 도말 표본에서 이 진균을 발견한 프랑스의 해부학자 루이-샤를 말라세Louis-Charles Malassez의 이름에서 따왔다. 지루성 피부염은 비듬의 극단적인 형태다. 이 두 증상은 모발 사이에 마치 흰 눈이 내려 쌓인 것처럼 되어버린다는 공통적인 특징이 있고, 정도는 서로 달라도 많은 사람이 이 증상으로 고민한다. 피지샘에서 분비된 피지 속에서 증식하는 말라세지아가 공통적인 원인 중 하나다. 피지가 분비되는 이 작은 구멍들은 우리 몸 중 털이 있는 곳에서는 모낭을 향해, 털이 없는 곳에서는 곧바로 피부 표면을 향해 있다. 피지보다 수분이 많은 분비물인 땀을 흘려 증발시킴으로써 체온 유지에 중요한 역할을 하는 땀샘은 피지샘과는 별개의 기관이다.

피지는 지방과 유지油脂가 혼합된 매우 복잡하고 놀라운 물질이다. 나이와 성별, 사람에 따라 분비량이 다르고, 대개 여성보다는 남성의 분비량이 더 많다. 우리 피부에 사는 효모의 주식이 바로 피지다. 효모는 다른 유기체들처럼 스스로 지방산을 생산하는 능력을 잃어버리고 오로지 피지로부터 모든 것을 흡수할 정도로 완벽하게 우리 피부 위에서 살아가는 데 적응했다. 물론 사람도 지방을 소비하지만, 식품으로 섭취한 당분으로부터 지방산을 만들어내는 능력은 세포막을 형성하고 다른 모든 대사작용을 수행하는 데 반드시 필요한 능력이다. 거의 모든 유기체가 가지고 있는 이 생화학적 능력을 포기함으로써, 효모는 에너지 소비를 크게 줄이고 대대손손 영원히 피부에 달라붙어 살도록 진화되었다.[28] 말라세지아는 백선증을 일으키는 곰팡이를 포함하고 있는 자낭균이 아니라 담자균에 속한다. 주름을 가진 버섯을 만드는 진균을 담자균으로 분류하지만, 비듬의 원인인 효모는 옥수수 깜부기병 또는 흑수병이라 불리는 작물 질병을 일으키는 진균과 가장 가깝다(깜부기병에 걸린 옥수수는 진균의 포자로 가득 차게 되는데, 멕시코에서는 이 포자로 위틀라코체라는 음식을 만든다). 비듬 효모와 옥수수 깜부기병을 일으키는 진균은 모두 온전히 자신의 숙주에 의존해 살아가는 특수한 유기체다.

비듬은 효모가 피부에서 피지를 먹고 두피를 자극하는 물질을 배출하면서 생기는 염증성 증상이다. 이렇듯 피부의 화학적 상태가 교란되면 면역체계에 경고가 울리고, 면역체계는 이 진균에 대항할 대식 세포와 킬러 세포를 보내 대응한다. 가려움증과 피부 박리는 앞으로 펼쳐질 두피의 대혼란을 예고하는 전조 증상이다. 말라세지아는 모든 사람의 피부에 서식할 수 있는데 어떤 사람은 비듬이 전혀 없는 반면, 어떤 사람은 가려움증으로 긁어대고 허연 비듬이 우수수 떨어지는 이유는 미스터리다. 하지만 이 증상에 대한 치료법은 잘 알려져 있다.

연구를 처음 시작했을 즈음, 나는 소련 출신의 객원 연구원과 함께 예일대학교에서 일하고 있었다. 그는 돈을 쓰는 데 매우 신중했고, 고국으로 돌아가 좀 더 나은 삶을 누리기 위해 월급을 최대한 저축하려고 노력했다. 케첩이나 마요네즈 같은 것은 식료품점에서 사먹지 않고 패스트푸드 식당에서 주는 일회용 파우치를 모아서 가져갔다. 비듬은 이 진균생리학자에게도 큰 고민거리였다. 그는 내가 추천하는 비듬 치료용 샴푸에 돈을 쓰기보다는 쐐기풀을 찾아다녔다. 그가 설명하기를, 쐐기풀은 두피에 생기는 모든 문제를 해결해주는 천연 치료제라는 것이었다. 우리 건물 뒤에서 자라던 쐐기풀을 발견한 그는, 그 풀잎을 뜯어다가 물에 끓인 다음 식물성 오일과 섞어 쓰기 시작했다. 얼마 지나지 않아 그의 머릿결은 삼손의 머리카락처럼 윤기가 흘렀다. 비듬으로 고민하는 수십억 명의 사람들이 선택한 또 하나의 대안은 프록터&갬블사가 생산하는 헤드&숄더 샴푸다. 플라스틱 병에 담겨 판매되는 이 샴푸는 세계에서 가장 많이 팔리는 샴푸 중 하나로 1960년대부터 상점의 진열대에 등장하기 시작했다.

비듬 샴푸는 피리티온 아연pyrithione zinc, 황화셀레늄selenium

sulfide, 피록톤올라민piroctone olamine 등 다양한 성분으로 비듬균을 죽인다. 내가 이 화학물질들을 자세히 나열하는 이유는 독자들도 머리카락에 샴푸 거품을 문지르기 전에 샴푸병에 붙은 깨알 같은 글씨의 성분표를 한 번 읽어보기를 바라기 때문이다. 이런 성분들은 세포막을 망가뜨려서 진균을 굶겨 죽이거나 중독시켜서 죽인다.[29] 비듬 치료는 서구 과학의 승리였다. 항생제나 백신의 발명만큼 대단한 것은 아니나, 마트에서 샴푸를 고를 때 우리를 즐겁게 한다. 하지만 나는 수천 년 동안 사람의 두피에서 평화롭게 살던 효모와 약리적 전쟁을 벌이는 것에 부작용은 없을까 하는 의문이 들기 시작했다.

호모사피엔스가 등장한 후 어림잡아 2만 년 동안, 사람과 두피 효모의 자연스러운 공생관계는 비듬균을 죽이는 샴푸가 발명되기 전까지 99.97퍼센트의 시간 동안 평화롭게 유지되었다. 우리 피부의 미생물 군집을 이루고 있는 진균이 말라세지아 단 한 종이고 우리가 윤기 나고 매끄러운 머리카락을 갖기 위해 샴푸로 그 진균을 공격한다면, 더 이상 거론할 문제가 없다. 하지만 두피는 그보다 훨씬 더 복잡한 생태계로, 여러 종류의 효모와 사상균이 어느 정도의 규칙성을 가지고 나타나 박테리아를 이웃으로 삼고 살아간다.[30] 두피의 주인이 어린아이에서 사춘기 청소년으로, 그리고 성인기를 거쳐 노년기에 이르는 동안 이 미생물들은 서로 협동하거나 경쟁하면서 개체수가 증가하기도 하고 감소하기도 한다. 매일 쓰는 비듬 샴푸가 어떤 부작용을 가져올지 우리는 대부분 생각하지 않는다. 그저 그게 없었다면 매일 겪었어야 할 가려움과 어깨에 떨어지는 허연 비듬에 신경 써야 했을 텐데 얼마나 다행인가 싶기만 하다. 그러나 우리 피부에 사는 다른 진균 덕분에 우리 몸속 마이코바이옴을 마음대로 조작했을 때 나타날 결과에 대해 좀 더 깊이 생각하게 되었다.

숨겨진 살인자,
칸디다 아우리스의 등장

2009년, 도쿄의 한 병원에 내원한 70대 여성의 외이도에서 새로운 종류의 효모가 발견되었다. 이 진균의 DNA 양상은 다른 종들과는 확연히 달라서 아예 칸디다 아우리스*Candida auris*라는 새로운 이름이 붙었다. 그때부터 이 효모는 세계적으로 유행하는 진균이 되었다. 전염병이라고 하기에는 지나친 감이 있지만, 이 진균은 감염을 일으키고 세계 곳곳에서 병원 환자들을 죽였으며 모든 종류의 항진균제에 내성을 갖고 있다. 칸디다 아우리스는 의료기기의 표면에 달라붙어 있다가 환자의 피부로 옮겨 붙어 거기서 살아간다.[31] 이 진균이 피부에 머물러 있는 동안에는 사람에게 전혀 해롭지 않다. 그러나 환자에게 수액을 공급하거나 약물을 주입하기 위해 꽂은 카테터를 통해 혈관 속으로 들어가 혈류를 타기 시작하면 문제가 발생한다. 사람 몸속으로 들어간 이 효모는 세포의 표면으로부터 딸세포를 분리시켜 순식간에 증식하면서 신장, 심장, 뇌, 기타 내

장기관으로 퍼져 열과 호흡 곤란, 체액 저류를 일으킨다. 최악의 감염이 일어날 경우 치명률은 60퍼센트에 이른다, 일본에서 이 진균이 새롭게 보고되던 바로 그해, 이 효모에 의한 병원 감염 사례가 남아프리카, 인도에서도 보고되었고, 그 이듬해에는 케냐에서도 보고되었다. 얼마 후, 이 진균은 수십여 나라로 확산되었다.[32]

칸디다 아우리스를 유전학적으로 분석해보면, 네 가지의 서로 다른 종류가 혼재함을 알 수 있다. 생물학적 관점에서 보았을 때 매우 최근에 진화된 종이라고 할 수 있다.[33] 이 진균들의 진화가 언제 일어났는지는 종류가 서로 다른 효모들의 DNA 시퀀스에서 일어난 변화를 추적하여 알아낼 수 있다. 이러한 연구에서 발견된 유전적 변이는 상대적으로 일정한 속도로 나타나므로, DNA 시퀀스에서 나타나는 몇 가지 변화는 연구자들에게 일종의 분자시계 역할을 한다. 이 시계에 따르면 칸디다 아우리스의 가장 오랜 조상은 17세기 중반에 나타난 것으로 추정된다. 대역병(페스트)과 런던 대화재가 일어났던 시기다. 이 진균의 가장 공격적인 변종은 최근인 1980년대에 나타났다. 게놈 전체를 시퀀싱하는 놀라운 기술 덕분에, 우리는 이 병원균이 수백 년 동안 겪어온 변화를 추적해 인간의 건강에 어떠한 위협이 되는지 그 면모를 들여다볼 수 있다. 정말 놀라운 작업이다. 두 번째 발견은 이 효모가 사람의 피부에만 깃들어 살지 않는다는 점이다. 이 진균은 인도 안다만 제도의 염습지와 바닷가 모래사장에서 채취한 샘플에서도 발견된다.[34] 이 진균이 왜, 어쩌다가 사람의 목숨을 위협하게 되었는지는 아직 밝혀지지 않았다. 하지만 어느 정도의 단서는 있다.

매우 눈길을 끄는 주장 중 하나가 지구온난화 때문에 인간의 따뜻한 체온에서도 번성할 수 있는 매우 공격적인 변종의 진화가 일어났다는 설이다.[35] 하지만 이 주장은 그다지 설득력이 없어 보인다. 지구 평균기온의 상승 폭은 이 진균이 기존의 서식환경을 벗어날 정도로 크지 않았기 때문이다. 우리가 중온성균mesophile이라고 부르는 대부분의 진균은 25~30°C에서 번성하지만, 그중 상당수는 온도가 40°C까지 올라가도 잘 자란다. 사람의 체온은 이들에게는 성장과 번식에 최적의 환경이라기보다는 오히려 걸림돌이 된다. 한편, 지구온난화와 관련된 기후 조건의 변화는 진균에 의한 천식(3장)과 치명적인 진균증 다발지역 분포에 큰 영향을 주었을 수 있다(4장).

온도 내성은 차치하더라도, 칸디다 아우리스에 일어난 다른 생태적 변화가 이 병원균의 진화에 더 큰 의미가 있을 것 같다. 1980년대에 항진균제가 쓰이면서 다른 종의 칸디다균에게서 내성이 나타났다는 것은 이미 알려져 있다. 이 과정은 칸디다 아우리스에도 그대로 적용될 수 있다.[36] 케토코나졸, 플루코나졸 등의 항진균제는 모든 진균 감염에 지금도 쓰이는 아졸계 항진균제의 대표적인 예다. 아졸과 다른 항진균제는 작물의 진균병에도 쓰이며, 자연환경에서 이 약물의 존재가 식량과 사람의 몸을 공격하는 변종균의 내성을 키웠을 가능성이 높다.[37]

비듬 샴푸는 너무나 흔하고 일상적인 제품이라서 우리는 이것을 항진균제라고 생각하지 않는다. 하지만 많은 사람이 이 샴푸를 사용함으로써 매일 마이코바이옴을 교란시키고 있다. 말라세지아는 우리가 샤워기 앞에 서서 그들에게 독이 되는 비누거품을 머리카락에 잔뜩 비벼대기 시작하기 전까지는 우리 피부를 호령하는 여왕이었다. 비듬 샴푸의 항진균 성분은 우리 피부의 생태계에 일대 전환을 일으키겠지만, 샴푸의 공격을 이겨내고 살아남은 진균은 여왕 말라세지아가 떠난 자리를 채우며 번성할 것이다. 이 과정은 지극히 순수하고 단순한 자연선택이다. 박테리아 감염을 치료하기 위해 항생제를 사용했을 때도 똑같은 현상이 일어난다. 내성을 갖게 된 박테리아 변종이 무기력한 친척들의 자리를 대신 꿰차면서 자연선택의 고전적인 사례로 등장한다. 이 과정은 항생제 치료에 꿈쩍도 하지 않는 치명적인 박테리아 감염병의 등장을 설명해준다. 따라서 항진균제, 농업용 살균제, 비듬 샴푸 등을 거리낌 없이 사용해온 행위가 균의 변이를 촉진해, 인체와 문제적인 상호작용을 일으키는 변종 진균으로 진화하도록 부추겨왔음을 인지해야 한다. 칸디다 아우리스가 1980년대에 왜 문제가 되었는지 우리는 아직 모른다. 그러나 그 답은 아마도 항진균 제품의 사용이 나날이 증가한 데서 찾을 수 있을 것 같다.

무좀, 신발을 신은 대가

우리는 지금까지 인간-진균 공생 중 머리 끝에 머물러 있었지만,

이제부터는 인간-진균 공생의 절정이라고 할 수 있는 발끝을 향해 나아가야겠다. 인간의 삶을 윤택하게 해주었지만 진균 감염을 초래하기도 했던 최초의 사례를 찾기 위해, 인간의 역사를 깊이 파헤쳐 아르메니아의 한 동굴에서 발굴된 5,500년 묵은 신발을 자세히 들여다보자.[38] 한 장의 동물 가죽으로 만들어진 이 신발은 발을 감싸 위에서 끈으로 묶게 되어 있었다. 지금까지 알려진 가장 오래된 신발이다. 이 신발의 근본적인 디자인이 무좀의 원인이다. 아르메니아의 신발 장인은 신고 벗을 수 있는 제품을 만들던 중 자기도 모르는 사이에 인간과 미생물의 상호작용에 새로운 장을 열었다. 아주 오랜 세월이 흐른 뒤, 콘택트렌즈를 발명한 사람이 자기도 모르는 사이에 저지른 일과 비슷하다. 콘택트렌즈는 그 나름의 진균 합병증을 일으킨다.[39] 꽉 막힌 신발은 주인의 발을 따뜻하게 보온해줄 뿐 아니라 땅 위의 날카로운 물체들로부터 보호해주었고, 또 한편으로 멋지게 보인다는 덤까지 안겨주었지만, 신발 안쪽은 뜨겁고 습한 공간이 됨으로써 진균에게는 미생물학 실험실의 스테인리스 스틸 인큐베이터 못지않은 완벽한 배양기가 되어주었다. 그 결과, 이런 환경에 취약한 사람들에게 발에 생기는 백선증, 즉 족부백선 *tinea pedis*이 생겼고, 이 감염증은 호모사피엔스에게 가장 널리 퍼진 진균 감염증이 되었다.

우리가 앞에서 만난, 올리브오일을 바른 몸 여기저기서 생긴 백선증으로 고생했던 로마 사람들은 다행히도 무좀은 피할 수 있었다. 그들은 발가락과 발등이 거의 모두 드러나는 샌들을 신었기 때문이다. 샌들은 로마 시민들을 무서운 진균 감염증인 균종菌腫, Mycetoma으로부터도 구해주었다. 균종은 이 진균을 가진 가시를 밟아 생기는 병이다. 피부 조직으로 침투한 이 무서운 진균은 안에서 이리저리 연결된 길을 만들거나 발 전체를 휘젓고 다니며 통로를 만들고 피부를 뚫어 감염성 입자가 들어 있는 끈적끈적한 액체를 분비한다.[40] 3~4세기경 사망한 40대 후반에서 50대 사이 남자의 골격에서 이 질병의 증거가 발견된 적이 있다. 이 남자의 양쪽 발 뼈는 마치 나방에게 갉아먹힌 듯한 모양이었는데, 이는 균종에 걸린 병변의 특징이다.[41] 균종은 아열대 지역의 질병이므로, 그는 아마도 로마의 북아프리카 식민지에서 복무할 때 이 병을 얻었을 것이다. 어쩌면 그는 동네 사람들과 로마식 공놀이였던 하르파스툼harpastum을 즐기느라 샌들을 벗고 뛰어다녔을지도 모른다. 이 감염증을 인도 남부의 한 지역인 마두라이Madurai의 이름을 따 마두라의 발Madura foot이라고 부르기도 한다. 19세기에 이 감염증의 여러 사례가 그 지역의 의사들로부터 큰 관심을 끌었기 때문이다(나뭇단을 머리나 어깨에 이고 다니다가 생긴 이 진균의 감염증을 마두라의 머리Madura head라고 부른다. 이 끔찍한 질병에 걸린 환자들의 사진은 잠자기 전에는 보지 않기를 권한다).[42] 스포로트릭스*Sporothrix*에 의해 발병하는 스포로트리쿰증Sporotrichosis도 가시에 찔려 생기는 감염증으로, 장미 재배자의 병rose handler's disease이라고 불린다.[43]

폐쇄적인 신발을 신을 때 발생할 수 있는 미생물학적 위험으로 다시 돌아가보자. 무좀의 전형적인 원인은 트리코피톤 루브룸

*Trichophyton rubrum*으로, 아프리카에서 진화한 진균이다. 이 진균이 아프리카에서 생겨났다는 것은 오늘날에도 이 진균의 유전학적 다양성이 아프리카에서 가장 크다는 데서 알 수 있다.[44] 모든 유기체에서 가장 큰 유전학적 변형 패턴이 바로 그 유기체의 고향에서 발견되는 이유는 돌연변이—변형의 근원—가 고향에서 끊임없이 이루어질 뿐만 아니라 훗날 다른 어떤 장소로 이동한 일부 종들에 비해 종의 다양성이 증가하기에 충분한 시간이 있었기 때문이다. 호모사피엔스도 유전학적으로 가장 큰 다양성이 발견되는 곳은 트리코피톤의 경우와 같은 아프리카다. 아마도 인류는 아프리카에서 출발할 때 발에 살던 진균도 함께 가지고 가 전 세계로 퍼뜨렸을 것이다. 백선이 과하게 증식하지 않고, 피부 조직을 뚫고 안으로 침투하지 않은 채 피부 표면에 머문다면 사소한 문제로 여길 수 있다. 꽉 막힌 신발은 균이 더욱 신나게 활개 치며 살아갈 기회를 만들어주었고, 일부 변종들은 면역체계의 강한 저항을 이겨내면서 더욱 강해졌다. 이 종의 똑같은 진균이 손발톱에 감염되면 조갑진균증, 즉 손발톱진균증을 일으킨다. 그러나 노인 환자의 경우는 막힌 신발보다는 순환장애가 무좀에 걸리는 더 큰 원인이다.

무좀을 치료하는 분말제재나 연고의 전 세계 시장 규모는 연 17억 달러에 이른다.[45] 약국 선반이나 진열장에서 무좀약이 차지하는 공간을 생각해보면 놀랍지도 않다. 두피나 모발 관련 기능성 샴푸의 시장 규모는 120억 달러를 상회하고, 비듬은 진균에 의한 가장 흔한 모발 증상이다. 하지만 비듬이 진균에 의해 생긴다는 사실은 비듬으로 고민하는 사람들 대부분이 잘 모른다. 5장에서 다루게 될 질 효모의 과잉 증식은 환자 수에 있어서는 비듬과 비교할 만한 수준이지만 증상에 있어서는 훨씬 심각하다. 게다가 많은 환자가 효모를 진균이나 곰팡이로 생각하지 않을 수도 있다. 반대로 무좀은 진균이 원인이라는 것, 즉 발가락 사이의 공간, 그 공간의 피부가 인체와 진균의 세계가 서로 교차하기에 가장 좋은 영역이라는 것을 모르는 사람은 거의 없다. 아주 오랜 옛날부터 지금까지 광범위하게 퍼져 있는 이 불편한 증상은 인간과 진균 사이에서 진화해온 깊은 관계의 가장 극명한 사례 중 하나일 것이다. 발가락 사이의 피부를 발갛게 만들고 나중에는 피부가 겹겹이 벗겨지게 만드는 무좀보다는 눈에 덜 띄지만, 훨씬 더 큰 문제를 일으키는 것이 숨 쉴 때마다 흡입되는 진균의 포자다. 3장에서는 이 문제를 다뤄보기로 한다.

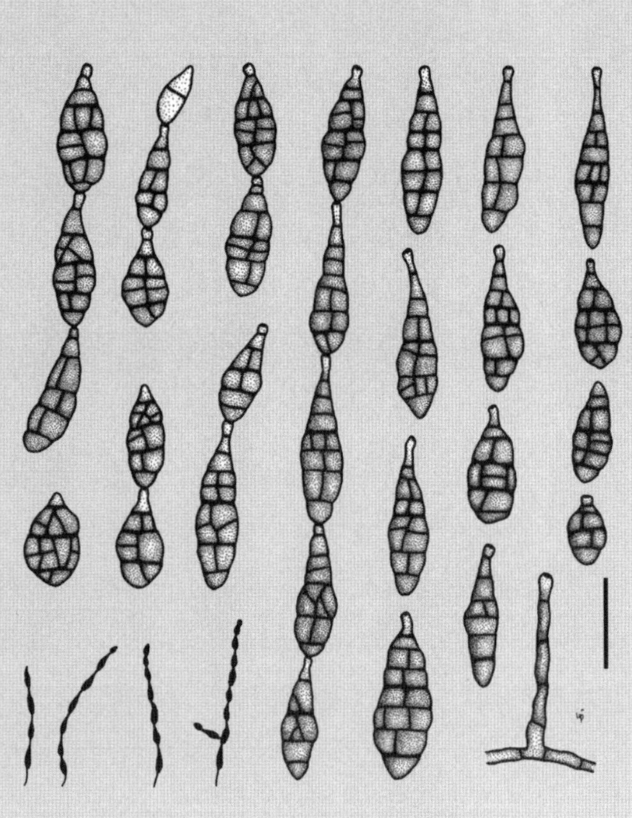

3장

숨쉬다

Breathing

폐 속의 포자

나는 포자에 대해 거의 공포에 가까운 두려움을 갖고 있어서 전문가로서의 내 커리어 중 상당 부분을 포자가 어떻게 공기 중에 떠돌아다닐 수 있는지 이해하는 데 투자했다.[1] 진균이 포자를 퍼뜨리는 메커니즘의 아름다움을 이해하지 못한다면, 독자들은 나의 이런 고백을 흥미롭게 듣기보다는 동정이나 얻고자 하는 소리로 들을지도 모르겠다. 한밤중에 버섯 옆 풀밭에 드러눕는 것으로 시작해보자. 그리고 자실체 아래쪽에 휴대전화 불빛을 비춰보자. 불빛을 이리저리 움직여보면 갓으로부터 연기가 뿜어져 나오거나 소용돌이를 이루는 것을 볼 수 있다. 그 연기는 수십만 개의 포자가 만들어낸 것이다. 아주 작은 물방울 하나만 부딪쳐도 갓 아래 주름 사이에서 포자가 폭포처럼 쏟아진다. 생명의 장엄함이 느껴지는 장면이다.

식물을 비롯한 자연 속의 모든 표면에서 자라는 곰팡이와 버섯은 포자를 뿜어내고, 그 포자들은 공중을 떠도는 포자 구름을 만든다. 공기는 포자로 가득 차 있고, 우리는 숨을 들이쉴 때마다 그 포자를 함께 들이마신다. 현미경으로만 볼 수 있는 이 작은 먼지는 사람의 기도를 통해 들어와 점막에 달라붙으면 곧 생명이 다하지만, 함께 들어온 자극성 단백질, 즉 알레르겐(allergen, 알레르기 항원-편집자)은 천식 환자의 폐에 손상을 입힌다. 제트 엔진에 빨려 들어간 새가 엔진을 망가뜨리는 것과 비슷하다. 천식을 비롯해서 포자를 들이마셨을 때 생기는 여러 질병이 바로 이 장의 주제다.

천식 발작이 일어나면 마치 공기가 끈끈하게 응고되는 것처럼 호흡이 힘들어진다. 의식적인 노력을 기울여 급하게, 힘들게 숨을 쉬어야 한다. 1969년에 잉글랜드에서 매우 심한 천식 발작을 겪은 후, 나는 목욕가운을 입은 채 아폴로 11호가 달에 착륙하는 장면을 TV 중계로 보며 시간을 보냈다. 암스트롱과 올드린이 달 표면을 탐사하는 동안, 휴스턴의 통제센터와 우주인들의 교신 사이사이에 대화가 끊어지는 순간들이 나의 고달픈 숨소리의 리듬과 묘한 동조를 이루었다. 그래서 우주인들과 달 표면을 함께 탐사하는 나의 모습을 상상하기 시작했다. 산소 부족에 의한 환영이었다. 달 표면에 암스트롱의 발자국이 찍히고 성조기가 꽂히는 장면을 보니 마치 달이 미국 땅이 된 기분이었다. 과학의 힘을 목격하면서 나는 미국이야말로 내가 있어야 할 곳이라고 확신하게 되었다. 이 춥고 숨쉬기도 불편한 섬이 아니라, 모든 것이 가능해 보이는 대륙 말이다.

"악취와 역병이 깃든 증기의 결합"이라는 햄릿의 말은 호흡 곤란 때문이 아니라 권태 때문에 나온 말이었다. 그러나 천식 환자에게는 공기에 대한 완벽한 평가라고 할 수 있다. 영국의 내과의사 존 플로이어John Floyer는 1698년에 쓴 고전적인 천식 연구서 『천식에 관한 논문*A Treatise of the Asthma*』에서 천식 환자가 느끼는 것들을 이렇게 표현했다. "천식은 호흡을 힘들게 한다. 폐엽과 폐포의 일부와 기도가 눌리고 막히거나 수축되어 씨익씨익 가쁜 숨소리와 함께 어깨를 들썩이며 힘겹게 숨을 쉰다."[2] 천식 발작 경험이 있는 사람이라면 누구나 저절로 '어깨가 들썩여지는' 것에 공감할 것이다. 기도가 막히거나 좁아졌을 때 일어나는 자동반사다. 의자에 앉아 입을 다물고 코를 꽉 쥐어 숨이 통하지 않게 한 뒤에 콧구멍이 부풀어 오를 때까지 몇 숨을 참고 기다려 보면 어깨가 저절로 올라가는 것을 경험할 수 있다. 천식이 폐의 내부 공간을 좁아지게 하므로, 척추를 더 곧추세운 자세로 앉아 어깨를 치켜올리는 것은 강제로 기도가 열리게 해서 공간을 확보하는 무의식적인 전략이다. 플로이어 박사는 개인적인 경험을 이렇게 묘사했다. "적어도 30년 동안 천식이라는 폭군에게 시달렸다."

진균의 포자는 천식이라는 폭군이 탄생하게 된 원인의 대부분을 차지한다. 공기를 진공청소기로 빨아들인 뒤 필터에 걸러진 것들을 현미경으로 들여다보면 미세한 유리 조각, 아주 작은 공, 계란 같은 타원형, 끊어진 실, 불시착한 미사일, 저글링 묘기에 쓰이는 곤봉 같은 다양한 형태의 작고 작은 존재들을 볼 수 있다. 미치광이의 장난감 상자라고나 할까? 이것들이 바로 진균의 포자로, 이보다 좀 더 큰 식물의 꽃가루와 함께 저배율 현미경으로도 볼 수 있다. 배율을 더 확대하면 필터에 걸린 막대 모양 또는 물방울 얼룩 모양의 박테리아도 보이지만, 바이러스는 더 미세한 필터로 걸러서 전자현미경으로 들여다봐야 보인다. 사람은 이런 생명체들의 수프 속에서 산다.

수프라는 비유는 사실 완벽한 비유는 아니다. 공기는 너무나 밀도가 낮고 포자는 눈으로 보기 힘들 정도로 작기 때문이다.[3] 1세제곱미터 안에 10만 개의 포자가 있다면 공기의 질을 연구하는 전문가에게는 매우 높은 수치이고 우려할 만한 수준이다. 1세제곱미터 안에 1만 개의 포자가 있다면 그럭저럭 괜찮은 수준, 1세제곱미터 안에 천 개의 포자가 있다면 아주 낮은 수준이다. 사람의 안정기 호흡은 분당 12회 정도이며, 6리터의 공기를 들이마시고 내뱉는다. 다시 말해, 공기 1세제곱미터당 천 개의 포자가 떠 있다면 두 번 호흡할 때 하나의 포자가 흡입되고, 1세제곱미터당 1만 개의 포자가 떠다닌다면 한 번 호흡할 때 5개의 포자가 흡입된다는 뜻이다. 이렇게 흡입된 포자들 중 일부는 날숨에 곧바로 다시 뿜어져 나오지만, 나머지 포자들은 폐의 점막에 달라붙는다. 평생의 호흡을 계산한다면 사람은 살아생전 10억 개 이상의 포자와 접촉한다는 계산이 나온다. 10억 개라면 굉장히 큰 숫자지만, 전체를 모두 모아 뭉쳐봤자 완두콩 하나의 무게도 되지 않는다.[4] 이렇게 작고 가벼운 것과의 접촉이 어떻게 수십 년을 고생시키는 천식 같은 고약한 질병을 유발할 수 있는지 어이없어 할 수도 있다. 어떻게 그게 가능한지는 원래 프로그램된 면역체계의 작용 원리와, 이 섬세한 장치의 태엽이 어째서 엉뚱한 자극에 반응하는지를 이해해야 알 수 있다.

면역체계는 우리가 살아 있는 동안 한 순간도 쉬지 않고 작동한다. 우리가 심각한 상황에 처하면 생존을 위해 최선을 다해 전속력으로 달리고, 심각한 위험에 처해 있지 않을 때도 쉬지 않고 우리 몸의 상태를 감시한다. 미생물 침입자에게 경고를 날리고, 모든 수단을 동원해 외부에서 들어오는 갖가지 자극적인 물질들을 막아낸다. 정상적인 세포가 암세포가 되려고 할 때도 경고음을 울리고, 그 세포가 우리 몸에 더 이상의 해를 끼치지 못하도록 우리 몸에서 추방해버린다. 우리는 면역체계를 두 가지로 구분하는데, 사실 그 둘은 동시에 함께 작동한다.[5] 사람이 타고나는 선천적인 면역체계는 면역세포가 바이러스, 박테리아, 아메바, 진균 등 여러 가지 침입자들의 화학적 신호를 감지했을 때 즉각 발동되는 최전선의 방어체계다. 여기서는 특이성specificity이 거의 없어서, 특정 병원체에 맞춰 정밀하게 반응하는 것이 아니라 광범위하게 병원체를 감지하고 즉각적으로 방어에 나선다. 우리 몸은 공격받고 있음을 스스로 감지하며, 침입자가 나타나면 닥치는 대로 모든 수단을 동원해 대응에 나선다. 초대하지 않은 손님이 접근하면, 세포는 사이토카인cytokine이라는 아주 작은 단백질을 내보낸다. 사이토카인은 침입자들을 물리치기 위해 여러 종류의 면역세포들을 소환한다. 특정 병원체에 대응하기 위한 맞춤형 방어체계는 후천적 면역체계에 의해 작동된다. 여기서는 항체가 감염성 미생물을 무력화한다.

진균 알레르기와 진균 감염은 완전히 다른 질병이다. 진균 천식을 비롯한 진균 알레르기는 우리 몸이 조직 내 진균의 성장을 억제하려 할 때 발생하는 것이 아니라, 진균의 포자와 접촉만 해도 우리 몸이 반응하기 때문에 발생한다. 알레르기 증상은 적응성 면역체계에 의해 나타난다.[6] 콧구멍을 통해 흘러들어온 포자의 대부분은 코털에 걸리거나 상기도 내막의 점액에 붙잡힌다. 하지만 이런 장애물을 통과한 포자는 그대로 폐까지 도달하고 이 포자의 표면에 달라붙어 있던 단백질은 폐 점막에 녹아든다. 포자에 예민한 사람들에게 알레르겐으로 인식되는 이 단백질은 비만세포mast cell와 호염구basophil라는 면역체계 세포의 표면에 즉시 달라붙는다. 여기까지의 과정은 순전히 화학적인 반응이다. 자물쇠의 구멍에 맞는 열쇠가 자물쇠—비만세포와 호염구에 장치된 자물쇠—를 여는 것처럼, 진균이 가지고 온 단백질 열쇠는 비만세포와 호염구라는 자물쇠에 완벽하게 들어맞는다. 이 열쇠가 자물쇠를 열면, 면역세포는 히스타민을 비롯해 여러 분자들을 쏟아놓음으로써 혈관을 확장시키고 폐로 연결된 기도를 수축시킨다. 혈관 확장과 기도 수축은 우리가 폐에 염증이 생겼다고 할 때 나타나는 증상들이다. 천식은 진균의 포자뿐만 아니라 꽃가루, 집먼지진드기, 반려동물의 비듬 등 많은 자극물질에 대한 민감성 때문에 일어날 수 있는 알레르기 증상이다. 건초열 또는 알레르기성 비염 역시 포자에 의해 일어날 수 있는 또 다른 알레르기 증상이다.

천식의 주요 원인, 진균

천식은 19세기까지 원인을 알 수 없는 질병이었다. 천식에 대한 빅토리아 시대의 혼란스러운 정의는 1879년에 출간된 『경련성 천식*Spasmodic Asthma*』이라는 책에서도 고스란히 드러난다. 이 책은 천식의 확실한 원인으로 "식물로부터 발산되거나 방출되는 다양한 물질, 몇몇 동물들의 악취…… 〔그리고〕 모든 종류의 먼지"와 함께 "대기 전기atmospheric electricity"를 꼽았다.[7] 런던의 내과의사이자 천식 환자였던 윌리엄 스티븐슨William Steavenson이 이 책을 썼는데, 그는 담배, 환각을 일으키는 식물, 아질산아밀(요즈음 젊은이들의 파티에서 '파퍼스poppers'라고 불리는) 등 거의 종합선물세트 같은 치료법을 논하고는 이런 결론을 내렸다. "주사기와 모르핀 용액만 있으면 나한테는 다른 어떤 치료제도 필요 없다." 거의 모든 마약을 손에 넣을 수 있었던 그는, 독일의 한 교수가 추천해준 치료법도 거부했다. 그 독일 교수는 "다리가 유리로 만들어진 스툴에 앉아 자기 몸을 전기 기계와 연결한 후 손가락 끝에서 불꽃이 튈 때까지 전기를 흘려서 발작을 가라앉혔다." 스티븐슨이 쓴 책을 읽다 보면, 그가 천식에 미쳐 있는 사람임을 알 수 있다. 그는 자신의 상태에 대한 연구에 흠뻑 심취해 있었다. 하지만 그는 결국 폐 감염으로 41세의 젊은 나이에 사망했다.[8]

진균이 알레르기를 일으킨다는 증거는 진균 포자의 추출물을 피부에 주사하면 자극을 받은 비만세포가 히스타민을 분비하여 염증을 일으킨다는 것을 보여준 실험으로부터 얻었다. 이 면역 반응은 작고 허연 돌기가 올라오면서 그 주변의 피부가 붉게 변하는 두드러기로 나타난다. 피부에서 나타나는 증상만으로는 폐 감염의 원인이 어떤 종류의 알레르겐인지 완벽하게 가늠할 수 없다. 하지만 이 테스트는 차선책 정도로 볼 수 있다. 어떤 먼지가 천식 발작을 일으키는지 알아보기 위해 여러 종류의 먼지를 흡입하는 실험은 죽음을 초래할 수도 있기 때문이다. 알레르겐 자가실험이 위험한 모험이기는 하지만, 1870년대에 맨체스터에서 의사로 활동하던 찰스 블랙클리Charles Blackley도 스스로 건초열을 일으키기 위해 일부러 곰팡이 핀 짚에서 포자를 직접 들이마시는 자가실험을 감행했다.[9] 블랙클리는 포자 또는 썩어가는 짚에 있던 어떤 것이 알레르기 반응을 일으킴을 보여주었다. 건초열과 천식 또는 건초천식의 차이는 그 당시에는 분명하지 않았으며, 어떤 의사들은 이 두 병명을 섞어서 쓰기도 했다. 오늘날에는 알레르기성 비염을 일컫는 병명을 흔히 건초열이라 말하기도 한다. 알레르기성 비염은 곡물의 꽃가루와 진균 포자로 인해 생기는 비강 알레르기다.

진균 포자의 흡입이 천식의 주요 원인이라는 증거는 세 갈래로 나누어볼 수 있다.[10] 첫째, 천식을 앓고 있는 아이들은 그렇지 않은 아이들, 즉 천식을 앓지 않는 대조군 아동들에 비해 피부 테스트에서 진균에 대한 민감도가 매우 높게 나타난다. 둘째, 천식 발작과 천식으로 사망하는 환자의 수는 공기 중의 포자 농도가 1세제곱미터당 천 개 이상으로 높아질 때 증가한다. 셋째, 천둥번개가 친 다음에는 병원에 입원하는 천식 환자 수가 증가한다. 뇌우 천식은 설명하기가 복잡하다. 폭우로 식물의 표면이 젖으면 효모와 곰팡이의 성장을 자극하며, 천둥번개에 동반되는 돌풍이 진균의 포자를 공기 중으로 더 많이 퍼뜨린다고 여겨졌다. 말하자면 성장과 비산에 의한 확산 모델인 셈이다.[11] 그러나 세밀한 기상학적 데이터와 포자의 수를 비교해보면, 천둥번개가 치기 몇 시간 전 공기 중에 포자가 급증하는 것으로 나타났다.[12] 호흡이 곤란해지는 것으로 천둥번개를 예상할 수 있다는 여러 천식 환자들의 증언도 기상학 데이터와 포자 수 비교로 얻은 결론을 뒷받침해준다. 강한 바람에 의한 비산만으로 포자의 분산 메커니즘을 설명할 수는 없다. 인간 세상의 문젯거리들에 대한 H. L. 멩켄H. L. Mencken의 유명한 금언, "〔진균학의〕 모든 질문에는 확실한 답이 있다. 깔끔하고, 그럴 듯하지만 틀린 답"이 수긍이 간다.

이런 증거에도 불구하고 진균은 천식의 원인과 치료법을 연구하는 전문가들에게 의붓자식 취급을 받아왔다. 지원자들을 모아서 포자가 가득한 터널에 앉혀놓고 천식 발작이 일어나기를 기다리는 것 말고는 천식의 원인을 밝힐 수 있는 방법이 달리 없다. 천식이 다른 자극물질에 의해 일어날 수 있다는 것도 분명하다. 그러나 수백만 톤의 진균 포자가 온 지구를 날아다니는 상황에서 진균 포자와 천식의 상관관계는 결코 무시할 수 없다. 꽃가루와 건초열은 많은 사람이 연관 지어 생각하지만, 곰팡이 포자와 천식은 별개로 인식된다. 마크 잭슨Mark Jackson이 2009년에 쓴 책 『천식의 일대기*Asthma:*

The Biography』에서도 진균 포자는 언급조차 되어 있지 않다. 총상 치료에 관한 책을 쓰면서 총알 이야기는 빠뜨리고, 폐암을 다루면서 담배 이야기는 건너뛴 것과 똑같다.[13] 천식과 진균의 관계를 무시한 사람은 잭슨만이 아니었다. 심지어 호흡기내과 의사(폐 전문가)들 중 일부는 많은 천식 환자에게 곰팡이 포자가 주요 유발 인자라는 명확한 증거가 있는데도 거의 무시한다. 이들은 한쪽 발은 21세기에, 나머지 한쪽 발은 19세기에 걸치고 있다. 천식 임상연구에서 진균의 영향을 간과하고, 수많은 의사가 이를 '심인성 문제'로 치부하는 낡은 관점에 여전히 동조하고 있다. 하지만 사실은 그렇지 않다. 이러한 주장은 1880년대 할리 스트리트의 한 의사가 천식은 "우리〔영국인〕의 인종적 우월성을 보여주는 증거"라고 말했던 것처럼, 알레르기가 교육수준이 높은 계층 또는 "교양 있는 사람들"만의 문제라는 관념이 지배했던 옛 시대의 유물일 뿐이다.[14] 그다음 세기에는 한 독일 의사가 전형적인 알레르기 환자를 "생활환경이 열악하고…… 환경 부적응자가 되기 쉬운…… 예민한 하층 중산계급 아이들"이라고 설명했다.[15] 즉 천식은 교양 있는 사람들의 전유물이면서 동시에 무너져가는 하층민의 상징이기도 했던 것이다!

천식의 원인으로 심리적인 문제를 지적했던 여러 연구에서는 원인과 결과를 혼동하는 실수를 저지른다.[16] 설령 천식 환자가 천식을 앓고 있지 않은 다른 사람들보다 불안감과 관련된 장애를 보이는 경우가 많다 하더라도 그것은 천식의 경험에서 오는 스트레스 때문이라고 설명할 수도 있다. 그 결과, 환자 자신의 폐를 완전히 망가뜨릴지도 모르는, 나의 예전 책들에서 쓴 표현을 빌리자면, 보이지 않는 '카펫 괴물'에 대한 두려움에 떨게 되는 것이다.[17] 천식에 대한 민감성을 높이는 유전자가 다른 스트레스 반응과 관련이 있다는 설명도 가능하다. 예를 들어 천식 환자가 우울증에 걸릴 확률이 더 높다고 해도, 천식을 정신의학적으로 열등한 상태로 폄하할 것이 아니라 신체적인 질병과 관련해서 살펴봐야 한다. 천식을 정신적인 문제와 연결 짓는 것 자체가 옳지 않으며, 의학적인 연구에도 피해를 주는 구분법이다. 환자 개개인의 특발성 증상idiopathic conditions(원인을 알 수 없는 증상)을 '단지' 정신적인 문제에서 기인하는 것으로 치부하고 무시하는 경향은 지금도 상당히 널리 퍼져 있다. 간질, 섬유근육통, 과민성장증후군, 한동안 인류 전체를 괴롭혔던 COVID, 그리고 바이러스 감염 후에 나타나는 만성 질환 등은 신체적인 원인을 정확히 짚어낼 수 없는 사례들이다. 따라서 이런 질병들을 그저 심리적인 증상이라고만 치부하는 경향이 있었다.[18]

유명한 천식 환자 중 한 명인 마르셀 프루스트는 숨조차 제대로 쉬지 못하는 아들을 "불안하고 예민하며 의존적인 성격" 탓에 중병에 걸린 척하는 것이라고 비난하는 아버지 때문에 절망했다.[19] 프루스트는 병으로 인해 집에 갇혀 사는 환자 신세인 사람과 그 가족 사이의 관계가 보여주는 비극적인 성격을 이렇게 묘사했다. "질식할 지경에 처한 불쌍한 환자가 눈물이 그렁그렁한 눈으로, 자신에게 어떤 도움도 주지 못하고 있으면서 동정이나 하고 있는 사람들에게 미소를 지어 보인다."

진균 천식은 왜 생기는 걸까?

알레르기는 생명에 위협이 된다고 여겨지는 물질에 우리 몸이 과민반응을 보일 때 발생한다. 그런데 사실 이럴 때 진짜 위험한 것은 자극성 물질 자체보다는 알레르기로 인해 나타나는 증상이다. 진균 포자가 갖고 있는 골칫거리 단백질은 포자의 구조 중 일부이며, 그 진균이 토양 속에서 또는 식물의 표면에서 성장할 때 필요한 효소를 포함하고 있다.[20] 우리가 아무런 반응도 하지 않는 한, 그 단백질은 우리 몸에 무해하다. 그러므로 이런 질문을 하지 않을 수 없다. 왜 어떤 사람은 진균 포자에 알레르기 반응을 보이는가?

진화의학에서 수긍할 만한 답을 찾을 수 있다. 진화의학에서는 많은 질병이 인간의 최근 역사뿐만 아니라 호모사피엔스의 오랜 조상에게서 뿌리를 찾을 수 있다고 주장한다. 가장 내 마음에 드는 가설은 폐의 알레르기 반응이 독성 화학물질과 치명적인 감염을 일으키는 균에 대한 노출을 제한하려는 보호 메커니즘으로서 진화해온 것이라는 주장이다.[21] 기도를 수축시키고 폐의 용적을 줄이면 천식 증상이 나타나면서 들숨의 공기 부피가 줄어든다. 이 과정이 질식을 동반하지만 않는다면 좋은 전략이며, 염증 증상이 단기적이라면 호흡을 축소시키는 것도 충분히 가치 있는 대응이다. 생명체가 더 오래 살고 오랜 시간 유전자를 유지할 수만 있다면, 진화는 고통에 아랑곳하지 않는다. 진균 포자에 대한 알레르기 반응이 심각한 감염으로부터 우리를 얼마나 자주 보호하는지는 아직 명확히 밝혀지지 않았다. 몸속의 폐까지 도달하는 포자의 상당수가 우리 조직 내에서 살 수 없는 진균들에 속하지만, 면역력이 떨어진 환자의 몸에서는 일부가 살아남는다. 이 장 후반부에서 이에 대해 다뤄보기로 하자. 포자에 대한 천식 반응과 무증상 반응이 생명을 구하는 장치일 가능성은 매우 높다.

지구는 진균으로 가득한 행성이므로, 지구에 사는 인간이 감염을 일으킬 수 있는 포자를 흡입할 위험은 장소와 대상을 불문하고 상존한다. 인류가 수렵채집과 유목생활을 접고 농경 정착생활을 택하면서 상황은 더욱 악화되었다. 작물을 경작하려면 곡물을 저장해야 하고, 저장된 곡물에는 곰팡이가 피기 쉽다. 곰팡이 포자는 엄청난 수로 공중을 떠돈다.[22] 가축의 우리도 상황은 다르지 않다. 동물의 사료, 짚풀 자리에도 곰팡이가 피고, 가축이 움직이거나 농장 노동자가 들락거릴 때마다 1세제곱미터당 수백만 개의 포자가 뭉게뭉게 피어오른다. 작물 경작과 천식의 관계에 대한 주장은 포자와 꽃가루에 대한 초기 인류의 무반응 증상이 경작지와 작물 저장 창고에서 막대한 양의 포자에 노출되면서 급격히 증가하기 시작했다는 주장으로 이어진다. 농부의 아이들이 천식으로 허약해지지 않고 건강하게 성장해 어른이 되고, 부모가 된다면, 포자에 대해 상대적으로 온건하게 반응하도록 제어하는 유전자도 대를 이어 내려가며 확산되었을 것이다. 알레르기라는 형태의 반응이 감염에 대한 보호 장치로서 굳어진 것도 그 비용을 뛰어넘을 만큼 가치 있었을 것이다.

포자에 대해 비교적 무해한 면역 반응이 심각한 천식으로 이어지게 된 배경은, 작은 마을에서 농사를 짓고 살던 가족들이 대도시로 이주하면서 경험한 새로운 주거환경에서 찾을 수 있다. 대도시의 주거환경은 상대적으로 청결하고 위생적이었으므로, 진균이나 다른 알레르겐과 접촉할 기회가 시골보다 제한적이었다. 이렇게 이야기하면 반직관적으로 들릴 수도 있다. 도시 생활은 거름이나 퇴비와도 멀리 떨어져 있고 공기도 더 깨끗하므로, 도시 아이들의 면역체계는 외부로부터의 공격에 대응하는 훈련이 부족하다. 생후 일주일밖에 되지 않은 신생아는 시골 농장에서라면 피할 수 없었을 곰팡이를 간단하게 제압하거나 심하지 않은 반응으로 넘어가는 법을 배운 적이 없다. 그러다 한층 과도해진 민감성 때문에 연중 특정 시기에 밖에서 많은 양의 포자에 노출되면, 아이는 천식 발작을 일으키게 된다. 이 문제는 실내 환경에서 살아가는 현대의 어린아이들 사이에서 더 두드러지게 나타났다. 어떤 도시에서는 심각한 천식이 거의 유행병처럼 번지기도 한다.[23] 천식이나 다른 알레르기에 대해 이렇게 설명하는 주장을 위생 가설hygiene hypothesis이라고 한다. 반려견이나 반려묘와 함께 생활하는 아이들은 일찍부터 동물들의 비듬에 노출되므로 알레르기에 대해 어느 정도 보호 장치를 획득한다. 이는 면역체계가 반려동물뿐 아니라 다양한 자연환경과의 접촉을 통해 미리 훈련됨을 보여준다. 위생가설은 아직도 논쟁의 여지가 많은데다 아동기 천식은 유전적 요인 때문에 더 복잡하고, 어릴 때 박테리아나 바이러스에 감염된 병력이 있으면 더욱 심해진다.[24]

천식 환자든 아니든, 인간이 진균과 완전히 단절된 채 살 수는 없다. 어느 집이든 곰팡이가 있고, 어떤 집에서는 심하게 핀다. 곰팡이는 실내 식물, 축축한 화분뿐 아니라 주방의 상한 과일과 채소에도 핀다. 진균에게서 발생한 포자는 낡아서 늘 눅눅한 가옥이나 배관누수, 지붕누수, 침수 등으로 젖은 건물에서는 위험한 수준까지 증가할 수 있다.[25] 높은 기온과 불량한 환기는 식물성 재료로 만들어진 카펫이나 가구, 벽지(또는 회반죽) 등에서 진균의 성장을 돕는다. 침수 가옥의 경우에는 포자 때문에 벽이 새카맣게 변하기도 하고 의자나 소파 같은 가구는 새틴 커버를 씌운 것처럼 포자로 뒤덮이기도 한다. 최악의 경우, 포자 수는 공기 1세제곱미터당 만 개 이상으로 치솟아 천식 환자에게 매우 위험해진다. 아무리 깨끗한 집이라도 어딘가에는 곰팡이가 피고 공중에는 포자가 날아다닌다. 박테리아를 죽이는 세제를 써서 박박 닦아낸 집이라도 다양한 종류의 곰팡이가 핀다는 증거도 있다. 항생제를 복용하는 사람의 몸에서 효모가 과잉 증식하는 것과 비슷하다.[26] 도시 환경에서 천식을 일으키는 진균과 농장에서 흔히 퍼져 있는 진균의 종류는 상당히 많이 겹친다. 모든 종류의 식물 소재에서 자라는 전형적인 진균들로 아스페르길루스, 알테나리아*Alternaria*, 페니실륨, 클라도스포륨*Cladosporium* 등이 있다. 독자들도 이 책을 읽기 시작한 후로 이 진균들을 여러 번 들이마셨을 것이다. 이처럼 진균들은 언제나, 어디에나 있다. 이 중 어떤 것들은 마이코톡신mycotoxin이라는 해로운 화합물을 만들어낼 수도 있다. 그러나 조직을 손상시킬 수 있을 만큼 충분한 양의 진균이 폐까지 도달한다는 확실한 증거는 없다(이 문제는 8장에서 다룬다). 실내 곰팡이와 실외 곰팡이의 문제는 똑같다. 즉 알레르기를 일으킨다.

천식 증상을 다스리려면

알레르겐 노출 빈도를 줄이는 것이 천식 발작을 예방하는 최선의 방법일 수도 있다. 그러나 자극물질의 정체를 확실히 알지 못한다면 노출을 피하는 것이 어렵거나 아예 불가능할 수도 있다. 방을 진공청소기로 깨끗하게 청소하고, 침구에 커버를 덮는 것이 집 먼지 진드기의 배설물에 존재하는 단백질의 흡입을 줄이는 방법으로 추천되었으나, 이는 그다지 효과적이지 못한 것으로 드러났다.[27] COVID가 지구를 휩쓸었을 때 누구나 써야 했던 마스크는 천식 증상을 줄이는 효과를 전 지구적으로 테스트할 기회였다. 그러나 환자로부터 그에 대한 데이터를 얻을 기회는 놓쳐버렸다. 폐 기능이 정상이 아닌 천식 환자는 어떤 마스크를 쓰느냐에 따라 호흡이 더 곤란해져서 혈중 산소 수치가 떨어지는 경우도 있었기에 천식 환자들 중에는 마스크 착용을 거부하는 사람도 있었다. 일본에서는 아동 천식 환자가 잠잘 때 마스크를 착용함으로써 어느 정도 증상을 누그러뜨릴 수 있었다는 보고가 있었지만, 온라인 설문조사에 응한 미국의 성인 천식 환자 중 절반은 마스크 때문에 호흡하기가 더 불편하다고 답했다.[28] 산소 수치를 떨어뜨리지 않으면서 진균의 포자를 걸러주는 마스크를 개발하면 될 일이지만, 그러자면 필터를 통해 공기의 흐름을 원활하게 해줄 모터를 마스크에 달아야 했다. 마스크를 착용할 때의 불편감뿐만 아니라 단순한 천 마스크만 써도 사회적인 낙인이 찍히는 마당에, 윙윙 모터 돌아가는 소리까지 나는 고무 헬멧을 쓴다는 것은 흔쾌히 받아들이기 어려웠다. 기술이 충분히 발전할 때까지, 천식 환자들은 차라리 일반 마스크를 쓰고 곰팡이가 창궐하는 계절을 버티는 쪽이 더 나을지도 모른다.

천식 증상의 치료는 그 증상이 진균 포자 때문이든 꽃가루 때문이든, 아니면 반려동물의 비듬이나 집 먼지 진드기 때문이든 상관없이 똑같다. 폐로 들어가는 기도를 확장시킴으로써 알레르겐의 작용에 대항하는 약물, 면역체계의 활동을 완화시키는 스테로이드 제제, 비만세포가 문제를 일으키는 알레르겐에 딱 들어맞을 때 일어나는 면역체계의 폭발적인 반응을 차단하는 천식 약 등 천식을 치료하는 약은 다양하다.[29] 최초의 천식 치료제를 발명한 사람은 시리아 출신의 영국 내과의사, 약리학자이자 심한 습진과 천식으로 고생한 환자였던 로저 알투냔Roger Altounyan이었다.[30] 1960년대에 알투냔은 아미초bishop's weed 추출물을 베이스로 한 약물의 효과를 연구하고 있었다. 아미초는 지중해 지역에서 수천 년에 걸쳐 천식을 치료하는 민간요법에 쓰이던 약재였다. 제약회사에서 알투냔과 함께 일하던 동료들은 이 식물에서 약으로 개발할 수 있는 수백 가지 화합물들을 만들어냈고, 알투냔은 실험실의 모르모트 역할을 자청했다. 먼지를 들이마셔서 천식 발작을 유도하고 어떤 화학물질이 자신의 호흡 곤란 증상을 약화시키는지 확인했다. 8년 동안 그런 실험을 무려 3천 번이나 감행했다. 심지어 자신의 폐 용량을 90퍼센트나 축소시켜서, 결국에는 질식을 막는 응급 약물을 직접 투여하기까지 했다(천식 환자들은 그의 용기에 감사해야 마땅하다).

1963년에 드디어 그에게 유레카의 순간이 찾아왔고, 그는 크로몰린cromolyn이라는 기적의 치료제 성분을 분리해냈다. 이 화합물은 때마침 1968년에 흡입제제로 시판되었고, 침대에 묶여 어린 시절을 보내던 나를 구해주었다. 그는 환자가 이 약을 흡입하는 데 필요한 도구인 '스핀헬러spinhaler'도 개발했다. 스핀헬러에는 프로펠러가 달려 있는데, 환자가 숨을 들이쉬면서 공기를 빨아들이면 돌아가게 되어 있었다. 스핀헬러를 통과하는 기류가 1회용 캡슐에 들어 있던 크로몰린 분말을 분산시켜 환자에게 전달하는 방식이었다. 이 장치는 지금도 쓰이고 있다. 프로펠러를 이용하자는 아이디어는 제2차 세계대전 당시 영국 공군에서 비행교관으로 복무했던 그의 경력에서 나온 것이었다. 천식 환자로서의 고통은 그에게 신약 개발의 원동력이 되었고, 그는 천식이 정신적인 문제라는 의학계의 주장을 순순히 받아들이지 않았다. 알투냔은 1987년, 예순다섯의 나이에 천식 발작으로 세상을 떠났다. 그는 나의 영웅이다.

천식 치료약은 최근 몇십 년간 더욱 다양해지고 약효도 강력해졌다. 3억 명 이상의 환자가 천식으로 고통받고 있으며 그 숫자가 수년 안에 4억을 넘을 것으로 예측되는 만큼, 반가운 일이다.[31] 이 통계치는 의사가 직접 진단을 내린 케이스만을 바탕으로 한 것이다. 온라인 설문을 통해 호흡 곤란을 경험했다고 응답한 사람들까지 계산한다면 그 숫자는 거의 7억 명에 육박한다. 나라별로 살펴보면 중국에서는 천식 발병률이 50명당 한 명이지만, 호주에서는 세 명당 한 명으로 치솟는다. 일반적으로 부유한 나라일수록 환자 비율이 높아지는 경향이 있지만, 예외도 존재한다. GDP로 비교하면 뉴질랜드는 코스타리카의 두 배나 되지만, 두 나라가 나란히 세계 최고의 천식 환자 비율을 보인다. 천식의 확산에 영향을 끼치는 요소는 여러 가지가 있지만, 천식을 일으키는 특정 진균들의 다양한 분포가 천식의 지리적 분포를 설명해주기도 한다. 어떤 메커니즘이 작용하든 간에, 일부 환자는 거주 지역을 옮긴 것만으로 다른 치료제를 썼을 때보다 증상이 눈에 띄게 호전되는 경우가 있다. 나 역시 바로 이런 경우였다. 대서양을 건너면 숨쉬기가 한결 편해졌고, 옥스퍼드셔로 돌아오면 다시 힘들어졌다. 내 사례는 단 한 명의 적은 표본에서 얻은 결론이지만, 지리적 효과의 메커니즘은 자의든 타의든 거주지를 옮겨본 적 있는 환자들에게서 공통적으로 나타나는 경험으로 보인다.[32]

알레르기성 비염은 천식만큼이나 많은 사람을 괴롭힌다. 비만세포에서 히스타민이 분비되는 것을 포함해 면역 메커니즘의 작용이 그 바탕을 이룬다는 점도 똑같다.[33] 비관nasal passages의 염증은 하기도로 확산될 수 있고, 천식 환자들은 종종 이 두 가지 증상을 모두 겪기도 한다. 진균 포자를 흡입할 경우, 과민성 폐렴이라는 또 다른 질병을 일으킬 수도 있다. 만성적인 호흡 곤란, 기침, 피로, 그리고 포자 또는 자극적인 물질을 단시간에 다량 흡입하면 독감과 비슷한 급성 증상이 나타난다. 과민성 폐렴의 면역 반응은 천식의 염증과는 전혀 다르며, 류머티즘 관절염과 비슷한 과정을 거친다. 농장 노동자가 자주 이 병에 걸리고, 백파이프 연주자를 비롯해 관악기를 연주하는 연주자들 역시 이 병에 특히 취약하다.[34] 농장 노동자들은 부패한 곡물이나 가축의 사료, 갈짚 등을 옮길 때 포자를 다량 흡입하게 된다. 또한 백파이프, 트럼본, 색스폰, 테너호른 등 관악기를 연주하는 경우, 악기 내부에 남아 있는 습기와 연주자의 가래 등이 진균이 자라기에 더할 나위 없이 좋은 환경을 조성한다. 밀폐된 공간에서 분수처럼 쏟아지는 포자들 사이를 누비며 일하는 버섯 농장 노동자들 역시 과민성 폐렴에 걸리기 쉽다.

기후변화로 공기 중의 포자 수가 증가할 가능성이 커지자 진균 알레르기에 대한 연구와 이로 인한 증상을 완화하기 위한 효과적인 약물 개발의 필요성도 점점 커지고 있다. 덥고 습한 지역일수록 식물 찌꺼기에서 자라는 진균들이 더 많은 포자를 만들어낼 것이다. 이러한 미래는 천식 환자들에게 이미 현실로 다가왔다. 샌프란시스코 베이에리어에서 진행된 한 대규모 연구에서, 천식 환자들이 포자와 꽃가루를 흡입하는 날의 수가 2002년부터 해마다 증가하고 있음이 밝혀졌다.[35] 기후 패턴의 지역적 편차, 작물 재배를 위한 목초지와 삼림 제거에 따른 토지 이용 상태의 변화 등으로 인해 포자 수의 장기적인 변화는 예측하기 어렵다. 그러니 천식 환자들이여, 늘 흡입기를 손 닿는 곳에 준비해두는 것이 좋다.

알레르기에서 감염으로, 진균의 침입

천식과 기타 알레르기 질병을 일으키는 진균은 우리 몸의 마이코바이옴에 장기간 깃들어 사는 존재가 아니라 하루살이처럼 잠깐 스쳐 지나가는 방문객이다. 알레르겐을 지닌 포자들 중 어떤 것들은 비관이나 폐에서 자라기도 한다. 그러나 건강한 사람들은 점액을 덫처럼 이용해서 포자를 비롯한 모든 자극물질을 제거한다. 숨을 들이쉴 때마다 직경 12밀리미터의 기관으로 공기가 밀려들어 온다. 기관은 한 쌍의 기관지로 갈라지고, 점점 더 좁아지는 기도를 따라가며 폐포를 만날 때까지 스무 번 이상 더 갈라진다. 폐포는 폐에 있는 아주 가느다란 가지에 매달려 있는, 포도송이처럼 생긴 구조물이다. 미로처럼 얽혀 있는 기관지의 표면을 모두 평평하게 펴놓으면 100제곱미터에 달한다. 사람의 피부와 모낭을 모두 펼쳐놓은 것보다 서너 배는 더 넓은 면적이다. 포자, 박테리아, 먼지 입자 등은 기관지 내벽의 점막에 달라붙고, 점막의 점액은 수조 개에 달하는 점액 세포의 섬모에 의해 위로 끌어올려진다.[36] 섬모의 움직임으로 폐포를 덮고 있던 점액이 성대 사이의 기관까지 끌어올려진 다음 목구멍으로 넘어간다. 목구멍에 도달한 점액은 삼켜져서 위산에 녹아버린다. 이러한 점액의 컨베이어벨트는 끊임없이 움직이면서 여섯 시간에 걸쳐 폐포에서 목구멍까지 점액을 배달한다. 기침은 점액 덩어리를 폐에서 목구멍까지 급하게 끌어올리고 수천 개의 방울로 분해해 공기 중으로 분산시킴으로써 이 과정을 가속화한다. 기침할 때 점액 방울이 튀어나가는 속도는 시속 100킬로미터에 이른다. 재채기는 더욱 격렬하다. 10만 개의 점액 방울을 기침의 두 배 속도로 분산시킨다.

이 과정이 어디선가 막히거나 둔해지기 전까지, 이러한 메커니즘이 얼마나 멋진 것인지 우리는 의식하지 못한다. 이 메커니즘이 고장 나면 진균 감염이 시작되는 것이라고 봐도 무방하다. 낭포성 섬유종cystic fibrosis은 점액을 더 끈끈하게 만들어서 이 컨베이어벨트의 움직임을 방해하는 질병이다. 진균 포자와 박테리아가 정상적이었을 때처럼 신속하게 제거되지 않는다는 뜻이다. 낭포성 섬유종 때문에 점액의 점도가 높아진 사람은 그렇지 않은 사람보다 감염의 위험이 높아진다. 아스페르길루스 종의 포자는 문제를 가장 많이 일으킨다. 이 진균의 포자는 어디에나 있으면서 폐에서 제거되지 않으면 그대로 증식할 수 있기 때문이다. 이렇게 되면 알레르기성 아스페르길루스 기관지 폐렴allergic bronchopulmonary aspergillosis, ABPA이라는 긴 이름의 병이 생긴다. 점액을 더욱 탁하고 끈끈하게 만들어서 낭포성 섬유종 환자의 기도를 막는 병이다.[37] ABPA는 보통의 치료제에 반응하지 않는 천식 환자들에게서도 발병한다. 진균이 폐에서 덩어리를 이루며 자라면 심각한 감염으로 진행될 수 있다. 당장은 항진균제로 쉽게 치료할 수 있지만, 이 약물을 쓴다고 미래의 감염 위험을 줄여주지는 않는다. 폐의 기능을 손상시키는 어떠한 건강상의 문제도 결국은 진균이 기도의 어느 한구석에 자리 잡고서 우리 몸의 조직에 뿌리를 내릴 가능성을 높인다.

아스페르길루스와 기타 다른 진균들은 부비동nasal sinus에도 달라붙어 섬유 덩어리를 형성하면서 진균덩이를 만들기도 한다. 이 진균덩이는 점점 커져 주변 조직을 압박하면서 두통을 비롯한 통증을 유발하고 눈 위아래의 부비동 주변 조직을 무르게 만들어 시력을 떨어뜨리거나 눈동자가 불룩 튀어나오는 안구돌출증을 일으킨다. 안구돌출증까지 증상이 진행되기 전에 외과수술로 이 위험한 진균덩이를 제거할 수 있다. 아스페르길루스 외에도 진균에 의한 폐 감염의 가장 흔한 예로 히스토플라스마증histoplasmosis, 블라스토미세스증blastomycosis, 콕시디오이데스증coccidioidomycosis 등이 있는데, 모두 해당 증상을 일으키는 진균의 이름을 따서 지은 병명이다.[38] 폐에서 진균이 성장하는 기미가 보이면, 폐 주변의 선천성 면역세포가 먼저 나서서 일차적인 방어 작용을 한다. 대식세포macrophage와 호중구(neutrophil, 중성백혈구)가 싹이 트는 포자들을 삼켜버리고 염증성 화학물질을 분비해 더 많은 세포를 전투에 끌어들인다. 호중구는 우리 몸속에 가장 많이 존재하는 형태의 백혈구로, 약 200억 개의 호중구가 우리 몸속의 혈류를 따라 흘러 다닌다. 손끝이 바늘에 찔려 피 한 방울이 똑 떨어지면, 그 피 한 방울 속에 약 5만 개의 호중구가 들어 있다. 먹성 좋은 호중구는 자기가 먹어치우는 포자보다 훨씬 크지만, 호중구가 사람이라고 치면 포자는 할로윈 호박만큼 크다. 사람이 큰 호박을 널름널름 삼키는 것과 비슷한 셈이다. 또한 호중구는 살균제와 표백제처럼 작용해서 진균을 먹어치우지 않고도 제거하는 일종의 화학무기도 내놓는다.

호중구 수가 임계치 이하일 때는 진균도 호중구의 방어 전력을 돌파하고 폐에 침투해 주변 조직으로 돌아다닌다. 진균은 혈류 속에도 섞여들어 온몸을 돌아다니며 감염의 씨앗을 뿌린다. 백혈병leukemia, 빈혈anemia, 후천성 면역결핍증HIV/AIDS 등 호중구의 수를 감소시키는 질병이 아스페르길루스증이나 다른 폐 감염증과 연관이 있는 것은 이런 이유 때문이다.[39] 장기이식 환자의 수술 후 면역거부반응을 줄이고 알레르기나 자가면역 질환 환자의 치료를 위해 스테로이드 제제를 투여한 경우에도 심각한 진균증에 걸릴 위험이 현저히 높아진다.[40] COVID 팬데믹 시기에 폐 감염을 치료하기 위해 스테로이드 약을 투여받은 폐렴 환자들 사이에서 아스페르길루스증이 급격히 증가했다.[41]

아스페르길루스증 감염은 지구상 어디서나 일어나는 반면, 히스토플라스마증, 블라스토미세스증, 콕시디오이데스증은 특정 지역에서만 발병한다.[42] 히스토플라스마증을 일으키는 히스토플라스마*Histoplasma*는 미국 중부에서만 발견된다. 히스토플라스마증은 오하이오 계곡병Ohio Valley disease이라고도 알려져 있다. 이 진균은 새와 박쥐의 배설물에서 잘 번식하므로 닭장, 동굴, 버려진 건물 등에서 이 진균의 포자 농도가 매우 높다. 이 지역 거주자들은 누구나 이 진균에 노출되어 있지만, 이들의 몸에서는 진균이 잘 자라지 못한다. 이미 그들의 면역체계가 훌륭하게 작동해 진균의 성장을 가로막기 때문이다. 블라스토미세스증을 일으키는 블라스토미세스균의 분포 지역은 히스토플라스마의 분포 지역과 일부 겹치면서 북쪽으로는 그레이트 레이크, 남쪽으로는 걸프 코스트까지 닿는다. 블라스토미세스는 토양진균이며, 폐에서 대식세포와 호중구에게 잡아먹힌다. 콕시디오이데스증 또는 산 호아킨 계곡열San Joaquin Valley Fever이라 불리는 감염증을 일으키는 원인균은 콕시디오이데스, 미국 남서부와 멕시코 북부, 그리고 남아메리카의 일부 지역에서 발견된다. 토양진균인 콕시디오이데스의 포자는 먼지폭풍을 타고 공중으로 떠오른다. 다른 진균증들처럼, 이름조차 잘 발음되지 않는 이 진균도 면역체계에 의해 제거되므로 극소수의 사람들에게서만 감염증의 증상이 나타난다. 개도 이 진균에 약해서 상당히 높은 발병률을 보이고 합병증이 나타나는 빈도도 높다.[43] 이 진균과 가까운 관계에 있는 종이 사람에게서 아프리카판 히스토플라스마증과 남아메리카판 콕시디오이데스증을 일으킨다.

폐질환으로 시작하는 이 진균증 중 어떤 것도 바이러스 감염만큼 흔하게 발병하지는 않는다. 아스페르길루스증 환자는 매년 세계적으로 약 30만 명 발생한다. 미국과 아프리카에서 주로 발생하는 히스토플라스마증은 매년 약 10만 명, 콕시오이데스증은 2만 5천 명 정도 발생한다. 블라스토미세스증은 나머지 세 감염증보다도 더 드물어서, 미국 동부에서만 연간 약 3천 명 발병한다.[44] 이들 감염증은 매년 제한적인 지역 내에서 유행처럼 발병한다. 위스콘신주는 블라스토미세스증이 가장 기세를 부리는 지역으로 강변과 부패한 채소, 그리고 토양에서 자라는 이 진균의 공격을 사람과 개가 동시에 받는다. 2023년에 위스콘신주와 이웃한 미시건주의 제지공장 노동자

중에서 환자가 90명 이상 발생했다.[45] 이들 질병의 발생지가 언론의 주목을 끌자, 사람들은 진균의 폐 감염이 점점 흔해지고 있다고 생각하게 되었다. 그러나 그 증거는 매우 애매하다. 진실이 어느 쪽이든, 진균 감염의 증상이 가장 심각하게 진행되는 경우는 환자의 면역체계가 매우 위태로운 상태에 있을 때다. 항진균 약물은 진균의 증식을 억제하거나, 일부 환자의 경우 완전히 제거하는 데 도움이 된다. 그러나 환자가 호중구를 잃게 되면 몸에 남아 있던 진균이 다시 활성화되거나, 새로운 진균이 폐에 침투해 감염이 재발할 가능성이 높다. 폐를 공격하는 진균증의 치사율은 환자의 연령대에 비례한다. 고령 환자일수록 면역체계가 허약하기 때문이다.

지금까지 다룬 모든 폐 감염증은 공기 중에 떠도는 포자를 흡입하면서 시작된다. 이러한 진균과 전혀 다르게 작용하는 특이한 진균이 있다. 포자를 전혀 만들지 않는 효모의 일종인 뉴모시스티스균*Pneumocystis*이 그 주인공이다. 폐에 존재하면서 아무런 감염도 일으키지 않지만, HIV 양성환자가 AIDS로 진행되면 마치 본모습을 드러낸 악당처럼 들고 일어나 생명을 위협할 정도로 심각한 폐렴을 일으킨다.[46] 뉴모시스티스 폐렴*Pneumocystis pneumonia*, 또는 PCP의 발병은 AIDS 환자가 증가하면 함께 증가하고, 환자가 감소하면 함께 감소한다. 따라서 HIV 감염률이 가장 높은 지역인 나이지리아와 다른 아프리카 국가에서 이 진균증이 흔히 발병하는 것도 놀라운 일이 아니다. PCP는 장기이식 환자에게서도 나타난다. 뉴모시스티스 폐렴에 대해서는 아직 밝혀지지 않은 점들이 많다. 이 진균은 실험실의 배양접시에서는 자라지 않기 때문이다. 심지어 이 진균이 어떻게 사람의 폐에 도달하는지도 아직 명확히 밝혀지지 않았다. 다만 주로 병원에서 폭발적인 감염이 일어난다는 점으로 미루어 기침이나 보통 호흡을 할 때 공기 중에 튀어나온 폐 점액 비말이 사람에게서 사람으로 옮겨가면서 전염되는 것이 아닌가 추측할 뿐이다. 다른 어떤 진균도 이처럼 비말에 의해 전염되는 사례가 없다.

사람의 호흡을 책임지는 기관들은 고장 없이 잘 작동되고 있을 때는 축복받은 장치라고 칭송할 수 있다. 힌두인들은 사람이 평생 숨 쉴 수 있는 호흡의 수가 태어날 때 이미 정해져 있다고 믿는다. 전 세계 평균 기대수명인 73세로 계산해보면, 대략 5억 번 정도 되겠다. 표면적이 100제곱미터에 달하고, 평생 5억 번에 걸쳐서 숨을 들이마시고 내뱉는 우리 몸의 기관지와 폐포는 진균과 접촉하기에 가장 좋은 영역이면서 감염을 막는 최전방이기도 하다. 포자 알레르기와 진균이 폐에 자라면서 생기는 질병은 인간과 미생물 세계 사이의 부적절한 상호작용이라고 말할 수 있다. 이 책에 실을 만한 긍정적인 이야기들도 많지만, 다음 장에서는 진균이 우리 몸 전체에 퍼지면 얼마나 힘든 상황이 펼쳐지는지 살펴보기로 한다. 사람의 몸에 깊이 뿌리를 내리고서 패악을 떠는 진균들에 대해 알게 된다면, 프루스트도 천식 발작 정도는 '신선놀음'이었다고 생각하게 될지도 모른다.

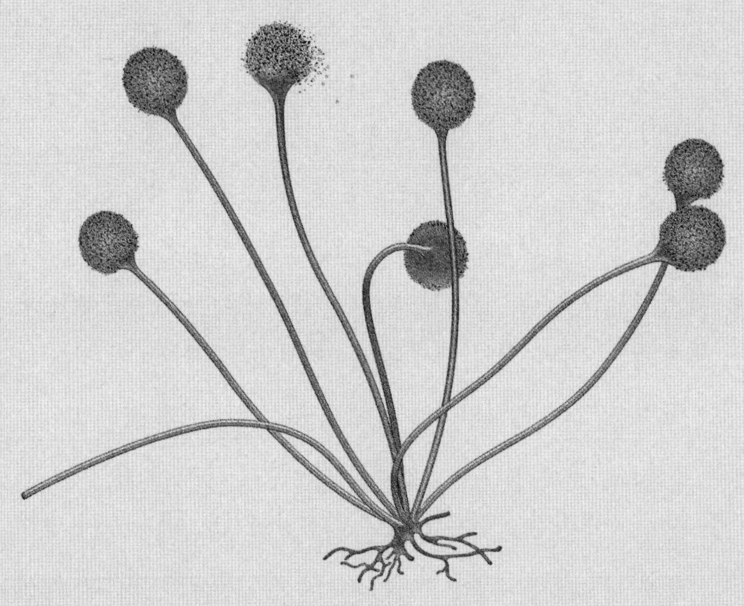

4장

퍼져나가다

Opportunists In The Brain

뇌 속의 기회주의자들

1997년, 이스라엘. 마카비아 경기Maccabiah Games를 위해 야콘강 위에 지어졌던 인도교가 무너지면서 열다섯 살의 테니스 스타 사샤 엘터먼Sasha Elterman이 오염된 강물 속에 빠졌다. 마카비아 경기는 4년마다 한 번씩 이스라엘에서 열리기 때문에 유대인 올림픽으로 불리기도 한다. 호주 대표팀 소속이었던 사샤가 그 다리를 건너는 도중에 다리를 지지하던 기둥이 무너져버렸다. 강둑으로 건져 올려질 때까지 사샤는 수면 위로 머리를 띄우기 위해 버둥거리면서 더러운 물을 삼켜야 했다. 선수 한 명은 현장에서 사망했고, 여러 팀 소속의 선수들 67명이 가까운 병원으로 옮겨졌다. 처음에는 생명이 위태로울 정도로 심각한 부상을 입은 선수는 없어 보였다. 그러나 몇 시간도 채 지나지 않아 사샤를 포함한 여러 명의 선수들이 심각한 호흡 곤란 증세를 보이기 시작했다. 그 후 몇 주 만에 세 명의 선수들이 잇따라 사망했다. 처음에는 강물의 독성 화학물질이 사망의 원인이라고 여겨졌다. 강물에서는 기름, 용제, 중금속 등이 검출되었다. 그러나 사망한 선수를 부검한 결과 폐 조직에서 스케도스포륨*Scedosporium*이라는 진균이 발견되자 독성물질이 사인이라는 주장은 설득력을 잃고 말았다.

사샤는 이스라엘에서 치료받다가 시드니의 한 병원으로 옮겨졌지만, 몇 달 동안이나 위독한 상태에서 벗어나지 못했다. 심신의 고통 속에서도 사샤는 긍정적인 마인드를 잃지 않았다. 그러나 뇌를 침범한 진균 감염 증상이 심해지면서 예후는 점점 나빠졌다. 병이 진행되는 동안, 사샤는 손상된 폐와 뇌에서 감염된 조직을 제거하는 수술을 여러 번 견뎌야 했다.[1] 그럼에도 진균은 집중적인 약물치료에 끈질기게 저항했다. 사라졌다 싶으면 다시 나타나는 과정이 반복되었다. 더 이상 쓸 수 있는 방법이 없어지자, 사샤의 주치의는 영국의 화이자사에서 개발한 보리코나졸voriconazole이라는 새로운 약물로 치료해보자는 결정을 내렸다. 이 강력한 약물이 감염된 조직에 투입되자 진균은 전투력을 잃기 시작했고, 한 부위에서 사라지더니 이윽고 다른 부위에서도 차례차례 사라졌다. 그리고 결국은 마치 언제 그렇게 활개를 쳤냐는 듯 감쪽같이 사라졌다. 3년 후, 집중적인 재활치료를 마친 사샤는 2000년 시드니 하계올림픽 개막식에서 성화 봉송 주자로 모습을 드러냈다.

사샤의 일화는 우리 몸과 그 안에서 살아가는 마이코바이옴 사이의 일생에 걸친 상호작용 속에서, 기존과는 양상이 전혀 다른 인간-진균의 관계를 보여준다. 심각한 진균증은 대부분 우리가 일상에서 매일 마주치는 진균이 그 원인이지만, 진균이 감염을 일으키는 경우는 면역체계가 약해지거나 무너졌을 때뿐이다. 사샤를 괴롭혔던 진균은 사고를 틈타 그녀의 몸에 침입한 뒤 건강하던 면역체계를 공격해 무너뜨릴 뻔했다는 점에서 매우 특이한 경우였다. 사샤의 케이스를 제대로 이해하려면 야콘강을 더 자세히 들여다볼 필요가 있다. 이 책에 등장하는 대부분의 진균과 마찬가지로, 스케도스포륨은 일반 명칭이 따로 알려진 적이 없었다. 이 라틴어 이름에는 단지 씨앗이나 포자라는 뜻만 담겨 있다. 따라서 그 이름으로부터 진균의 모습을 명확하게 연상하는 것은 거의 불가능하다. 현미경을 통해 이 진균을 관찰한다고 상상해보자. 밝게 비치는 원 안에서, 내부에 아주 작은 기름방울들을 품고 있는 원통형의 가늘고 섬세한 균사와 타원형 포자가 달린 채 활기차게 움직이는 통통한 곁가지들이 선명하게 드러난다. 배양기 안에서 기른 진균은 그 단순미가 매우 아름답다. 그러나 영안실에 냉장 보관된 시신에서 채취한 뇌 조직에 보라색으로 염색된 이 진균들을 보자면 정말 오싹해진다.

익사할 뻔했던 사람의 뇌에 진균이 감염되는 사례는 매우 드물고, 진단이 옳게 내려진다 해도 치료하기 어렵다. 독일에서도 41세의 한 여성이 교통사고로 진흙 웅덩이 속에 갇히는 바람에 스케도스포륨에 감염된 사례가 있었다. 다행히도 이 여성은 현장에서 구조되어 응급소생술로 생명을 건졌으나 5일 만에 뇌농양 진단을 받았다. MRI 영상에서 하얀 점 또는 포도송이만큼 큰 덩어리로 병변 부위가 발견되었고, 뇌조직에서 추출된 DNA 분석을 통해 스케도스포륨이 그 원인임이 밝혀졌다. 쓸 수 있는 모든 항진균제를 투여하면서, 이 여성은 간질발작을 포함한 여러 가지 신경학적 증상을 겪었다. 다행히 그녀의 증상은 차츰 호전되어 결국은 완치되었고, 십 년 동안의 치료와 추적 관찰의 결과를 실은 논문이 출판되었다.[2] 당시 이 환자는 2년 정도 안정적인 상태를 유지하고 있었다. 그녀의 회복력이 매우 좋았다는 의미다. 수백 건에 이르는 스케도스포륨 감염 사례 연구를 종합해보면, 이 진균 감염 환자의 평균 생존기간은 단 4개월에 불과하다.

스케도스포륨이 어떻게 사람의 뇌까지 침투하는지, 그 경로는 아직도 밝혀지지 않았다. 그러나 진균의 관점에서 볼 때 중추신경은 매우 매력적인 안식처다. 무게는 고작 1.3킬로그램밖에 나가지 않지만, 뇌는 커다란 통닭 한 마리보다 많은 칼로리를 갖고 있다.[3] 진균이든 약물이든, 아니면 물리력이든 뇌까지 도달하는 것은 매우 어렵다. 단단한 두개골은 맹수들에게도 곤란한 장애물이다. 육식동물들이 먹이 사냥에 성공한 후, 머리는 두고 배부터 갈라 내장을 꺼내 먹는 것도 바로 그런 이유에서다. 미생물은 소공foramen이라 불리는 두개골의 작은 구멍과 두개골 사이의 갈라진 틈을 통해 뇌 속으로 이어지는 혈관을 타고 뇌에 도달한다. 이렇게 해서 두개골 안까지는 도달하지만, 물렁물렁한 신경조직까지 도달하려면 혈뇌장벽blood-brain barrier을 뛰어넘어야 한다. 어떤 종류의 것이든, 혈뇌장벽은 외부 물질이 뚫기 어려운 방어선이다. 혈뇌장벽은 뇌에 혈액을 공급하는 혈관의 내벽에 한 겹의 세포층으로 이루어져 있다. 이 세포들은 서로 꽉 맞물려 있어서, 덩치가 큰 분자는 물론이고 혈류를 타고 흐르는 아주 작은 미생물도 뇌에 도달하지 못하도록 차단한다. 진균은 이 장벽을 통과하기 위해 여러 가지 전술을 구사한다. 어떤 진균은 보호세포막을 약화시키는 효소를 분비하는 화학전을 시도한다. 또 다른 진균은 트로이의 목마 전략을 써서, 혈뇌장벽을 넘나드는 백혈구 속에 숨어 있다가 장벽을 넘으면 밖으로 쏟아져 나온다. 일단 뇌의 내부로 진입한 진균 세포는 증식하기 시작해서 뇌농양을 일으킨다. 뇌농양으로 손상된 조직은 CT와 MRI 영상에서 마치 섬처럼 나타난다. 면역체계의 방어 작용은 주로 뇌의 가장 바깥쪽 조직, 즉 외부 물질의 침입에 저항하는 데 집중되어 있다. 따라서 일단 뇌 안쪽으로 들어온 진균은 거의 아무런 저항도 받지 않고 마음대로 활개 칠 수 있다.

익사를 당할 뻔한 외상성 충격이 있은 뒤에 뇌 감염이 일어났다는 사실은 비관으로 밀고 들어온 물의 압력 때문에 혈뇌장벽이 약해졌음을 의미하는 것일 수도 있다. 물에 섞여 있던 진균은 살아남기 위해 필사적으로 저항하며 버텼다. 사샤와 독일 여성 환자의 경우, 진균은 그들의 몸을 숙주로 삼아 활발하게 증식하면서 뇌농양으로 발전했다. 스케도스포륨이 특별히 인간의 뇌에서 살도록 진화한 것 같지는 않지만, 일단 뇌에 자리 잡으면 큰 손상을 입힌다.

스케도스포륨은 익사당할 뻔한 사람만을 공격의 대상으로 삼지 않는다. HIV 감염과 암, 그리고 장기이식 후의 약물 치료 때문에 면역체계가 약해진 사람의 몸 안에서도 급격히 증식한다.[4] 면역기능이 떨어지면 진균은 더 쉽게 혈류를 타고 확산된다. 스케도스포륨은 자연 속에 널리 분포하며, 인분이나 가축 분뇨가 섞여 오염된 물을 특히 좋아한다. 대규모 축산농장에서는 검은 플라스틱으로 벽을 만들고 트랙터 타이어로 둘러싼 연못에 가축 분뇨를 가두어 놓는데, 이러한 환경은 스케도스포륨이 증식하기에 최적의 서식지를 제공한다. 실제로 브라질에서는 한 청년이 이와 같은 돼지 축사의 분뇨 웅덩이에 빠졌다가 뇌에 스케도스포륨이 감염되어 3개월 만에 사망한 사례가 있었다.[5] 또한 스케도스포륨은 호수뿐 아니라 병원 화분에 담긴 흙 속에서도 발견된다. 이 진균에 감염되는 환자가 극도로 적다는 사실은 우리를 보호하는 면역체계의 힘이 얼마나 강한지를 증명한다. 극히 드문 사고를 겪거나 스케도스포륨의 서식지인 물에 빠져 익사할 뻔하지만 않는다면, 면역체계는 충분히 우리를 보호해줄 수 있다.

우리 몸을 노리는 기회주의자들

사샤 엘터먼을 쓰러뜨린 진균은 뇌 감염을 일으키는 것으로 밝혀진 30여 종의 진균 중 하나이며, 우리 몸 곳곳에서 질병을 일으키는 병원성 진균 300종 중 일부다. 현재까지 알려진 진균의 수는 7만 종 이상이며, 일부 전문가들은 백만 개 이상이라고 추정하고 있다. 따라서 병을 일으키는 진균들은 지금까지 알려져 있고 라틴어 이름이 부여된 전체 진균의 1퍼센트도 채 되지 않는다.[6] 병원성 진균은 거대한 진균계의 작은 파편에 지나지 않는다. 수억 년 동안 본래 진균의 주된 관심사는 죽은 식물을 분해하고 살아 있는 식물과 공존하거나 공격하는 것이었다. 동물의 경우도 마찬가지지만 동물을 부패시키거나, 동물과 공생하거나 감염시키는 것은 진균의 세계에서는 부업에 속한다. 우리의 생명을 위태롭게 하는 것은 진균들이 최근에 습득한 기술이다. 인간 진화의 역사는 진균에 비하면 매우 짧다. 사람의 조직에 침투하는 진균들은 우리 몸에 침입하기 아주 오래전부터 다른 임무를 담당하고 있었다. 진균이 대체로 외부 환경에서 우리 몸속 조직으로 들어올 길을 잘 찾지 못하는 것도 바로 이런 이유 때문이다. 바이러스에 비하면 병원균으로서의 진균은 완전히 실패자인 것처럼 보이지만, 그래도 사람의 몸에서 많은 문제를 일으키며 매년 150만 명 이상의 목숨을 앗아간다. 말라리아로 죽는 사람이 매년 40만 명에 불과하다는 사실을 감안하면, 매우 놀라운 수치다.[7]

진균 감염으로 인해 사망하는 환자의 비율, 즉 감염된 사람 중에서 사망자 수는 박테리아로 인해 발병하는 결핵 사망률과 비슷하다. 결핵이나 진균 감염으로 사망하는 환자의 대다수가 HIV 바이러스 감염으로 면역체계가 무너진 AIDS 환자들이다. AIDS를 일으키는 바이러스가 밝혀지기 전인 1980년대 초반에 AIDS 사례를 다뤘던 의사들은 젊은이들 사이에서 진균 감염이 폭증하는 현상에 크게 놀랐다. 면역체계가 무너지면서 환자들에게서 진균 폐렴 증상이 나타났고, 뇌의 진균 감염은 AIDS가 급속하게 진행되고 있다는 또 하나의 징후로 받아들여졌다.[8] 오늘날에는 HIV 바이러스를 치료하는 매우 탁월한 치료제들이 개발되어 있어서, HIV 양성 환자라 하더라도 심각한 진균 감염에 시달리는 환자들은 전처럼 많지 않다. 다만 사하라 이남의 아프리카 지역과 동남아시아 지역에서는 적절한 치료제가 부족하다는 게 문제다.[9]

AIDS와 진균 감염의 상관관계에 관한 연구를 통해 제대로 기능하는 면역체계가 우리 몸을 이런 질병들로부터 어떻게 지켜주는지 설명할 수 있게 되었다. 바이러스로 인한 손상은 주로 병원균을 추적-파괴하는 면역체계의 임무 수행에서 핵심적인 역할을 하는 특정 백혈구 세포를 파괴하는 데서 비롯된다. 이 백혈구 세포를 헬퍼 T세포라고 부른다. 백혈병 중에서도 특히 이 세포가 결핍된 유형의 백혈병에서 진균증이 흔히 나타나는 것도 같은 이유다. 이 백혈병과 비슷한 백혈구 세포 감소는 이식된 장기의 면역 거부반응을 예방하는 약물을 처방받은 이식환자뿐만 아니라 화학요법 또는 방사능 치료를 받은 암환자에게서도 나타난다. T세포의 방어막이 무너지면, 이미 몸속에 잠복해 있던 마이코바이옴이 동요하면서 피부에 반점이 생기거나, 부비동이 막히거나, 혀에 백태가 끼고, 목에서 가래가 끓다가 폐와 장을 거쳐 간, 신장, 뇌까지 질병이 확산된다. 이

전까지 전혀 해를 끼치지 않던 공생관계가 공기 중에 떠돌다가 방어력을 상실한 몸에 떨어진 포자로 인해 해악을 끼치는 관계로 돌변하고, 환자의 몸은 조각조각 난도질당하듯이 무너져간다. 면역력의 손상 또는 부상을 당한 환자의 몸에 뿌리내리는 진균을 기회감염성 병원균opportunistic pathogen이라 부른다. 사람의 몸에서 심각한 감염을 일으키는 진균은 모두 기회주의자다. 조직 손상을 일으킨다고 알려진 진균은 몇백 종에 불과하지만, 면역력이 바닥난 사람의 몸에 해를 줄 수 있는 진균은 수천 종이 넘을 수도 있다. 심지어 균류를 정의하는 특징 중 하나가 사람에게 병을 일으킬 수 있는 능력이라고 주장하는 사람들도 있다.[10]

진균의 일종으로 숲에서 흔히 자라는 버섯을 생각할 때 보편적 병원성universal pathogenicity의 개념은 약간 비논리적으로 보이기도 하지만, 자실체 버섯 군집은 치명적인 감염을 일으키기도 한다.[11] 버섯의 균사에게 인간의 조직은 그다지 좋은 먹잇감이 아니다. 그러나 면역체계의 보호를 받지 못하는 사람의 몸과 만나면 이야기가 달라진다. 신장암을 앓던 여섯 살 여아의 머리에서 혹이 자라다 터져서 고름이 쏟아진 사례가 있었다. 이 어린 환자의 상처 부위 조직을 배양접시에 옮겨 배양해본 병리학자들은 큰 충격을 받았다. 동물의 분뇨에서 자라는 먹물버섯의 균사가 조직 속에서 자라고 있었던 것이다![12] 성공적인 수술로 감염된 조직은 환자에게서 완전히 제거되었고, 항진균 약물로 치료받은 덕분에 환자는 회복할 수 있었다. 먹물버섯이 폐 조직에서 발견되기도 하고 심장 수술을 받은 환자의 심장판막에 손상을 주는 경우도 있었지만, 이 어린 환자의 감염은 매우 황당한 경우였다. 메이요 클리닉의 사례 연구 중에는 이식받은 승모판에 응고물이 엉겨 붙은 77세의 한 여성 환자 사례가 있었다. 연구자들은 이 연구보고서 제목을 "트러플의 복수: 돼지를 잡아먹은 균"이라고 붙였다.[13] 이 환자의 승모판에 있는 응고물은 먹물버섯이었고, 승모판은 돼지에게서 얻은 생체판막이었다.

빵 반죽을 부풀리고 맥주를 만드는 데 쓰이는 사카로미세스 세레비지에는 사람에게 전혀 해를 줄 것 같아 보이지 않는다. 빵만큼이나 무해하다고 여겨질 정도다. 하지만 이 진균도 카테터를 통해 혈류에 섞이는 예외적인 경우에는 치명적인 감염을 일으킨다. 식료품점에서 사온 가루가 사람을 죽일 수도 있다니, 정말 어처구니없는 일이다. 그러나 먹물버섯처럼, 제빵용 효모도 기회감염성 병원균의 전형적인 예다.[14] 이런 사례들은 감염병 연구 문헌에서 매우 극단적인 경우에 해당하므로, 이런 사례를 들어 버섯 채집을 막거나 제빵사 또는 양조장에 경고를 줄 필요는 없다. 어이없고 소름 끼치는 사례들이 현실이 될 확률은 내 집 정원수가 벼락을 맞을 확률보다 낮다.

기회감염성 병원균에 대한 가장 적절한 설명은, 이들이 사람의 생명을 망가뜨리는 능력과 준비성 면에서 상당히 다양한 면모를 보인다는 것이다.[15] 무좀이나 발톱 감염을 일으키는 진균은 사람의 피부나 손발톱에서 생존하도록 적응했으므로 먹물버섯 같은 기회감염성 병원균이 아니라 목적성 병원균purposed pathogen의 사례라고 할 수 있다. 이런 진균들은 토양에서도 사람의 몸속 못지않게 잘 자란다. 토양 속에서 동물 단백질의 찌꺼기나 다른 유기물을 먹고 살지만, 맨발로 땅 위를 걷는 인간의 발에 우연히 달라붙게 되어도 편하고 여유 있게 살아갈 수 있다. 그러나 이런 진균들과 접촉한다고 해서 반드시 감염되는 것은 아니다. 어떤 사람들은 평생토록 무좀균에 시달리는 반면, 또 어떤 사람들은 전혀 영향을 받지 않는다.

뇌에서 자라는 진균의 얘기로 돌아가보자. 이 진균들은 뇌 감염이라는 다소 역겨운 임무에 적합한 특징을 공유하고 있다.[16] 뇌 감염을 일으키는 진균들이 반드시 갖춰야 할 능력 중 하나가 정상보다 높은 사람의 체온에서도 생존하는 능력이다. 대부분의 식물을 생존 무대로 삼고 있는 진균들이라면 한여름 뙤약볕도 잘 견딜 테니, 이런 진균들에게는 그다지 어려운 과제가 아니다. 그러나 선선한 기후에서 살던 진균에게는 쉽게 적응하기 힘든 과제다. 또한 진균성 병원균은 숙주가 아무리 허약해져 있다 하더라도, 그 숙주에게 남아 있을지도 모를 마지막 힘을 뛰어넘을 수 있어야 한다. 진균이 검은색이나 갈색을 띠게 하는 세포벽 안의 멜라닌 성분은 뇌 감염 병원균이 이 장벽을 넘는 데 도움을 준다.[17] 진균의 멜라닌은 사람의 피부색에 영향을 주는 것과는 다른 종류의 화학물질이다. 면역체계에서 생성된 천연살균제를 중화시키는 화학적 청소세제로 행동하기 때문이다. 멜라닌이 진균 세포를 어둡게 만드는 것도 다른 측면에서 진균에 이롭다. 진균에 색이 입혀지면 더 높은 온도에서도 세포가 안정화되고, 자외선에 대항하는 보호 장벽이 되어주기도 한다. 인간의 몸속에서 자랄 수 있도록 도와주는 이러한 장치들에도 불구하고, 진균의학 분야 전문가들 대부분의 의견은 이 기회주의자가 애초에 사람 몸에서 사는 것을 원치 않는다는 것이다.

이런 견해를 이해하기 위해서는 먼저 진화에 대해 생각해볼 필요가 있다. 감염병을 일으키는 바이러스와 박테리아는 우리 몸의 조직 속에서 증식하다가 호흡할 때, 기침이나 재채기를 할 때 비말 형태로 옮겨가거나 피부 접촉 또는 성행위를 통해서도 전염된다. 곤충과 다른 동물도 박테리아나 바이러스를 옮기는 매개체가 된다. 그뿐만 아니라 태중의 아기나 모유를 먹는 신생아는 엄마에게서도 전염된다. 사람과 사람 사이에서 미생물이 전파되는 대부분의 경로가 이들 중 하나에 속한다. 사람의 몸 깊숙한 곳에서 자라는 진균에게는 도망갈 방법이 없다.[18] 뇌에서 군체를 이루는 진균은 죽어 사라질 운명이라는 뜻이다. 숙주가 죽으면 그 진균도 같이 죽을 수밖에 없다. 시신이 땅속에 묻혀 부패하면, 시신의 조직이 분해되어 환경의 재생 사이클 속으로 들어가면서 숙주의 죽은 몸속에 남아 있던 진균이 흙 속에 스며들 수도 있다. 그 외에는 진균이 숙주의 몸에 머물러 있어 봐야 얻을 게 없다. 사람을 감염시킨다는 것은 진균에게는 막다른 절벽을 의미한다. 바이러스에 의한 팬데믹은 있어도 진균에 의한 팬데믹이 없는 것은 바로 이 때문이다. 다만 무좀을 일으키는 곰팡이는 이 규칙의 예외에 해당하며, 칸디다 아우리스는 병원 환자에게는 심각한 감염을 일으키지만 병원 밖의 보통 사람은 위협하지 않는다(2장 참조).[19] 대부분의 진균은 토양 속에 있을 때가 가장 행복하다. 우리 인간도 진균이 토양 속에 있을 때가 가장 행복하다. 진균에 의한 감염 또는 진균증은 병원균에게도 숙주에게도 아무런 이득이 되지 않는 생물학적 소란 상태다. 이렇게 서로에게 해를 끼치는 관계를 공멸synnecroses이라고 한다.[20]

사람의 몸 밖에서 사는 것에 더 만족하기는 하지만, 크립토코쿠스 네오포르만스*Cryptococcus neoformans*라는 진균은 뇌에 손상을 주는 데 아주 능하다. 크립토코쿠스는 AIDS 환자에게서 뇌 감염을 일으키는 원인균으로 밝혀지면서부터 진균의학자들의 관심을 끌었다. 그 후로 크립토코쿠스증cryptococcosis은 개발도상국에서 매년 50만 명 이상의 목숨을 빼앗는 전 지구적인 질병의 원인으로 지목되었다. 이 진균은 뇌에 퍼지면서 신경세포를 손상시키고 뇌 여기저기에 낭종을 만든다. 뇌수막염은 뇌를 둘러싸고 있는 막에 염증이 생기는 질병이다. 뇌수막염에 걸리면 뇌부종이 일어난다. 감염이 악화되면 환자는 지속적인 두통, 경부통, 어지럼증 등의 증상이 나타나며 방향 감각을 잃는다. 또한 언어 기능에 장애가 나타나 적절한 단어를 말하지 못하거나 오심, 구토, 하지마비, 경련, 뇌졸중, 심지어 죽음에까지 이를 수 있다. 건강한 환자라면 이 진균에 감염되는 경우가 드물지만, 대부분의 크립토코쿠스증은 약해진 면역체계와 관련이 있다. 이 병이 다른 나라에서보다 HIV 감염률이 높은 국가에서 훨씬 더 많이 발병하는 이유가 여기에 있다.[21]

크립토코쿠스는 조류 배설물을 먹고 자라는 토양균이다. 이 진균의 유토피아는 닭장, 비둘기 우리 같은 곳이다. 사실 이 진균은 사람의 몸에서 시간을 허비할 필요가 없다. 공중에서 헤매다가 사람의 몸에 빨려 들어가는 것은 최악의 불시착이다. 우리의 들숨에 섞여 들어온 대부분의 진균은 비좁은 기도에서 점액의 컨베이어벨트로 넘겨져 목 뒤로 넘어간 뒤 위장으로 들어간다. 위장에 들어간 진균은 죽음을 맞이한다. 크립토코쿠스는 조건만 맞으면 이런 운명을 피해, 폐에서 혈류로 가로지른 후 뇌혈관 장벽을 뚫고 뇌로 들어갈 수 있는 극소수 진균 중 하나다.

면역체계, 특히 약해진 면역체계를 속여 넘기는 능력은 아마도 토양 속에서 발아균의 형태로 성장하던 진균의 자연스러운 행동의 결과일 것이다. 이 진균은 토양 속의 모든 미생물을 포식하여 자기 세포 안의 식공포(food vacuoles, 먹이를 소화하는 식포-편집자)에서 소화시키는 아메바에게 잡아먹힌다. 크립토코쿠스의 일부 변종은 이러한 운명을 피해 아메바의 식공포 속에서 살아남는다(변종은 종은 다르지 않지만 혈통이 다른 친척들을 말한다). 아메바처럼 병원균을 사냥하는 면역체계의 대식세포에게 잡아먹혔을 때도 이 트릭으로 살아남는다. 크립토코쿠스는 대식세포의 식공포 속에서 가만히 견디고 있다가 대식세포가 이 진균을 토해내면 멀쩡하게 밖으로 나온다.[22] 세포생물학자들은 이러한 메커니즘을 구토세포증vomocytosis이라고 부른다. 이름이 구토세포증이라니, 나만 시적인 상상력이 모자라는 게 아닌 것 같다. 자기 몸 안에 크립토코쿠스를 품은 대식세포가 혈뇌장벽을 통과하여 그 짐을 풀어놓으면 아주 고약한 일이 생긴다. 물론 환자가 죽으면 이 진균의 명줄도 끝장난다. 하지만 그 순간이

오기 전까지는 계속 발아하며 번식을 거듭하고, CT 스캔에 나타나는 뇌농양은 점점 커진다.

크립토코쿠스를 치료할 수 있는 방법은 매우 제한적이다. 이 진균의 치료에 사용되는 약은 종류가 많지 않고, 부작용도 심각할 뿐만 아니라 1990년대 이후로 새로운 약물이 개발되지도 않았다.[23] 암포테리신 BAmphotericin B는 토양 박테리아에서 분리한 자연유래 약물이다. 이 약은 크립토코쿠스의 세포벽을 붕괴시키지만, 환자의 신장도 손상시킨다. 두 번째 약물인 플루시토신flucytosine은 크립토코쿠스의 단백질과 DNA 형성을 방해한다. 이 약도 간을 손상시키는 치명적인 부작용이 있다. 크립토코쿠스의 세 번째 치료제인 플루코나졸fluconazole은 아졸계 항진균제로, 역시 이 진균의 세포막을 파괴한다. 다른 약물에 비해 부작용은 적지만, 진균을 완전히 죽이지는 못하고 성장을 막을 뿐이라는 한계가 있다. 이런 이유로 플루코나졸은 환자를 안정적인 상태로 유지하는 것이 목적인 유지 요법에 쓰일 뿐, 환자를 감염으로부터 완전히 해방시키지는 못한다. 면역체계가 강한 환자라면, 이 약들을 적절히 조합한 처방으로 완쾌될 수 있다. 반면에 면역체계가 약해진 환자의 장기적인 회복 전망은 불투명하다. 일부 개발도상국에서 HIV 양성 환자가 크립토코쿠스증에 걸렸을 때 진단받은 후 1년 이내에 사망할 확률은 거의 80퍼센트에 육박한다. 이런 가슴 아픈 통계치와 아직도 부족한 치료법 때문에 WHO에서는 크립토코쿠스를 우선순위 병원균 리스트Critical Priority Group에 올려놓고 새로운 치료제를 포함한 긴급 조치

를 요구하고 있다.[24]

털곰팡이증의 역습, 얼굴을 삼킨 진균

크립토코쿠스균은 물론이고 지금까지 다룬 진균을 자기 눈으로 직접 본 사람은 거의 없을 것이다. 감염된 조직에 현미경을 들이대지 않으면 볼 수 없기 때문이다. 진균의학에서 미생물학을 공부하지 않으면 현미경으로 감염된 조직을 직접 들여다보는 영광을 누리기는 어렵다. 애초에 의학균학이나 세균학도 무척 드물고 힘든 과목이다. 하지만 놀랍게도, 현미경 '없이도' 얼굴 기형이나 뇌가 손상된 환자를 통해 감염된 진균의 존재를 확인할 수 있는 진균이 딱 하나 있다. 검은털곰팡이라고 불리는, 두 번 생각할 필요도 없이 음식물 쓰레기통에 버리거나 퇴비 더미에 던져버릴 썩은 토마토나 과일에서 흔히 볼 수 있는 진균이다. 거미줄곰팡이 속*Rhizopus*과 털곰팡이 속에 속하는 이 진균의 균사는 사람들이 흔히 먹는 식재료에서 자라기 시작해서 끝에 검은색 방울이 달리는 몇 밀리미터 길이의 투명한 기둥을 만든다. 그 검은색 방울 안에 수백에서 수천 개의 아주 작은 포자가 들어 있고, 그 포자가 공기를 따라 퍼져서 새로운 과일 그릇이나 채소 저장고에 떨어지면 새로운 균체를 형성하기 시작한다. 이 진균의 기둥을 돋보기로 들여다보면 아주 아름답다. 마치 작고 검은 방울이 달린 크리스털 요술봉이 숲을 이루고 있는 것처럼 보인다. 이 아름다운 모습과 퉁퉁 붓고, 빨갛게 부풀어 오르며, 때로는 눈이나 코가 사라진 '털곰팡이증' 환자의 사진을 연결시키기는 거의 불가능하다. 하지만 이 진균이 사람을 그렇게 만든다.

먼저 확실히 해둘 것은, 인간에게 이 진균의 감염을 막을 방법은 없다는 사실이다. 그리고 매년 백만 명당 두 명꼴로 이 진균에 감염되는 환자가 발생하므로 이 곰팡이에 감염될 확률보다 말코손바닥사슴의 공격을 받을 확률이 더 높다.[25] 이 진균의 감염을 피할 수 없는 이유는, 그 포자가 실내, 실외를 가리지 않고 엄청나게 많은 숫자로 공중을 떠돌아다니고 있으며 거의 매일 우리 콧구멍 안으로 유입되기 때문이다. 그런데도 왜 그렇게 감염 확률이 낮은지는 설명하기 어렵다. 그러나 몇 가지 주목할 만한 포인트가 있다. 털곰팡이증에 감염되는 환자는 이 진균의 감염에 앞서 이미 암이나 당뇨 또는 심한 화상을 입은 병력이 있는 사람들이다. 이외에 면역체계의 작용을 방해하는 약물을 복용하는 환자들도 있다. 수술을 받은 환자, 조숙아에게서도 발병한다.

털곰팡이(빵곰팡이)가 사람을 공격하는 생물학적 메커니즘은 대담하고 노골적이다. 대식세포의 세포 속에 숨어 들키지 않고 뇌에 도달하는 크립토코쿠스처럼 트로이의 목마 전술을 쓰지도 않는다. 털곰팡이증의 경우, 포자가 비관의 점막에서 싹을 틔우고 연조직으로 균사를 침투시킨 뒤 혈관의 벽을 따라 성장하면서 거침없이 뇌를 향해 진군한다. 전형적인 기회감염성 질병이다. 이 감염증에 걸리면 외과적 수술로 감염된 조직을 제거하는 것이 유일한 방법이라서, 수십 년 동안 치사율이 50퍼센트를 웃돌았다. 이런 치료법 때문에 어떤 환자는 눈을 잃고, 더 심한 경우는 얼굴 한가운데가 텅 비어버리기도 한다. 사람이 상상할 수 있는 가장 공포스러운 감염증이다. 일단 이 진균에 감염되면, 이 괴물을 효과적으로 처치할 수 있는 항진균제는 전혀 없다. 그러므로 정말 악몽 같은 감염증이라고 할 수밖에 없다.

켄터키주에 살던 44세의 마크 테이텀Mark Tatum은 2000년에 이 끔찍한 진균을 만나 얼굴 대부분을 잃었다. 생명을 구하기 위해 외과의사들은 그의 눈과 코, 위턱, 주변의 연조직 대부분과 광대뼈를 제거했다. 거의 살을 발라내는 듯했던 수술 후의 통증을 다스리기 위해, 두 달 동안이나 약물로 코마 상태를 유도해야 했다. 그의 아내 낸시는 이렇게 말했다. "의사들이 말하더군요. 사람의 얼굴에 할 수 있는 가장 혹독한 수술이었다고."[26] "중환자실로 들어갈 때…… 의사들은 제가 기절할 거라고 생각했나 봐요. 하지만 남편의 얼굴을 봤을 때, 그냥 마크가 보였어요…… 남편의 얼굴에 생긴 커다란 구멍을 들여다봤지요…… 뇌의 안쪽과 혀의 맨 윗부분이 남아 있었어요. 하지만 나는 마크의 얼굴 이상의 어떤 것을 알아요. 거기 누워 있는 남자는 내 남편이었어요. 내가 원하는 모든 것을 준 남자 말이에요." 환자는 인공안면 마스크로 원래의 외모를 어느 정도 회복할 수 있었다. 마크의 이야기는 TV 전파를 탔고, 그의 용기와 유머 감각은 세상의 모든 사람을 감동시켰다. 마크는 이렇게 말했다. "사람들을 감동시킬 의도는 전혀 없었어요. 필요한 일을 했을 뿐입니다." 마크와 낸시는 놀라울 정도로 품위 있는 삶을 살았다. 마크는 2005년에 사망했다.

마크 테이텀의 감염은 요통을 치료하기 위해 처방받은 스테로이드 약물 때문이었을 것으로 추정된다. 코르티코스테로이드Corticosteroid 약물은 면역 반응의 기본인 염증 반응을 잠재우도록 작용한다. 따라서 이 약물을 쓰면 진균에 감염될 가능성이 커진다. COVID-19 팬데믹 시기에 인도에서 털곰팡이증 환자가 급증했던 것도 바로 이런 이유 때문이었다. 2021년에 코로나바이러스에 대한 과잉면역 반응, 즉 사이토카인 폭풍cytokine storm을 잠재우기 위해 코르티코스테로이드를 처방받은 환자들 중에서 4천 명 이상이 '검은 진균'에 감염되어 사망했다[27](격렬한 염증 반응을 유발하는 이 증상은 폐를 비롯한 여러 장기를 망가뜨리는데, COVID-19 환자의 주요 사망 원인 중 하나였다). 하지만 긍정적인 측면에서 보면 스테로이드 처방은 생사의 갈림길에 있던 수많은 COVID-19 환자를 살렸다. 다른 질병의 경우에도 스테로이드 처방으로 생명을 구할 수 있었던 수억 명의 환자 수에 비하면 진균 감염증에 걸린 환자의 수는 무시할 수 있을 만큼 소수였다.

스테로이드 처방과 진균 감염 사이의 관계를 단적으로 보여주는 또 다른 사례는 2012년에 일어난, 통증 치료를 위해 코르티코스테로이드 척추 주사를 맞은 환자들에게서 발생한 진균증에서 찾아볼 수 있다. 미국 전역에서 700건 이상의 뇌수막염과 척추 감염 사례가 있었고, 그중 63명의 환자가 사망했다. 질병통제센터의 조사 결과 이 환자들의 감염은 엑세로힐룸*Exserohilum*이라는 진균 때문으로 밝혀졌다. 이 진균은 주로 풀밭에서 자라는데,[28] 환자들에게 처방된 약이 이 진균에 오염되어 있었다. 면역체계와 진균 감염 사이의 관계를 이보다 강력하게 보여주는 예는 찾기 쉽지 않다. 면역체계의 활동을 방해하는 약과 진균을 척추에 함께 주사하다니, 이보다 더 확실하게 재앙을 불러오는 주문은 없을 것이다. 이 사례는 현대 의료기법이 가장 고약한 종류의 진균증 앞에서 우리를 얼마나 무기력하게 만들 수 있는지를 잘 보여준다.

조용한 침입자,
뇌의 마이코바이옴

오염된 척추 주사로 인해 발생하는 뇌수막염처럼, 진균 감염이 어떤 경로를 따라 진행되는지 명확히 규명하는 것은 상당히 어렵다. 하지만 환자들의 감염 이전 병력을 살피고, 환자의 조직에서 자라는 진균을 식별해내며, 병의 진행을 추적하면 문제를 해결할 방법을 찾을 수 있다. 때로는 아주 뚜렷하게 드러날 때도 있지만, 원인과 해결책이 오리무중일 때도 있다. 겉으로 보기에는 면역기능이 멀쩡한 듯한 사람도 어째서 백만 명 중 한 명꼴로 흙이나 물에서 흔히 만나는 진균에 의해 치료 불가능한 감염병에 걸리는지 알 수 없는 일이다.

환자가 어쩌다가 진균에 감염되었는지 의사가 알든 모르든, 그 병을 치료하는 방법은 동일할 뿐만 아니라 매우 제한적이다.

진균의학 분야의 이러한 불확실성은 알츠하이머병을 비롯한 여러 신경학적 증상에 진균이 관련되어 있다는 주장과, 이 주장에 대한 논란에 불이 붙으면서 더욱 고조되었다. 이러한 주장은 알츠하이머로 사망한 환자를 부검하면서 떼어낸 뇌조직에서 진균의 DNA가 발견되면서 시작되었다.[29] 여러 종의 진균 DNA가 나왔는데, 뇌의 서로 다른 부위를 현미경으로 관찰한 이미지에서 효모 세포와 균사가 발견되자 이 주장에 더 큰 힘이 실리게 되었다. 알츠하이머병은 뇌 안에 아밀로이드 플라크amyloid plaque라고 알려진, 잘못 접힌 단백질이 모이면서 발병하는 것으로 알려져 있다. 이 플라크는 알츠하이머병의 특징이라 할 수 있는 염증 반응의 일부이고, 신경세포의 죽음과도 관련되어 있어서 무척 중요하다. 아밀로이드 플라크는 면역체계가 보호해야 할 대상인 조직을 공격할 때 생기기 시작한다. 이것이 알츠하이머병의 자가면역 모델이다. 두 번째 주장은 염증과 이 플라크의 형성이 감염에 대한 반응이라는 주장이다.[30] 이 주장은 칸디다 효모에 감염된 쥐의 뇌가 플라크 단백질에 의해 손상됨을 보인 실험결과로 뒷받침되었다.

뇌에 침입한 진균에 대한 연구는 생소한 터라 단정적인 결론은 아직 내릴 수 없다. 과학자들이 해결해야 할 과제는 우선 결과로부터 원인을 분리하는 것이다. 알츠하이머병이 진균 감염과는 상관없는 기저 원인을 가지고 있고, 진균이나 다른 미생물은 뇌가 이미 손상된 뒤에 침입한 것이라는 결론도 가능하다. 진균과 알츠하이머의 연관성이 추가적인 실험으로 뒷받침된다면, 다음으로 해결해야 할 과제는 그 진균이 알츠하이머 환자의 신체 내부에서 왔는지, 아니면 몸 밖에서, 즉 외부 환경에서 유입됐는지를 파악하는 일이다. 뇌의 진균은 장기 거주자였던 걸까, 아니면 최근의 입주자일까?

몇몇 연구자들은 활용 가능한 데이터를 뛰어넘어 진균은 신경학적 질병이 시작되기 전에 이미 뇌 내부에서 살던 은둔형 미생물 군집의 일부였다는 주장을 내놓기에 이르렀다. 이는 매우 제한적인 연구였지만, 사망한 지 얼마 되지 않은 시신의 건강한 뇌 조직 샘플에서 성상 세포astricyte라 불리는 별 모양으로 생긴 세포 주위에 박테리아가 엉겨 붙어 있는 것을 발견했다.[31] 박테리아뿐만 아니라 진균의 DNA 흔적도 같은 뇌 조직에서 발견되었다. 푸사리움*Fusarium*은 가장 흔하게 발견되는 진균 중 하나다. 많은 연구자가 이런 주장들에 대해 회의적인 반응을 보인다. 이 연구에 쓰인 뇌 조직 샘플이 주인이 사망한 후에 오염되었을 가능성도 완전히 배제할 수 없기 때문이다.

뇌조직의 염증은 다른 신경학적 질환에서도 볼 수 있는 특징이므로, 그 발생기전을 알 수 없었던 이러한 신경학적 증상과 진균이 광범위하게 관련되어 있을 가능성에 대한 관심이 높아지고 있다. 근위축성 측삭경화증Amyotrophic lateral sclerosis, ALS은 물리학자 스티븐 호킹Steven Hawking을 평생토록 괴롭혔던 끔찍한 질병이다. 이 병은 루게릭병이라고도 알려져 있는데, 미국의 유명한 프로 야구선수 루게릭Lou Gehrig이 1941년에 이 병으로 사망했기 때문이다. 1939년 7월 4일, 양키 스타디움의 연설에서 게릭은 자신의 병을 "불운"이라고 말하면서, 자신은 "지구상에서 가장 운이 좋은 남자"라고 자평했다. 마크 테이텀의 용기를 다시금 떠올리게 하는 말이다. ALS가 발병하면 수의근voluntary muscles을 제어하는 신경세포가 파괴되므로, 환자는 의식적인 동작을 제어할 수 없게 된다. ALS 환자의 뇌에서 칸디다를 비롯한 여러 진균들이 발견되기는 하지만, 이것이 결과인가 하는 문제는 여전히 남아 있다.[32] ALS 환자의 5~10퍼센트는 유전적인 요인이 작용한 것으로 보이지만, 대부분 산발적으로 발생하며 분명한 선행요인 없이 발병한다(임의적 원인, 또는 특발성이라고 하는 것이 더 적합할 수도 있겠다). 질병에 있어서 이러한 패턴은 식별할 수 없는 환경적 요인, 이를테면 감염원 등의 영향과 일맥상통한다.

파킨슨병으로 사망한 환자의 뇌에서도 진균의 군체가 발견된다.[33] 칸디다와 푸사리움의 DNA와 세포가 여기서도 나타난다. 두피에서 자라는 효모인 말라세지아, 보트리티스 등도 있는데, 보트리티스는 과일과 꽃을 상하게 하는 아주 흔한 진균이다. 1990년대에 캐나다 출신 미국 배우인 마이클 J. 폭스Michael J. Fox가 파킨슨병 진단을 받자 표면상으로는 비감염성 질환인 듯 보이는 증상들의 질병 클러스터 현상disease clustering에 대한 관심이 높아졌다. 폭스의 경우는 1970년대 후반 브리티시 컬럼비아에서 촬영한 TV 시리즈의 출연진과 제작진 가운데 네 명 중 한 명꼴로 파킨슨병 진단을 받았다는 점에서 특이한 사례였다.[34] 이런 종류의 질병 패턴에 대해서도 여러 가지 설명이 가능하지만, 특정 미생물에 대한 노출이 이처럼 삶을 송두리째 바꿔놓고 위협하는 질병에 대해 아직 밝혀지지 않은 특정 역할을 했을 수도 있다. 우리는 아직도 결정적인 답에서 멀리 떨어져 있는지도 모른다. 뇌 조직에서 발견되는 진균에 대한 논문들은 엄격한 동료 평가peer review를 거쳐 훌륭한 의학저널에 실렸다. 그러나 이 분야에서 대부분의 연구는 단 한 그룹의 과학자들에게서 나왔고, 아직도 많은 관심을 가질 필요가 있다.

사람의 몸은 너무나도 섬세한 기계라서, 매일매일 견뎌내는 것이 거의 기적에 가깝다. 섬세하고 미세한 무한대의 생물학적 메커니즘에 의존하는 이 기계를 망가뜨리거나 손상시킬 수 있는 것들은 너무나 많다. 진화의 역사 속에서 인간은 최소한 후손을 생산할 수 있을 때까지 2만 개의 유전자와 수조 개의 세포가 힘을 합쳐 일하도록 설계되었다. 인간은 그러한 진화의 역사에서 최근에 등장한 성공작이다. 여기까지는 당연한 이야기다. 많은 사람이 우려하는 것처럼 인간이 연약한 존재였다면, 우리는 지금 여기에 존재할 수 없었을 것이다.

인간의 몸은 수많은 미생물에게 안락한 보금자리가 되었다. 그 미생물들과 별개의 개체로 생존하는 것을 선택하기보다는, 눈에 보이지 않는 생명—진균과 기타 생명—들과 어떻게 공존해왔는지를 이 책에서 이미 설명했다. 결코 완벽하지는 않지만, 인체는 면역체계의 활발한 활동 덕분에 조화를 이루는 역동적인 생태계로서 우위를 점하고 있다. 건강한 뇌에서 진균이 발견되는 경우는 매우 드문 반면, 소화기관의 상황은 많이 다르다. 이제 지금까지 살펴본 마이코바이옴보다 훨씬 더 풍성한 소화계의 세계로 들어가보자.

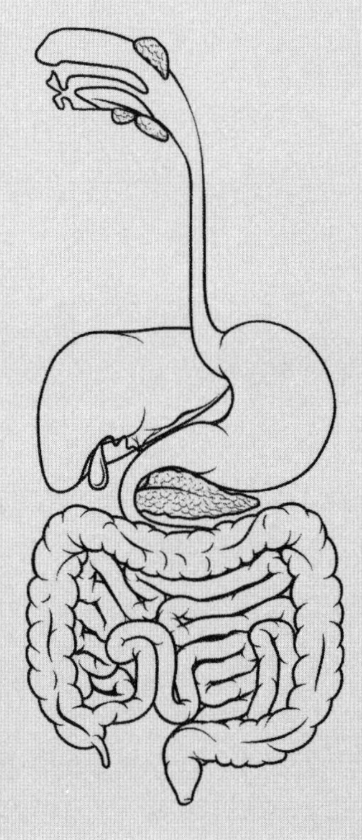

5장

소화시키다

Digestion

장에서 사는 효모

당신의 소화계에 점수를 매긴다면? 기름칠한 기계처럼 잘 작동하는가, 아니면 냄새나는 음식물 쓰레기 처리기 같은가? 대부분의 사람들은 "그 둘 사이 어딘가"에 있다고 대답할 것이다. 그리고 그 성능은 매일매일 다르다고 덧붙일 것이다. 아무 일도 일어나지 않는 것 같은 조용한 장腸은 최고의 장이다. 그러나 아무리 건강한 장이라 해도 잘못 선택된 음식이 넘어가면 탈이 난다. 소화계에 존재하는 미생물 군집 속 수조 개의 박테리아는 이미 많은 주목을 끌고 있다. 반면에 진균은 지금까지 고작해야 조연급이거나 무시해도 그만인 엑스트라 취급을 받았다. 신선한 과일과 채소를 통해 새로운 진균들이 우리 몸에 유입되기도 하고, 어떤 진균들은 오래전부터 우리 장 속의 장기 거주자였다. 신참들 중 일부는 위산과 만나면 죽지만, 또 다른 일부는 우리 장 속에 이미 자리 잡은 다른 균들과 맹렬한 전투를 벌이거나, 평화협정을 맺으며 살아남거나 배설물에 섞여 우리 몸을 탈출한다. 진균은 입으로 들어와 식도, 위장, 소장, 대장, 직장을 거쳐 몸 밖으로 나가는 모든 여정에 존재한다. 인간과 진균의 공생관계에서 가장 이야깃거리가 많고 신비로운 부분이 바로 이 부분이다.

최근까지도 사람의 건강에 영향을 미치는 진균에 대한 연구는 피부백선과 생명을 위협할 정도로 위험한 장기 감염 진균에 관한 연구가 전부였다. 20세기 진균의학은 이 정도 범위에서 이루어졌다. 병원에서 심각한 질병 사례를 깊이 들여다보는 진균학자는 환자의 조직 샘플을 현미경으로 관찰하고 조직에서 발견된 진균을 분리해 배양접시에서 배양했다. 이렇게 해서 진균의 정체를 밝혀내고 의사들에게 환자를 치료할 방법을 조언할 수 있었다. 진균학자들은 진균이 사람의 장에서도 자란다는 것을 알고 있었지만, 이 효모들에 대해서는 거의 언급하지 않았다. 장에서 사는 진균이라고 해서 특별히 의미가 있는 것 같지도 않았다. 배설물 샘플에서 미생물의 DNA를 증폭하는 기술로도, 적어도 처음에는 별다른 차이를 발견하지 못했다. 이 기술은 원래 박테리아를 구분하는 데 최적화되어 있었기 때문이다(1장에서 이에 대해 언급했다). 결국 장내 장내 마이크로바이옴을 거대한 박테리아 군집으로 취급하게 되었다. 이 종합선물세트에서 진균을 따로 떼어내는 것은 여전히 난제로 남아 있었다.

진균의 게놈은 박테리아의 게놈보다 10배나 크다. 따라서 진균의 정체를 밝히려면 박테리아 게놈보다 훨씬 더 긴 DNA 가닥을 해독해야 했다. 지금은 DNA 시퀀싱 기술의 도움으로 A, T, G, C가 연결되어 있는 기다란 사슬을 훨씬 쉽고 빠르게 읽어낼 수 있다. 배설물 샘플에서 모은 정보를 분석해주는 고차원적인 컴퓨터 프로그램의 도움도 빠뜨릴 수 없다. 마이코바이옴 연구는 음식과 섞여 들어온 진균의 흔적과 실제 마이코바이옴에서 우점 균종의 차이를 알아차리기 시작한 연구자들의 노력이 있었기에 가능했다(이 책 뒤에 나오는 부록에서 유령 장내 진균ghost gut fungi에 대한 논의를 보라).

장내 마이코바이옴을 더욱 포괄적으로 접근하는 데 방해가 되었던 또 다른 요인은 진균이 상대적으로 희소하다는 점이었다. 장내 박테리아의 개체수는 조 단위로 존재하는데, 균은 겨우 십억 개 정도여서 박테리아 학자들은 진균을 장내 환경을 지배하는 박테리아에 비해 무시해도 좋을 소수 그룹 정도로 취급했다. 이런 개체수의 불균형 때문에 진균 세포의 상대적인 크기를 고려하지 않으면 장내 화학적 균형에서 진균의 의미는 과소평가될 수밖에 없다. 1장으로 돌아가보면, 장에 사는 효모 세포는 박테리아 세포보다 100배 크고 엄청난 표면적을 통해 인체와 상호작용한다. 장에 대한 이러한 진균 중심적 관점은 인체에 대한 생태학적 기술을 바꿔놓고 있으며 우리의 건강과 웰빙에 있어서 매우 중요한 의미를 갖는다. 이제는 마이코바이옴 연구를 통해 신뢰할 만한 정보가 등장하고 있으며, 우리는 진균이 소화기학의 게임 체인저임을 발견하고 있다.

마이코바이옴의 지리학:
음식, 환경, 그리고 진균

중국에서 진행된 한 연구에서 홍콩 거주자들과 윈난성에 사는 소수민족 사람들의 장내 마이코바이옴을 비교해보았다.[1] 중국 남서부에 위치한 윈난성은 언어가 서로 다른 25개 소수민족 사람들이 모여 사는 곳이다. 이들은 쓴맛이 나는 과일과 야채, 꽃과 야채절임, 야크 고기로 만든 육포, 곤충 요리 등 매우 다양한 전통 음식을 먹으며 살고 있다. 이들이 먹는 모든 음식에 진균이 들어 있고, 윈난성 사람들은 그 지역에서 많이 자라는 야생버섯을 요리해먹으므로 더 많은 진균을 음식으로 먹는 셈이다. 야생 식재료를 많이 소비하므로 윈난성 사람들의 배설물에서 다양한 진균의 DNA 시퀀스가 발견되기는 하지만, 그렇다고 해서 이 사람들의 장에 실제로 더 많은 종류의 진균이 살고 있다는 의미는 아니다. 분자 기술은 매우 예민해서, 우리 장을 통과해 지나간 미량의 유기체가 남긴 흔적도 증폭할 수 있다. 그 유기체가 우리 건강에 영향을 끼쳤는지 여부는 상관없다. 이러한 이유로, 중요한 진균에 집중하기 위해 가장 약한 신호는 걸러내는 데이터 필터가 필수적으로 필요하다. 데이터 필터를 써서 불필요한 흔적들을 제거하고 나면, 중국의 시골에 사는 사람과 도시에 사는 사람들의 흥미로운 패턴을 발견하게 된다.

윈난성 거주자와 홍콩 거주자 사이에서 가장 눈에 띄는 차이는 효모 두 종의 양이다. 음식 효모인 사카로미세스 세레비지에와 칸디다 속의 효모가 바로 그 두 종이다.[2] 위의 연구에 따르면, 홍콩 거주자들의 장에는 사카로미세스가 풍부하게 존재하는 반면, 칸디다는 매우 적다. 윈난성 거주자들은 그 반대다. 이 차이는 도시 생활에서 비롯된다. 홍콩으로 이주한 사람들은 종족에 상관없이 장에서 칸디다균이 사라지고 대신 사카로미세스가 자리 잡는다. 시골에 사는 사람들의 건강검진을 해보면 차이는 더 두드러진다. 혈액 샘플 분석을 통해 중국의 도시 거주자들이 시골 거주자들보다 간 기능이 뛰어나다는 것을 알 수 있다. 그 이유는 금주 때문이 아니라 장에 음식 효모가 더 풍부하다는 점과 관련이 있다. 시골 거주자들의 장에서 자라는 칸디다는 어느 정도 긍정적인 효과도 있다. 이 진균이 좋은 콜레스테롤 수치를 높이고 비만 수치를 낮추는 데 관련이 있기 때문이다. 한마디로 두 효모는 각각 나름의 이점이 있다. 식품에 들어 있는 효모인 사카로미세스가 홍콩 거주자들의 장에서 발견되는 이유는 빵처럼 오븐에 구운 음식과 가공식품에서 찾을 수 있다. 사카로미세스는 장을 통과하는 동안에는 활성화되지 않을 수도 있지만, 이들이 비활성화된 상태라 해서 장내 마이코바이옴에 아무런 영향을 주지 않는 것은 아니다. 설사 사카로미세스가 죽은 채로 있다 해도, 음식과 함께 들어온 진균이 엄청난 수로 체내에 유입되면 장내의 화학적 성질을 바꿔놓을 수도 있으며, 박테리아의 성장을 촉진하고 면역체계를 활성화하기도 한다.[3]

서쪽으로 눈길을 돌려보자. 사르데냐는 주민들이 대개 장수하고 활동적인 삶을 사는 블루존 국가로 선정된 지역이다. 이탈리아 섬인 사르데냐의 100세 이상 인구 비율은 미국보다 10배나 높다. 식습관, 유전자, 일상생활, 그리고 사회적 교류가 이 섬 사람들의 장수 비결로 꼽힌다. 실제로 이 섬의 노년층은 동시대 미국 서부 노령인구보다 훨씬 더 활기찬 삶을 살고 있다. 하지만 이들의 마이코바이옴에는 어떤 차이가 있을까? 모든 연령층의 사르데냐 사람들에게서 사카로미세스와 더불어 페니실륨이 발견되었다.[4] 페니실륨은 출아법으로 번식하는 효모와는 달리 대부분 균사로 가지를 치며 성장하므로 장내 마이코바이옴을 구성하는 진균 중에서는 특이한 경우에 속한다. 사르데냐 주민들의 장에서 이 진균이 등장하는 것은 섭취하는 음식이 달라서일 것이다. 페니실륨은 치즈 발효에 필요한 진균인데, 사르데냐 주민들은 양과 염소의 젖으로 만든 치즈를 상당히 많이 먹는다. 섭취하는 음식이 다르면 그에 따라 장에 존재하는 진균도 달라지지만, 그중 어떤 진균이 장수와 연관이 있는지는 분명하게 밝혀져 있지 않다.

미국인들의 배설물 샘플에서 진균을 관찰해보면, 중국인들과 사르데냐 주민들의 장에서 볼 수 있는 진균들과 아주 가까운 친척인 진균들을 발견하게 된다. 3장에서 피부에 사는 진균으로 설명했던 말라세지아도 발견된다.[5] 남아프리카 주민들에게서 발견되는 장내 진균의 지역적 차이는 음식과 관련이 있는 것으로 보이지만, 음식은 보편적인 장내 효모에게는 부수적인 문제일 뿐이다.[6] 이 연구결과들을 종합하면, 무엇을 먹고 사는 집단이든 세상 모든 곳에 존재하는 진균 중에서 소수의 종들로 구성된 장내 핵심 마이코바이옴의 그림이 그려진다. 기본적인 마이코바이옴에서 지역적인 식습관에 따른 변화가 특정 진균의 개체수에 영향을 미치기는 하지만, 칸디다를 비롯한 몇몇 종은 항상 들어 있다. 장내 진균은 탄성력이 좋아서, 매 끼니마다 장에서 처리된 음식의 양과 질의 연속적인 변화에도 잘 적응한다. 마이코바이옴에 상존하는 효모 균종은 위중한 소화계 질병을 앓는 사람의 경우에도 장내 마이코바이옴 전체가 무너지는 것을 막는 완충장치로서 기능한다. 만약 개체수가 급감하면 남아 있는 진균들을 빠른 속도로 증식시키는 방법으로 핵심 마이코바이옴을 부활시킨다.

이 장내 핵심 마이코바이옴의 발견은 매우 유용하다. 건강한 장에서 공통적으로 발견되는 진균의 조합을 질병을 앓고 있는 환자의 장에서 발견되는 진균의 조합과 비교할 수 있기 때문이다. 최근 연구로 어떤 장내 진균이 많은지 빠르게 알아낼 수 있는 방법들이 개발되었고, 이 진균들이 박테리아, 면역체계와 어떻게 상호작용하는지 밝혀지기 시작했다. 이러한 연구를 통해 식생활이나 위장관의 기능과 관련 있는 여러 질병이 마이코바이옴의 이상 징후와 관련이 있음이 분명해지고 있다. 점점 더 많은 증거가 진균이 비만과 염증성 장 질환, 심지어는 암의 발병과도 관련이 있음을 암시하고 있다. 이런 증거들을 바탕으로 일부 전문가들은 진균이 의학계의 잃어버린 고리라고 확신하고 있다.

비만 연구에서 시작된 장내 진균 연구

장내 진균의 역할에 관한 질병 연구는 비만 연구에서 시작되었다. 비만은 성인 열 명 중 한 명 이상에게 영향을 미치며 이동성을 떨어뜨리고 다양한 질병으로 발전할 위험을 증가시킨다. 비만에 관한 연구 중 상당수가 탄수화물이 풍부한 먹이로 살을 찌운 생쥐를 통해 이루어진다. 생쥐의 체중이 늘면 대사작용에 변화가 보인다. 간에서 지방이 쌓이고 장내 진균의 분포와 개체수에 변화가 나타난다.[7] 생쥐가 살찌면서 어떤 진균은 개체수가 줄고 어떤 진균은 늘어나지만, 마이코바이옴 자체가 예측 가능한 패턴으로 요동치지는 않는다. 확실하게 말할 수 있는 것은 마이코바이옴이 과도한 음식 섭취와 늘어난 체중에 민감하게 반응한다는 점이다. 비만이 아닌 정상 쥐에서조차 요구르트에 함유된 '새로운' 진균을 섭취하면 장내 서식하던 기존 진균과 박테리아에 교란이 일어난다.[8] 이 실험은 식생활의 변화에 대한 장내 마이코바이옴의 민감성을 단적으로 보여준다. 단기적이든 장기적이든, 심지어는 단 한 끼만이라도 식생활에 일어난 변화는 핵심 마이코바이옴 미생물들에게 영향을 미친다.

체중 감량에 효과적인 새로운 방법을 찾는 데는 직접적으로 기여하지 않았지만, 사람의 비만에 관한 연구에서 우리 몸에 사는 진균의 흥미로운 변화가 일부 밝혀지기도 했다. 대변 샘플의 진균 DNA를 관찰해보면 비만인 사람과 그렇지 않은 사람의 효모 조합은 서로 다르다는 것을 알 수 있지만, 그 차이는 그다지 심하지 않다. 이 두 집단을 비교 연구하는 목적은 두 집단에 속한 사람들을 뚜렷하게 구분해주는 어떤 것, 즉 '체중 감소 진균'이라고 부를 만한 결정적인 균주를 찾는 것이다. 스페인 연구진은 털곰팡이가 비만하지 않은 사람의 몸에서는 발견되는 반면, 비만한 사람에게는 드물다는 사실을 발견했다. 그러나 체중 감량에 효과적인 진균은 아직 찾지 못했다.[9] 스페인 연구진은 비만 환자의 몸에 없던 털곰팡이가 다이어트 식단을 시작하면서 다시 나타나기 시작한다는 것을 관찰했고, 다양한 털곰팡이 균종의 등장이 체중 감소의 신호임을 보여주었다. 이 진균들이 장내에서 어떤 작용을 하는지는 아직 밝혀지지 않았지만, 숙주의 대사작용에 대한 이 진균들의 반응은 '생쥐의 마이코바이옴 연구'에서 본 진균들의 반응과 유사하다.

체중 증가와 관련된 마이코바이옴 내 털곰팡이와 다른 진균들의 증감은 진균이 적극적으로 어떤 역할을 한 것이 아니라 수동적인 변동에 불과했을 가능성이 있다. 예를 들어 털곰팡이는 단순히 '같이 사는' 진균에 불과할 수도 있다. 어떤 이득도 손해도 주지 않으면서 단지 날씬한 사람의 몸에 사는 진균일 수도 있다는 뜻이다. 진균 중에서 어떤 것들은 체중 증가에 대한 완충 작용을 하는 방식으로 음식의 소화를 돕는 화학물질을 내놓음으로써 체중의 현재 상태를 강화하는 것일 수도 있다. 또 어떤 진균은 저칼로리 식사를 해도 체중 감소를 어렵게 만들어 비만 상태를 더 강화하는 쪽으로 작용할 수도 있다. 장내 마이코바이옴이 비만을 결정짓는다는 주장을 받아들이고 더욱 발전시키려면 진균과 인체 사이에서 오가는 화학적 커뮤니케이션에 대해 더 많은 정보가 필요하지만, 충분히 가능성 있는 주장임은 분명하다.

소화기 질환과 진균, 질병을 일으키는 공생자

장내 마이코바이옴에서 핵심적인 역할을 하는 몇몇 칸디다균종은 인체가 갖고 있는 표준 장비 중 일부다. 잠시 머물다 떠나는 과객이 아니라 진정한 공생자로, 우리 몸에서 이 진균이 사라진다면 문제가 생길지도 모른다.[10] 내가 '생길지도 모른다'고 말한 이유는 이 진균이 우리 소화계에서 완전히 사라지면 어떤 일이 벌어질지 아무도 모르기 때문이다. 칸디다 효모는 우리가 살아 있는 동안 항상 우리 몸에 존재한다. 다른 진균들은 우리가 나이를 먹고 식습관이 바뀌면 나타났다 사라지기도 하지만, 칸디다는 오랜 세월 우리와 함께 산다. 문제가 발생하는 것은 이 진균의 개체수가 눈덩이처럼 불어날 때다. 염증성 장 질환Inflammatory Bowel Disease, IBD은 바로 이럴 때 생긴다.[11] IBD는 장에서 발생하는 만성 염증성 질환을 포괄하는 병명이다. 소장에서 발병하는 크론병과 결장, 직장에서 발병하는 궤양성 대장염도 여기에 속한다.

IBD의 징후와 칸디다의 증식은 순차적으로 일어나는데, 질병이 진균을 자극하고 진균이 다시 질병의 증상을 악화시키는 인과관계를 암시한다. 이 IBD 모델은 치료적 관점에서 보면 매우 고무적이다. 이보다 더 명확한 진균 감염 사례의 경우, 우리는 조직 손상을 치료하기 위해 진균을 제거하려고 노력한다. IBD 같은 만성 질환은 건강한 몸의 일부인 진균을 완전히 제거하기보다는 적당히 억제하는 것이 질병 증상을 완화하는 데 더 도움이 될 수 있다. 적어도 이론상으로는, 식단을 조절함으로써 더 안전하고 효과적인 치료가 가능하다. 다만 칸디다균을 안정시키는 식단을 찾거나 칸디다균을 대신할 대체제를 발견해야 한다는 것이 그 전제조건이다. 이 장의 뒷부분에서는 식단 조절을 활용한 치료법을 살펴볼 텐데, 그에 앞서 장내 진균을 개조 내지 개선시킬 더욱 직접적인 방법, 즉 대변이식 fecal transplantation에 대해 이야기해보자.

대변이식은 건강한 기증자의 대변 샘플(3테이블스푼 정도의 분량)을 결장경을 통해 마취한 수혜자의 장에 이식하는 방법으로, 아직은 논쟁거리가 많은 소화장애 치료법이다. 호주에서 대장염 환자들을 대상으로 진행된 연구에서 환자들은 결장경을 통해 첫 번째 대변이식을 받은 후, 8주간 스스로 관장기를 이용해 기증자의 대변을 이식했다.[12] 이러한 집중 치료로 주목할 만한 결과를 얻었다. 환자들 중 1/3은 궤양이 감소했고 IBD 증상은 완전히 사라졌다. 마이코바이옴에서 관찰된 가장 강력한 시그널은 대변이식 후 칸디다가 감소했다는 점이었으며, 이와 함께 박테리아의 다양성이 증가했다. 마이코바이옴과 박테리아 군집, 즉 미생물 군집 내에 있는 진균과 박테리아가 장 내에서 서로 터전을 바꾼 것이다. 이 치료로 가장 큰 성공을 거둔 환자들은 치료 전에 다른 진균보다 칸디다 수치가 가장 높았던 환자들이었다. 연구결과, IBD 환자에게는 칸디다균이 너무나 많아서 건강한 박테리아가 밀려났다고 해석할 수 있었다. 대변이식은 미생물의 조성을 초기화함으로써 염증을 가라앉히고 장이 회복할 수 있도록 돕는 것으로 보인다. 이 놀라운 치료법에 대해서는 아직도 많은 연구가 필요하다.

염증은 나쁜 균에 대항해 싸우는 최전선이므로, 염증이 없다면 우리는 건강을 지킬 수 없다. 그러나 염증이 지나치게 오래 계속되면 우리 몸은 전시 체제를 유지하는 면역세포와 자극적인 화학물질의 방출, 혈관 부종, 열감, 기타 여러 가지 증상에 지치고 만다. 지나친 자극이 치명적인 것처럼, 지나치게 적은 자극도 치명적이다. 면역학의 골디락스goldilocks 원칙(뜨겁지도, 차갑지도 않으면서 적정 상태를 유지하는 상태-편집자)이라고 할 수 있다. 건강한 소화계에서 면역체계는 장벽 조직을 침투하려는 진균이나 박테리아의 아주 작은 징후에도 즉각적으로 대응에 나선다. 또한 우리 몸속 세포들은 딱 알맞은 속도로 아무리 작은 흠집이나 구멍이라도 수리하고 복구하러 나선다. 대장염이나 다른 질병들은 염증이 장벽에서 더 넓은 면적으로 번지고 조직 복구의 속도가 손상의 속도를 따라잡지 못할 때 진행된다. 잘 낫지 않거나 만성이 된 염증은 환자가 알지 못하는 사이에 자신의 몸을 자해하는 것과 비슷한 비참한 경우다. 면역체계를 자극함으로써 최적의 건강 상태를 촉진한다는 건강식품이나 약초

치료 광고를 볼 때는 이 점을 유념해야 한다.[13]

면역체계가 진균의 존재를 알아차릴 수 있는 것은 진균 세포 표면에 있는 독특한 분자들의 특성 때문이다. 마치 트레이드 마크와도 같은 이 독특한 화합물에는 효소와 함께 당으로 장식되어 있는 단백질인 만노프로틴mannoprotein이 들어 있다. 우리가 태어나는 순간부터 우리 몸의 면역체계는 이 단백질에 반응하도록 설계되어 있고, 마이코바이옴은 피부와 소화계 안에서 성장하게 되어 있다. 우리가 아직도 확실히 알지 못하는 마이코바이옴의 수수께끼 중 하나는, 유아기에 몸에서 자라기 시작하는 진균이 어째서 성인기에 이르면 장벽에 손상을 일으킬까 하는 점이다. 그 답은 여러 가지 요소의 조합에 있다. 감염을 일으키기 위해 진균이 넘어야 했던 장벽을 쉽게 넘을 수 있게 할 정도로 조직의 장벽을 허약하게 만드는 건강 상태도 그런 요소 중 하나다. 허약한 건강 상태는 유전적 요인 때문일 수도 있고, 나이가 들면서 심해지는 것일 수도 있다. 또는 단지 바이러스 감염에 따른 것일 수도 있다. 중국에서 진행된 매우 도발적인 한 연구에서, COVID-19 또는 인플루엔자로 입원한 환자들의 장내 칸디다균 세포가 폭발적으로 증가했다는 사실이 드러났다.[14] 급격한 마이코바이옴의 변화는 면역체계를 교란시키고 염증을 유발하며 심지어는 진균 감염의 확률을 높일 가능성이 있다. 바이러스도 장내 진균과 박테리아를 휘저어놓음으로써 우리 몸 전체의 생태에 충격을 줄 수 있다.

면역체계가 손상을 입으면, 소화계의 진균 감염이 몸의 다른 부위로 확산될 수 있다. 칸디다균은 이러한 확산성 질병에서 치명적인 적으로 제 모습을 드러낸다. 칸디다균은 발아효모에서 균사형 효모로 변신해 균사를 뻗어서 장벽을 뚫고 침투하여 혈관 내부로까지 들어감으로써 사람의 건강에 치명적인 적이 된다. 일단 혈류 속으로 침투하는 데 성공한 후에 다시 발아효모로 되돌아갔다가 모세혈관을 타고 단단한 조직까지 도달하게 되면, 다시 균사를 뻗어 침투하는 방식으로 형태를 바꾼다. 이러한 생장방식의 변화는 칸디다균이 인체의 착한 동거자로서 살 수 있는 안정적인 생활환경이 깨지거나 급변할 때마다 일어난다. 다른 진균과 박테리아, 그리고 면역체계의 감시를 받다가 폭발적 증식을 일으키는 것이다. 우리 몸은 불행히도 이와 같은 생태학적 훈련의 숙주인 셈이다. 칸디다균의 변덕스러운 행태는 우리 몸의 다른 모든 곳에서 살펴본 것과 마찬가지로 장에서도 일어난다.[15]

과민성장증후군IBS에서 나타나는 마이코바이옴의 붕괴는 IBD 환자에게서 나타나는 미생물 군집의 붕괴와 비슷해서, 진균의 다양성이 급격하게 감소하고 칸디다균이 폭증한다. 네덜란드에서 진행한 진균과 IBS에 관한 연구에서도 사카로미세스 진균의 증가가 발견되었다.[16] IBS는 장 염증을 계속 동반하지 않기 때문에 대개 IBD보다 덜 심각한 증상으로 다루어진다. 그렇다 하더라도 두 질병의 증상에는 서로 겹치는 부분이 있다. 특히 IBS는 환자를 쇠약하게 만들 수도 있다. IBD와 IBS가 염증의 정도에 차이가 있을 뿐 같은 질병이라고 믿는 의사도 있다. 불안증과 우울증은 모두 IBD와 IBS의 동반 질환comorbidities이라고 보기도 한다. 즉 IBD와 IBS 진단을 받은 환자들은 불안증과 우울증으로 고생할 가능성이 크다는 뜻이다. 3장에서 다룬 천식과 불안증에 대한 주장, 그리고 결과와 원인을 분리하는 것이 불가능하다고 했던 이야기가 다시 생각난다.

침묵 속의 공범자, 진균과 암

염증은 종양의 진행에도 중요한 역할을 한다. 즉 마이코바이옴이 몇몇 종류의 암과 관련이 있을 가능성이 높다.[17] 서른 살 이전에 IBD를 진단받은 경우, 대장암의 위험 인자가 될 수 있다. 장벽에서 심한 염증이 진행되면 선종adenoma이라는 양성 폴립이 형성될 수 있고, 아데노마는 나중에 악성종양으로 진행될 수 있다는 뜻이다. 장 건강이 나빠지면서 마이코바이옴의 균종 비율이 달라지기도 하지만, 공통적인 양상은 아직 발견되지 않았다. 한 연구에서는 칸디다균이 아니라 말라세지아 효모의 수치가 상승했고, 폴립을 분석했더니 피부에서 더 잘 자라는 말라세지아 관련 진균이 발견되기도 했다. 그러나 진균의 개체수 증감 사이에 공통적인 분모가 없다는 것은 장내 진균이 질병의 원인이라기보다는 IBD 환자의 염증에 반응한 결과일 뿐임을 시사한다. 물론 그렇다고 해서 진균이 질병과 전혀 상관이 없다는 뜻은 아니다. 오히려 그 반대다. 마이코바이옴의 혼란과 붕괴는 장벽에서 진행되고 있는 종양으로 인한 조직 손상을 악화시킬 수 있기 때문이다.

암의 진행에 마이코바이옴이 적극적인 역할을 한다는 주장은 장, 췌장, 폐, 다른 부위의 종양에서 박테리아와 함께 진균이 발견된 최근의 연구로 큰 힘을 얻었다.[18] 칸디다와 사카로미세스의 DNA는 이 모든 조직의 종양에서 발견되며, 칸디다가 대부분 압도적으로 많다. 이 진균의 DNA가 종양의 외부에서 섞여 들어온 것이 아님은 분명하다. 현미경 사진을 보면 암세포와 대식세포 내부에서 진균 세포를 볼 수 있기 때문이다. 한 실험에서, 대장의 종양으로부터 살아 있는 진균 세포를 분리해 배양한 적도 있다. 이는 종양 안에서 진균이 결코 수동적이지 않음을 시사한다. 진균 세포는 암조직 안에서 자라며 암세포 속으로 스스로 침투하고, 일부는 면역체계의 대식세포에게 먹히기도 한다. 진균의 DNA는 말기 전이성 암 환자의 혈류에서도 발견된다. 이는 진균이 약해진 모세혈관 벽을 뚫고 들어가고, 암세포도 이 틈을 통해 다른 부위로 옮겨감을 뜻한다.

이 연구에 참여했던 학자들은 마이코바이옴의 불안정성과 조직에 침투한 진균 세포가 암의 진행을 알려주는 새로운 지표로 활용될 수 있다고 믿는다. 즉 혈액검사나 조직검사 샘플에서 발견된 진균 세포를 종양의 진행단계 판별에 활용할 수 있으며 환자와 의사가 치료 방법을 결정하는 데도 도움이 될 수 있다는 뜻이다. 진균이 종양 때문에 손상된 조직에 어쩌다가 침투한 것(결과)인지 아니면 어떤 방식으로든 종양의 진행을 자극한 것(원인)인지는 더 연구해봐야 할 과제다.

몸속의 방랑자들,
구강과 생식기 진균

장과 피부의 마이코바이옴이 서로 다른 진균들의 조성을 보이지만, 효모는 소화계의 시작(입)에서부터 끝(항문)까지 이동할 수 있다. 피부의 진균은 입에서 정착할 수 있고 장내 진균은 질로 침투할 수 있다. 일단 입에서부터 시작해보자. 뺨에 입술을 살짝 대는 키스로 진균은 이 사람에게서 저 사람에게로 전파된다. 입술과 혀를 맞댄 깊은 키스는 입안의 세균 이동을 부추긴다. 포자는 우리가 숨을 들이쉴 때마다 빨려 들어오고, 음식에 붙어 있던 진균과 음료에서 떠다니던 진균은 입으로 밀려들어온다. 이렇게 우리 몸에 들어온 방랑자들 중에서 살아남는 것은 극히 적은 일부일 뿐이지만, 가장 강한 효모가 살아남아 잇몸에서 세를 불리고 혀와 입천장에 막을 형성한다. 처음에는 고작 수백 개의 효모 세포에서 출발하지만, 조건만 맞으면 몇 시간 안에 수백만 개로 불어난다. 그러나 사람의 입안은 그리 호락호락한 터전이 아니다. 면역체계의 방어 세력이 눈을 부릅뜨고 감시하는 것 외에도, 진균은 변화무쌍한 입안의 환경 변화를 견뎌내야 한다. 크게 헛기침을 한 번만 해도, 누군가와 대화를 오래 나누기만 해도 입안의 온도와 습도가 달라진다. 커피를 마시거나 차가운 음료를 들이켜면 입안에서는 뜨거운 홍수, 차가운 홍수가 일어난다. 게다가 칫솔은 하루에도 몇 번씩 생물막을 공격한다. 이런 난장판은 우리가 잠들 때까지 그치지 않고 계속된다. 드디어 우리가 곤히 잠들면, 진균은 활동을 시작한다. 먹이를 찾아 먹고, 번식 활동을 하면서 어떤 박테리아는 죽이고 어떤 박테리아와 협력한다. 그러면서 다시 떠오를 해와 첫 커피의 뜨거운 홍수를 대비한다.

진균의 이러한 대비 능력은 놀라워 보이지만, 진균이 주변 환경에 민감하게 반응하고 대응한다는 것은 잘 알려진 사실이다. 여러 실험결과를 보면, 진균은 원초적인 기억을 갖고 있어서 스트레스가 될 만한 환경의 변화에 미리 대비할 능력을 가지고 있다.[19] 진균이 얼마나 복잡한 행동으로 환경 변화에 반응하는지는 소금에 노출시켜 보면 알 수 있다. 배양접시에 든 소금 농도를 높여보면, 효모는 탈수에 저항하기 위해 부산스러운 생화학적 변화를 보여준다. 한 번 혼이 났던 세포는 두 번째 자극이 가해지면 더욱 민첩하게 행동한다. 우리는 이것을 '민감화primed'되었다고 표현한다. 덕분에 세포는 열 충격이나 과산화수소(진균 세포에 해로운 산화제로 작용한다)의 세례를 포함한 해로운 환경 변화 앞에서도 자신을 보호할 수 있다. 이러한 단순 반응 덕분에 입안의 마이코바이옴은 아침의 뜨거운 에스프레소 세례로부터 자신을 보호할 수 있다. 커피는 진균의 DNA를 손상시킨다는 점에서 진균에게는 큰 골칫덩어리다. 그래서 어떤 효모는 커피가 자기 세포 안에 들어오면 다시 밖으로 내쫓는 운반 체계를 가지고 있다. 이런 진균들은 아침의 뜨거운 커피 세례에 대비하는 과정을 자기 세포를 더 튼튼히 하는 기회로 삼는다. 진균의 민감성과 의식에 대해서는 10장에서 다시 다루기로 한다.

사람의 입안에서 사는 대부분의 진균은 다른 부위에서 발견되는 마이코바이옴에서도 낯익은 식구들이다. 효모는 가장 눈에 띄는 진균이고, 칸디다와 말라세지아는 두 가지 진균형mycotype, 즉 진균 공동체를 지배하는 진균들이다.[20] 말라세지아가 많으면 박테리아와 다른 진균들의 다양성이 높아진다. 이 진균형은 건강한 입에서 발견된다. 충치가 많은 흡연자와, 흡연을 하지 않더라도 구강위생이 불량한 사람들의 경우 칸디다 생태형ecotype이 나타나는데, 여기서는 다른 진균과 박테리아의 다양성이 무너져 있다. 건강한 말라세지아 진균형은 건강하지 못한 칸디다 진균형에게 밀려난다.[21] 칸디다의 개체수 증가는 치과 계통에 문제가 생겼다는 신호로 볼 수 있다. 충치가 있는 어린이들, 치아를 잃었거나 틀니를 착용하는 노인들에게서도 칸디다의 증가가 관찰된다. 칸디다는 치아 소실의 원인이 아니라, 보호 작용을 하는 진균과 박테리아의 성장을 막고 자연치유 메커니즘을 방해함으로써 더 폭넓게 구강 건강의 악화를 부추기는 것일 수도 있다.

치아 표면에 박테리아와 진균의 저항성 생체막 또는 생물막이 형성되면 문제는 훨씬 더 커진다. 설탕이 박테리아와 함께 자리 잡고 있는 칸디다의 성장을 촉진하면 이런 미생물의 막이 두꺼워지면서 산성화된다. 생물막은 충치와 관련이 있고, 설탕의 자극 효과는 단것을 좋아하는 어린이들에게 충치가 많다는 점에서 설명된다. 노인 환자들을 대상으로 한 연구 역시 충치를 증가시킬 수 있는 식단과 구강 마이코바이옴의 변화 사이의 관계를 뒷받침한다. 일본과 네덜란드에서 진행된 연구는 틀니를 사용하는 노인들의 타액에서 그렇지 않은 노인들의 타액에서보다 훨씬 많은 칸디다균이 발견된다는 것을 보여주었다.[22] 흥미롭게도, 자기 집에서 사는 노인보다 요양원에서 지내는 노인에게서 칸디다균 수치가 높은 경향을 보인다. 어쩌면 식단은 큰 의미가 있는 요인이 아닐 수도 있다. 요양원에 입소하는 노인들이 이미 갖고 있던 건강상의 문제들이 입안의 마이코바이옴에 연쇄적인 영향을 미쳤을 수도 있다.

질로 이야기를 옮겨보자. 칸디다는 질의 생태계에서 가장 큰 영향을 미치는 요인이다. 가장 흔한 종은 칸디다 알비칸스*Candida albicans*다. 최소한 여성의 20퍼센트에서 이 진균이 발견되며, 가렵고 따가우면서 비정상적인 분비물이 흐르는 칸디다 질염의 원인균이다. 항생제 중에서 어떤 것들은 정상적인 미생물의 생태계에서 칸디다를 견제하는 박테리아를 제거함으로써 칸디다의 과도한 증식을 부추긴다. 1년에 4회 이상 반복적으로 칸디다증이 나타나면 재발성 칸디다증으로 간주하며, 수억 명의 여성들이 이 증상으로 고생한다.[23] 재발성 칸디다증은 환자를 지치고 쇠약하게 만들 수도 있다. 완벽한 치료법은 없으며, 칸디다균을 억제하는 항생제 처방에 의존할 뿐이다. 이 증상을 치료하는 데 쓰이는 의료비가 미국에서만 매년 수십억 달러로 치솟았다. 질내 마이코바이옴 연구는 다른 연구에 비해 매우 제한적이지만, 이 부위의 표면에서 발견되는 진균은 모두 칸디다균종이다. 건전한 칸디다균종은 자궁목관cervical canal과 질의 중간 부분에서 자궁의 예민한 조직을 손상시킬 수 있는 진균과 박테리아의 성장을 조절함으로써 자궁내막 유착의 진행을 막아주는 역할을 한다.[24] 드물기는 하지만 남자도 이 진균 때문에 고생할 수 있다. 칸디다 질염을 가진 여성과 접촉하면 남성의 성기 피부에 칸디다증이 생길 수 있기 때문이다.

칸디다균이 구강 마이코바이옴에서 얼마나 중요한 역할을 하는지, 그리고 질내 마이코바이옴을 지배하고 장에서도 활개 치며 피부에도 상존한다는 점을 고려하면, 이 진균이 인간의 건강에 가장 중요한 진균이라는 사실을 인정할 수밖에 없을 것이다. 우리는 이미 건강을 지키는 데 도움이 되거나 방해가 되는 다른 진균들의 영향을 살펴보았다. 그러나 사람이라는 생태계의 전반적인 작동이라는 측면에서 보면, 칸디다는 인간이라는 존재의 가장 중심에 있는 진균으로서 타의 추종을 불허한다. 우리는 사람이자 효모, 즉 호모 마이코사피엔스*Homo mycosapiens*(지혜로운 곰팡이 인간) 또는 호모 페르멘탈리스*Homo fermentalis*(발효하는 인간)다.

장내 진균의 나비효과

진균에 관한 사실과 허구, 진균이 건강에 미치는 영향을 조사하는 초기 단계 마이코바이옴 연구를 통해, 장내 진균이 신체 다른 부위에서 일어나는 질병과 연관된 사례들이 밝혀지고 있다. 이런 주장 중 어떤 것은 전혀 설득력이 없는 것처럼 보이기도 하지만, 우리 몸에 사는 진균에 대한 여러 놀라운 사실이 점차 드러나자 이와 같은 주장에 점점 귀를 기울이지 않을 수 없게 되었다. 맨 처음 현미경을 통해 포자를 보았던 1980년대에 어떤 교수님이 그 작은 알갱이 중 일부는 진균의 포자이며 사람의 직장에서도 발견된다고 말했다면, 나는 그 교수님의 정신 상태를 의심했을지도 모른다.

질 분만과 모유 수유는 신생아의 천식을 예방해주는 효과가 있다. 이렇게 기른 아이의 장에서 발견되는 균은 제왕절개로 낳아 분유 수유를 한 아이의 장에서 발견되는 균과 조합이 다르다(1장 참조). 천식을 앓는 아이가 면역체계의 발달 측면에서 지닌 문제는 장내 미생물 군집과 효모의 종류, 개체수의 변화 사이에 관계가 있다는 가설을 뒷받침해준다.[25] 어떤 종류든 항생제 처방은 천식 환자에게는 또 하나의 위험 요인이다. 항생제 사용이 진균과의 연관성을 강화하기 때문인데, 그 이유는 다음과 같다. 진균은 알레르기를 일으킨다 → 진균은 아기의 장에서 자란다 → 항생제가 장내 진균을 교란시킨다 → 항생제를 처방받은 아기는 천식이 진행될 확률이 훨씬 높아진다 ⇨ ('고로') 마이코바이옴을 교란시키면 천식이 발생할 수 있다.

장내 진균의 교란 또는 불균형이 천식을 일으킨다는 주장을 받아들이기 힘든 결정적인 이유는 소화계와 호흡계가 물리적으로 분리된 기관이기 때문이다. 음식 섭취는 어떤 방식으로든 호흡에 영향을 미치지 않는다. 또한 먼지를 들이마셨다고 해서 장이 스트레스를 받는 것도 아니다. 내장기관을 이렇게 분리하는 것이 의대 학생들의 해부학 강의에서도 가장 기본적인 원칙이다. 이번 주에는 폐, 다음 주에는 신장, 이런 식으로 공부하는 것이다. 물론 모든 기관의 연결을 가능한 한 자주 강조하기는 한다. 예를 들면 장과 폐를 보호하는 면역체계는 혈관과 림프관을 통해 서로 연결되어 있고, 이런 밀접한 관계를 장-폐 연결축gut-lung axis이라고 부른다.[26]

장내 마이코바이옴이 일으키는 이러한 나비효과는 다른 신체기관에서 발생하는 다른 질병에서도 발견되는데, 장의 소화기능과는 상관없는 증상들을 가진 경우들이다. 유형1과 유형2 당뇨 환자의 경우 발아 칸디다의 개체수가 폭증하고, 인슐린 의존형 유형1 당뇨를 앓는 소아 환자의 경우에는 장에서 다양한 종류의 칸디다균종이 발견된다. 간 질환 환자의 경우 어떤 환자는 장내 마이코바이옴에서 전체적인 진균의 다양성이 증가하지만, 또 어떤 환자에게서는 다양성이 감소한다. 간염, 간경화증 환자, 그리고 담관, 즉 쓸개관을 손상시키는 원발경화성 담관염primary sclerosing cholangitis, PSC 환자들에게서 칸디다균의 수가 폭발적으로 증가한다.[27] PSC는 1999년에 이 증상으로 인한 담관암으로 사망한 미국의 유명한 풋볼 선수 월터 페이튼Walter Payton의 이름을 따서 월터 페이튼 병이라고도 부른다. 질병과 진균의 연관성에 대한 여러 추정적 주장 중에서 가장 논란이 많은 예가 바로 다발성 경화증인데, 이 만성 자가면역 질환을 앓고 있는 환자들에게서는 진균의 개체수도 증가하지만 조합의 패턴도 매우 다양하기 때문이다.[28] 마이코바이옴 연구가 아직 어떠한 합의점에도 도달하지 못한 지금, 진균이 다발성 경화증의 원인으로 작용했다기보다는 환자의 장에서 진행되는 염증에 반응했다고 보는 것이 더 합리적일 것 같다.

진균과의 공존법:
장 속 균형을 재설계하다

사람의 몸은 종종 현대화에 의해 파괴된 옛 사원에 비유되곤 한다. 설탕과 소금에 절어 있고 섬유질은 부족하며 움직임이 둔한 현대인이 아니라, 하루 종일 뛰어다니며 사냥에 열중해야 했던 원시인에게나 어울릴 법한 고칼로리 음식을 섭취하는 것이 가공식품의 끔찍한 폐해를 보여주는 적절한 비유가 될 수 있다. 여러 유혹에도 불구하고 채소와 과일이 풍부한 균형 잡힌 식단을 꾸준히 고집하면서 적당한 운동까지 실천하는 사람들은 21세기를 더욱 행복하게 살아갈 수 있을 뿐만 아니라 지금까지 인류 역사의 평균적인 수명보다 더욱 장수할 것이다.

전반적인 건강에 보탬이 되도록 장내 마이코바이옴의 균형을 촉진하려면 어떻게 해야 할까? 건강한 마이코바이옴이라는 개념은 코에 걸면 코걸이, 귀에 걸면 귀걸이 같은 것이어서, 이 개념을 내세우는 사람들이 추천하는 식단에는 의구심이 들지 않을 수 없다. 늘 들쭉날쭉하는 나의 허리둘레 역시 독자들에게 흔들림 없는 믿음을 심어주기에는 부족하다. "좋은 음식을 추천한다", "마이코바이옴을 개선하기 위해 이렇게 행동해야 한다", "웰빙 식단을 실천해야 한다", "체중을 감량해야 한다" 등등 마이코바이옴에 대해 한마디씩 하는 사람들의 여러 가지 추천도 모두 흰소리이기는 마찬가지다. 클리블랜드 메디컬센터 대학병원의 뛰어난 진균의학자 마흐

무드 간눔Mahmoud Ghannoum은 마이코바이옴의 조절을 가장 적극적으로 옹호하는 학자다. 저서인 『총체적인 장 균형*Total Gut Balance: Fix Your Mycobiome Fast for Complete Digestive Wellness*(2019)』을 통해서도 마이코바이옴의 조절에 대해 상세히 설명했다.[29] 식이요법 관련 저술로 수상 경력이 있는 이브 애덤슨Eve Adamson은 이 책의 공저자로서 60가지의 '마이코바이옴 식단' 레시피를 썼다. 간눔의 『총체적인 장 균형』에는 유용한 정보들이 많으며, 장내 마이코바이옴의 균형이 깨지고 진균의 어두운 본색이 드러나지만 않는다면 칸디다는 무해한 진균이라고 설명한다. 과학자들은 금연과 요가, 명상 같은 것들을 추천하지만, 이런 것들은 마이코바이옴과는 동떨어져 있다. 많은 레시피가 사진으로 보기에는 아주 먹음직스럽고 건강한 식단인 것처럼 보이지만, 마이코바이옴에 효과가 있는 식단에 대한 유일한 연구는 『프로바이오틱스와 건강 저널*Journal of Probiotics and Health*』에 실린 간눔의 논문뿐이다.[30]

마이코바이옴 연구가 제자리걸음을 하면서, 과학적 근거를 바탕으로 건강한 마이코바이옴을 보장하는 식이요법은 거의 없는 실정이다. 건강한 사람은 대개 마이코바이옴도 건강하고, 질병이 있는 경우 건강하지 못한 진균과 박테리아의 조합이 동반되는 경향이 있다. 절망스러운 이 관계의 고리를 깨고 기존의 미생물을 질병 치료에 응용할 새로운 방법은 아직 없다. 칸디다는 마이코바이옴이 관련된 여러 질병 증상에서 문제를 일으키는 진균임에 틀림없다. 이 진균이 다른 모든 진균을 제압할 정도로 자라기 전에 누그러뜨리는 것이 건강에 도움이 될 것이다. 칸디다 질염의 효과적인 치료제로 저용량의 항생제를 도포하도록 처방된다. 장내 칸디다균을 치료하기 위해 질칸디다 치료제와 똑같은 약을 쓰면 보호해야 할 진균을 손상시키는 위험한 부작용이 따라온다. 어떤 유기체든 인간의 건강한 신체에 중요한 파트너일 수도 있다면, 완전히 제거하는 것은 옳지 않다. 코코넛 오일, 운데실렌산undecylenic acid(아주까리 기름에 들어 있다), 오레가노 잎 추출물은 효모의 이상증식을 막아주는 치료제라는 광고와 함께 팔리고 있는 건강보조식품이다. 마이코바이옴 다이어트에서도 추천하고 있는 코코넛 오일은 쥐의 마이코바이옴 실험에서 칸디다의 과잉 증식을 감소시키고 건강한 균종의 조합을 복구시킴으로써 그 효과가 증명되었다.[31] 이 정도로 모든 문제가 해결되었다고 볼 수는 없지만, 부작용이 거의 없는 코코넛 오일은 치료적 식이요법으로 시도해볼 만한 가치가 있다. 식단을 바꿔서 칸디다를 감소시킨다고 IBD 같은 심각한 증상을 치료할 수는 없겠지만, 일상생활에서 불편을 야기하는 증상으로부터 해방되는 것만 해도 매우 고무적인 일이다.

건강한 마이코바이옴의 핵심은 애초에 건강하지 못한 진균이 자리 잡지 못하도록 하는 것일지도 모른다. 또한 우리 몸속 진균들이 필요로 하는 것을 만족시켜줄 가장 직접적인 방법은 먹이를 적당히 제공하는 것이다. 마이코바이옴 다이어트는 빈약한 과학적 기반 때문에 제대로 조명받지 못하고 있지만, 마흐무드 간눔 박사가 제안하는 레시피와 여러 가지 조언들은 독자들이 가공식품을 피하고 맛도 좋으면서 야채와 과일이 풍부한 균형 잡힌 식단을 선택하도록 올바른 방향으로 이끌었다. 자신의 장이 기름칠이 잘 된 기계처럼 척척 돌아가고 있다고 느낀다면, 자신이 먹는 것에 주의를 기울이고 계속 그렇게 먹을 수 있도록 노력해야 한다. 만약 장이 제대로 기능하지 못한다고 느낀다면, 장 기능이 원활한 사람에게 무엇을 어떻게 먹고 있는지 물어보는 것도 좋은 방법이다. 과학적 탐구가 장내 진균에 단순히 이름을 붙이는 단계에서 나아가 이 진균들이 어떤 역할을 하는지 밝히는 방향으로 발전한다면, 마이코바이옴을 최적화하는 데 더 분명하고 정확한 조언이 가능해질 것이다. 이러한 과학적인 연구와 규명 작업에는 막대한 연구자금과 오랜 시간이 필요하며, 장에 대해 잘 아는 소화기학자, DNA 판독 전문가인 생명정보학자, 면역에 대해 잘 아는 면역학자, 진균에 미쳐 있는 진균학자 간의 협업도 필요하다.

1부에서는 우리 몸속에서 서식하는 진균이 어떻게 우리의 건강을 증진시키고, 반대로 해를 끼치기도 하는지 살펴보았다. 2부에서는 우리 몸 밖에 존재하는 진균과 우리가 어떻게 상호작용하는지 살펴본다. 6장의 버섯과 곰팡이, 그리고 음식 속 효모에서부터 출발한다.

2부

바깥으로:
우리 몸 밖에 존재하는 진균

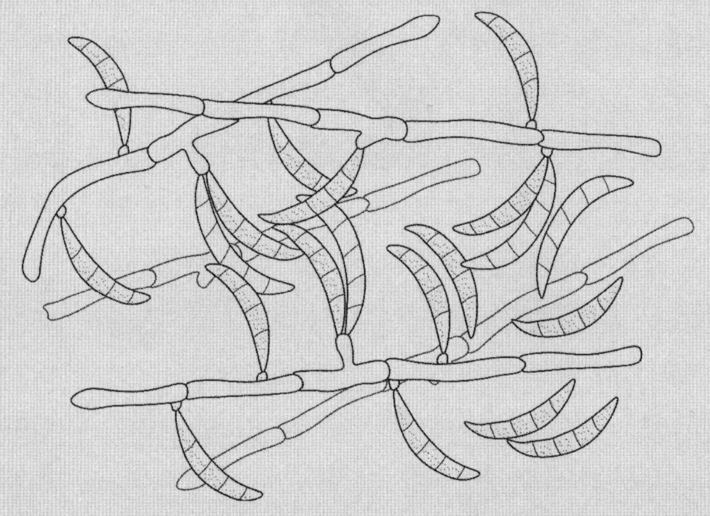

6장

영양을 주다

Nourishing

음식 속 곰팡이와 버섯

치즈는 서늘한 동굴 안에서 딱딱하게 굳어가면서 푸른색 실 무늬가 그려진다. 소시지는 끈에 묶여 말려지는 동안 하얀 가루를 뒤집어쓴다. 콩과 곡물은 간장 속에서 형체를 잃고 흐물흐물해지면서 템페tempeh(인도네시아 전통 식품-편집자)가 되어간다. 빵 반죽은 터질 듯이 부풀어 오른다. 곡물은 맥주가 되고 포도알은 와인이 된다. 인간은 이미 수천 년 전부터 이런 음식들을 만들어왔지만, 눈에 보이지 않는 곰팡이가 치즈를 만들고 맥주와 와인에 거품을 낸다는 것은 까맣게 몰랐다. 인간이 알았던 것이라고는 날것의 재료들을 가지고 이렇게도 해보고 저렇게도 해보다 보면 식탁이 풍요로워진다는 것뿐이었다. 그러면서 신께서 내려주신 선물에 감탄하고, 그 은혜에 감격했다. 생물공학Biotechnology은 이렇게 겸손하고 종교적인 자세로부터 출발했다. 지금 우리 시대는 우리 몸에서 자라는 진균의 정체를 밝혀내는 과정에서 활용했던 바로 그 기술을 음식의 생태계를 이해하는 데도 그대로 활용하고 있다. 치즈 한 조각에도 미생물의 경이로운 세계가 들어 있음을 누가 상상이나 했을까? 이 장에서는 우리 몸을 벗어나 농장으로 가보고, 닭고기 없이 치킨 너겟을 만들어내는 균사가 넘실대는 발효탑까지 들여다봄으로써 인간-진균의 공생관계를 음식의 세계로 확장해보기로 하자.

페니실륨은 치즈 장인이다. 곰팡이 이름이 '빗자루'라는 뜻인데, 뻣뻣한 자루 위에 사슬처럼 이어진 포자가 달려 있는 모습이 마치 머리카락을 여러 가닥으로 나누어 총총 땋은 머리 같다.[1] 자연 속에서 이 포자는 바람에 날려 멀리 날아가거나 지나가던 곤충의 털에 붙어 새로운 곳으로 이동한다. 멀리 퍼져가는 진균 입자들 하나하나에는 새로운 장소에서 균사를 만들 때 필요한 유전자가 있다. 포자들 대부분은 물도 먹이도 없는 곳에 떨어져서 말라 죽지만, 극소수의 포자들이 살아남아 다음 세대의 포자들을 만든다. 이렇게 대를 이어가며, 포자에서 포자로 수백만 년 동안 페니실륨이라는 진균을 만드는 기술이 전수되었다.[2] 치즈를 만드는 장인들은 자연적인 포자 확산에 의존하지 않고 이 진균 포자를 직접 우유에 넣는다.

페니실륨은 수백 종의 진균들을 일컫는, 라틴어 이름이 부여된 첫 번째 속명이다. 이 진균들은 어디서나 아무거나 먹고 살며, 음식을 부패시킨다. 독성물질이나 항생제, 치즈를 만들며, 고기를 오래 보관하는 데 쓰인다. 또 다른 진균인 아스페르길루스 속 역시 농업, 의학, 식품에 페니실륨 못지않게 큰 영향을 미친다. 페니실륨과 아스페르길루스는 균사를 내어 성장하지만, 버섯을 형성하거나 버섯처럼 큰 자실체를 만들지 않는 전형적인 곰팡이다. 술을 빚고 빵을 부풀리는 효모 사카로미세스 세레비지에와 함께, 이 두 미생물은 인간-진균 공생관계에서 가장 높은 위치를 차지한다. 인간의 건강이라는 측면—여기서는 칸디다가 최고의 자리에 있다—에서가 아니라 문명 발달의 조력자로서 큰 상을 받아 마땅한 진균들이다.

인류 최초의 발효, 술과 치즈

페니실륨의 최고 파트너 후보가 누구인지 살펴보기 위해, 오스트리아의 한 소금 광산을 먼저 방문해 2600년 전 철기시대의 광부들이 남긴 대변을 관찰하는 것으로 시작해보자. 이 고고학적 보물은 산악 마을인 할슈타트 위의 높은 산 갱도 속에 남겨져 있었다. 한 광부가 여기서 볼일을 보기 수천 년 전부터 사람들은 이 광산을 파왔다. 이 놀라운 광산은 지금도 소금을 생산하고 있다. 이 고대인의 대변 샘플은 포도송이 정도 크기인데, 광산의 염분 덕분에 훌륭하게 보존되었다. 이 샘플에는 섬유질이 많다. 보리와 곡물이 포함된 고식이섬유 식사를 한 사람의 대변과 일치하며, 현미경으로 보면 그 찌꺼기들이 보인다. 이 광부는 로크포르 치즈와 함께 사과를 먹었으며, 맥주로 갈증을 해소했다. 그는 고대의 미식가였으며, 그가 즐긴 식사는 요즘 유행하는 레스토랑의 식사에 뒤지지 않는다. 광부가 먹은 치즈와 맥주의 물리적인 흔적은 남아 있지 않지만, 이탈리아 미라 연구소의 프랑크 마익스너Frank Maixner가 진행한 이 고대 대변의 DNA 분석에서 치즈를 만드는 진균 페니실륨 로크포르티*Penicillium roqueforti*와 맥주를 만드는 효모 사카로미세스 세레비지에가 발견되었다.[3] 우리가 먹는 모든 진균이 장내 박테리아와 상호작용하고 면역작용을 자극해 건강에 영향을 미치면서 소화계를 거쳐 가는 것과 마찬가지로, 이 두 가지 진균 모두 소금 광산 광부의 장내 마이코바이옴의 일부였다. 마익스너의 연구는 로마 정복 이전 유럽에서 인간과 진균의 관계에 대한 한 장면을 보여준다. 이는 노동자의 식단이 진균의 발효작용으로 풍요로웠음을 알려준다.

진균과 인간의 협업은 효모가 당분을 알코올로 바꿔주는 것과 함께 시작되었다. 그 과정은 $C_6H_{12}O_2 \rightarrow 2CH_3CH_2OH$로 상징되는데, 이 화학식은 인류 역사상 가장 중요한 화학반응식이라고 할 수 있다.[4] 야자술은 열대 아프리카에서 만든 술의 원형이다. 야자수에서 흘러나온 달콤한 수액이 햇살을 받아 저절로 발효된 것을 여기서 살던 사람들이 발견한 것으로 추측된다. 모잠비크의 한 동굴에서 10만 5천 년 전에 썼던 것으로 추정되는 맷돌 표면에서 야자나무와 사탕수수에서 나온 부서진 녹말 알갱이들이 발견되면서 위의 추측은 어느 정도 근거를 갖게 되었다. 초기 인류가 야자수 줄기와 곡물을 가공하여 술을 만들었다는 주장도 일리는 있어 보인다. 아프리카에서는 이런 방식으로 만든 술을 지금도 흔히 마신다.

인간이 술을 빚었다는 분명하고 가장 오래된 증거는 중국의 한 마을에서 쌀로 빚은 술의 흔적이 남아 있는 9천 년 전 도자기 유물에서 찾을 수 있다.[5] 술 빚기는 진균의 화학적인 마법을 인간이 의도적으로 활용한 최초의 사례였다. 술을 빚던 사람들이 눈에 보이지도 않는 효모와 곰팡이가 마법의 연금술을 행사하는 주인공임을 알고 있었을 리는 만무하지만, 술을 빚을 때는 어떤 재료를 써야 술이 더 잘 발효되는지를 경험으로 터득해 알고 있었다는 점에서, 술 빚기는 분명히 의도적으로 진균과 곰팡이를 활용한 경우다. 술 빚기가 처음 시작되던 당시 술 빚기 장인들은 알코올이 생겨나는 것을 종교적으로 해석했으며, 중국 도교의 신 의적仪狄, Yidi, 수메르 술의 여신 닌카시Ninkasi, 아프리카 요루바 족의 요정 오군Ogoun 등 축제를 관장하는 신들을 경배함으로써 감사의 뜻을 표현했다.

효모로 술 빚기에서 곰팡이로 치즈 만들기까지 확장된 인간-진균의 공생은 우연한 발견에서 시작된 두 번째의 거대한 기술적 도약이었다. 젖소를 비롯한 여러 가축은 원래 고기를 꾸준히 공급받기 위해 길들여진 동물이었다. 포유동물의 젖은 나중에야 먹고 마시게 되었다. 우유는 지방과 단백질이 풍부하지만, 유전학적 연구에 따르면 처음에 젖소를 기르던 사람들은 유당 불내증(유당을 소화하지 못하는)이 있어서 신선한 우유를 즐기지 못했다.[6] 버터는 당시 사람들이 겪던 유당 불내증 문제를 해결해준 첫 번째 먹거리였다. 버터는 버터밀크(탈지유)에서 유지방을 농축하고 유당은 대부분 흘려보낸다. 치즈는 이와는 다른 방식으로 만들어진다. 응유에서 지방을 분리하고 유청에서 당분을 충분히 짜낸다. 버터를 만들고 치즈를 발효시킴으로써 초기에 젖소를 기르던 사람들도 맛있고 영양가 높은 먹거리를 얻었을 뿐만 아니라 엄청난 양의 우유에 든 영양분을 상할 염려 없이 더 좁은 공간에 오래 보존할 수 있게 되었다.

요구르트도 일찌감치 미생물에 의한 발효로 만들어진 유제품이다. 신석기시대 토기에 남아 있는 흔적을 통해 적어도 7천 년 전부터 중앙아시아에서는 암말의 젖을 발효시켜 마시는 요구르트를 만들고 북유럽에서는 소의 젖으로 치즈를 만들었음을 알 수 있다. 기원전 430년경, 헤로도투스Herodotus는 자신의 저서 『역사*Histories*』에서 말의 젖으로 스키타이식 쿠미스*kumis*를 만드는 과정을 설명했다. 쿠미스는 알코올 도수가 낮은 술인데, 지금도 러시아를 비롯한 여러 나라에서 즐겨 마신다. 요구르트를 만들 때는 젖산 박테리아가 주된 역할을 하며 효모는 환영받지 못한다. 효모는 요구르트의 맛을 떨어뜨리기 때문이다. 효모는 쿠미스를 만들 때 환영받는다. 효모가 알코올을 만들면서 덤으로 거품도 생기게 하기 때문이다. 이런 이유로 쿠미스를 스텝 초원의 샴페인이라고 부르기도 한다.

푸른 곰팡이의 예술, 블루치즈

줄리어스 시저의 군대가 갈리아를 정복한 기원전 50년경, 치즈는 이미 서구 유럽의 식탁에서 한자리를 차지하는 음식이 되어 있었다. 기원후 1세기에 플리니우스Plinius는 로마제국 각지에서 들어오는 다양한 종류의 치즈를 『자연사*Naturalis Historia*』에 소개했다. 페트로니우스Petronius는 『사티리콘*Satyricon*』에서 연회 마지막에 나오는, 와인에 적신 치즈를 자세하게 묘사했다.[7] 플리니우스는 프랑스 남부 지방에서 들어오는 치즈를 높이 평가했다. 로크포르 치즈 광고에서 선전하는 것과 달리, 그는 로크포르라고 언급한 적이 없다. 고대 소금 광산의 광부가 자신의 배설물에 남긴 흔적에서 알 수 있듯이, 블루치즈는 이미 그보다 훨씬 이전부터 생산되고 있었다.

전설에 따르면, 로크포르 치즈는 프랑스의 한 목동에 의해 발견되었다. 그는 좋아하는 처녀를 쫓아 도망갈 때를 대비해 빵과 치즈를 동굴에 숨겨놓았다. 몇 달 뒤 동굴에 돌아가 보니 아름다운 푸른색 줄무늬의 치즈로 변해 있었다. 처녀에게 눈이 먼 목동 이야기는 흔하지만, 그중 한 명이 블루치즈를 발견했다는 전설에 과학자들은 콧방귀를 뀐다. 동굴에서 자라는 곰팡이라는 오랜 생각과 달리, 사실 페니실륨은 농장의 곡물저장고에서 번성하거나 야채를 썩게 만드는, 사람과 가까이 살던 종이다.[8] 이 곰팡이가 동굴에서 자란 이유는 순전히 프랑스 남부의 치즈 가공 공동체인 로크포르-쉬르-술종의 장인들이 그 포자를 동굴에 가져갔고 양젖에 떨어뜨려 증식시켰기 때문이다. 이 지역에서는 응유를 바퀴 모양으로 성형해 수분을 제거한 후, 소금에 절이고 바늘로 여기저기 찔러 구멍을 내 치즈에 공기가 잘 통하도록 만든다. 이렇게 하면 박테리아의 도움까지 더해져 곰팡이가 잘 자라게 된다. 그 후, 최소한 3개월 이상 이 곰팡이가 선선하고 적당한 습기를 머금은 공기를 마시며 마법을 부리는 동안 동굴 안에서 치즈가 익어간다. 숙성된 치즈에는 이 곰팡이의 청록색 포자로 인해 마치 혈관이 뻗어나간 것 같은 그림이 그려진다.

치즈 장인들은 맛있게 숙성된 로크포르 치즈에서 곰팡이를 떼어내 빵에 옮겨 기르는 방법으로 페니실륨의 우량종을 선택적으로 길러냈다. 이들은 치즈가 고르게 숙성되도록 천천히 자라면서도, 새로운 치즈 제조 시 성공적인 발효를 위해 포자를 많이 생산하는 곰팡이를 원했다. 현재 우리가 동식물을 길들일 때 하는 인위적인 선택을 당시 치즈 장인들은 이미 하고 있었던 셈이다. 곰팡이가 동굴 안에서 열심히 푸른 혈관의 치즈를 만들고 있을 때, 사랑에 눈이 먼 목동들도 나름대로 로크포르 치즈에 공헌하고 있었다. 목동들은 라콘느 종의 양이 낳은 새끼 양 중에서 좋은 양을 골라내고, 양치기 개들 중에서 새끼 양을 감시·보호하는 데 가장 적합한 강아지를 선별했다. 수백 년이 지나 완벽한 치즈를 위한 선택적인 품종 개량은 곰팡이의 세계, 양과 개의 세계에서도 그 효과를 발휘했다.

페니실륨를 비롯한 여러 종의 곰팡이가 박테리아와 손발을 맞추면서 로크포르 치즈 같은 명작을 만들어낸다. 박테리아는 우유 속의 젖당을 분해하고, 이때 동반되는 산성화는 응고를 촉진한다. 이렇게 해서 형성된 응유에 더해진 진균들은 유지를 먹고 자란다. 이 곰팡이들이 치즈의 밀도를 결정하고, 숙성 과정에서 각 치즈 특유의 독특한 향미와 맛을 형성한다. 프랑스 지방의 이름을 딴 로크포르 치즈를 만드는 균종은 오늘날 실험실에서 관리되고 있다. 응유에 첨가되었을 때 항상 균질한 효과를 내기 위해서다. 달콤하고 견과 향이 나면서 잘 부스러지는 영국의 스틸턴 치즈도, 젖소 우유로 제조하는 섬세하고 크리미한 데니시 블루 치즈를 만드는 것도 페니실륨 로크포르티의 또 다른 변종 균이다. 아일랜드의 캐셜 블루 역시 이 균종이 만들어내는 또 하나의 명품 치즈이고, 이보다 부드러운 블루치즈인 고르곤졸라나 블루 도베르뉴는 페니실륨 로크포르티의 친척인 페니실륨 글라우쿰*Penicillium glaucum*이 만든다.

또 다른 곰팡이인 페니실륨 카멤베르티*Penicillium camemberti*는 카망베르 치즈와 브리 치즈의 부드럽고 하얀 껍질을 형성한다.[9] 이 부드러운 치즈의 원산지는 프랑스 북부 지방이다. 브리 치즈는 중세 시대부터 만들어졌는데, 20세기까지는 껍질이 푸르스름한 회색을 띠었다. 그러나 치즈 장인들이 인위적으로 하얀 껍질을 가진 변종을 키워냈다. 이 곰팡이는 냉장으로 성장 속도를 조절하고, 포장을 하면서 껍질이 눌려 곰팡이의 확산이 억제된다. 포장지를 벗기면 하얀 곰팡이가 포장지의 접힌 자국을 따라 자란 흔적을 볼 수 있다. 포장지로부터 탈출하려고 무던히도 애를 쓴 탓이다. 포장지를 벗긴 치즈를 실온에 그대로 놓아두면, 곰팡이가 자라 솜털로 가득 덮일 수도 있다. 어떤 치즈에서는 일부러 곰팡이가 피어오르게 키우기도 하는데, 좀 더 딱딱하고 헤이즐넛 향이 나는 생-넥테르 치즈도 그중 하나다. 이 치즈에 곰팡이가 자라면 *poil de chat*(쁘왈 드 샤), 즉 고양이 털에 덮였다고 한다. 이 치즈에서 자라서 균사로 치즈의 표면을 시커멓게 만드는 진균은 털곰팡이에 속하는 균종이다. 이 곰팡이는 사람의 장내 마이코바이옴에서 가장 흔하고 치즈를 만드는 데도 쓰인다. 치즈가 되었다가 우리가 그 치즈를 먹는 순간 다시 우리의 장 속으로 들어가는 셈이다.

프랑스 중부의 오베르뉴Auvergne가 원산지인 생-넥테르는 다른 치즈들과는 다르게 매우 복잡한 진균과 박테리아의 연쇄반응으로 발효되고 숙성된다.[10] 응유에 여러 균종의 효모가 자라면서 치즈가 만들어지는 과정이 시작된다. 효모가 유지를 분해하고 산도를 낮추면 박테리아가 크게 증식한다. 여기에 곰팡이가 뒤늦게 합류해 빽빽한 솜털로 뒤덮인 껍질을 만든다. 이 치즈 1그램에서 자라는 미생물은 물경 100억 개에 달할 수도 있다.[11] 서로 다른 여러 진균과 박테리아의 개체수는 치즈가 숙성되어가는 동안 제각각 늘어났다가 줄어들기를 반복한다. 익어가는 치즈에서 그들이 취할 수 있는 영양분이 계속 변할 뿐만 아니라, 이 미생물들끼리도 협력하거나 화학전을 불사하는 등 서로 합종연횡을 거듭하기 때문이다. 미생물들끼리의 내밀한 관계는 그저 놀라울 뿐이다. 생-넥테르를 대상으로 한 연구결과들 중에서 놀라운 사례를 보면, 박테리아가 진균의 균사를 물리적인 안내자로 삼는다고 한다. 균사를 일종의 철도처럼 이용해서 치즈의 껍질을 뚫고 나간다는 것이다.[12] 이러한 협력관계를 만들어내는 박테리아는 특정 종으로 한정되었는데, 이 협력관계는 치즈가 숙성되는 과정에서 미생물의 조합을 관리하고 제어하는 효과가 있다. 여전히 많은 부분이 수수께끼로 남아 있지만, 미생물이 하는 또 다른 역할은 치즈의 맛과 향, 그리고 식감을 더욱 '풍부하게animate' 하는 것이다(곰팡이처럼 '증폭한다*fungate*'라고 표현하는 것이 더 맞을 듯하다). 죽음과 밀당을 하며 분해 직전까지 갔다가 다시 생명이 넘치는 세상으로 돌아오는 놀랍고도 영리한 행동이다. 미국 작가 클리프턴 패디먼Clifton Fadiman이 썼듯이, 치즈는 "불멸을 향한 우유의 도약"이다.[13]

유당이 제거되어 단단하며 부패가 잘 되지 않는 음식이라는 점에서 치즈가 왜 신석기시대에 만들어졌는지 이해할 수 있다. 신선한 고기와 야채가 부족했을 북반구의 겨울에 치즈 같은 고칼로리 유제품은 마치 신이 내린 선물 같았을 것이다. 치즈는 안전성이라는 측면에서도 생우유보다 훨씬 유용했다. 생우유에서 자라는 리스테리아*Listeria* 박테리아는 치즈를 만들 때 활약하는 박테리아나 효모의 활동에 의해 위축된다. 저온살균 과정을 거치지 않은 수제 치즈는 이 위험한 박테리아로부터 완전히 자유롭지 못하다. 그러나 치즈를 먹고 리스테리아증listeriosis에 걸리는 사례는 매우 드물 정도로 치즈 생산 산업은 고도화되었다. 생우유로 만든 치즈로 인해 리스테리아증이 생길 위험은 드물지만, 이를 감수한다면 완전히 새로운 차원의 치즈 세계로 접근할 수 있다. 치즈 속 미생물들처럼, 장내 미생물 군집과 만나면 소화 건강을 더욱 증진시킬 수 있는 수백 가지의 놀라운 균종이 그 세계에서 우리를 기다리고 있다.[14]

선사시대부터 있었던 치즈의 좋은 점들을 아무리 열거한다 해도 왜 사람들이 블루치즈의 강한 향을 좋아하는지는 충분히 설명되지 않는다. 로크포르 치즈와 다른 강력한 치즈들이 주는 즐거움을 이해하기 위해 인간의 후각이 진화해온 과정을 살펴보자. 블루치즈 속의 진균들이 만들어내는 휘발성 화합물은 조향사들이 향수를 만들 때 쓰는 화학물질과 같은 그룹에 속한다. 우리가 블루치즈의 냄새에 끌리는 이유는 시트러스 계열의 톡 쏘는 향기에 이끌리는 이유와 비슷하다. 우리는 숲속과 들판에서 과일을 찾기 위한 자극으로 시트러스 향을 기억의 밑바닥에 저장해두도록 진화해왔다. 진균은 이러한 냄새로 우리를 유인하는 것 따위에는 관심이 없다. 오히려 다른 미생물들을 멀리 쫓아버리는 데 이 휘발성 화합물을 이용해왔다.[15] 박테리아가 냄새를 결정짓는 세척외피치즈washed-rind cheese의 인기를 설명해야 하는 입장이 되면, 치즈를 좋아하는 이유를 설명하기가 더욱 난감해진다. 정신이 번쩍 들 정도로 냄새가 강한 벨기에의 림버거Limburger 치즈를 생각해보자. 이 치즈의 냄새는 발 냄새의 주범인 박테리아가 만들어낸다. 림버거 치즈를 비롯해 코를 찌를 듯 강렬한 냄새로 선두를 다투는 스팅킹 비숍Stinking Bishop과 에푸아스Époisse 치즈 등의 맛을 묘사한다면, 우리 몸의 특정 부위에서 나는 이성을 유혹하는 체취와 페로몬 사이 어딘가에 있는 맛으로 표현할 수 있을 것이다. 인간 이외의 동물에게는 매우 중요한 이런 악취의 매력은 말라리아 모기를 유인할 때 림버거 치즈 조각을 쓰는 것에서도 알 수 있다. 알다시피 말라리아 모기의 DNA는 인간의 땀에서 나는 냄새에 반응하도록 프로그램되어 있다.[16]

진균이 맛을 입힌 음식들: 고기, 생선, 곡식과 콩의 발효

치즈가게에서 나와 소시지가게에 가보면, 끈에 묶여 매달린 채 잘 건조된 소시지 표면에 핀 하얀 꽃에서 페니실륨이 부리는 요리 마법의 증거를 더 많이 발견할 수 있다. 가공육 생산업자들은 소시지를 건조실에서 숙성시키기 전에 포자 배양 스타터에 담갔다가 꺼내는 처리를 먼저 한다. 이와 달리 인간의 손을 타지 않고 자연스럽게 곰팡이가 자라도록 놔두는 사람들도 있다. 어떤 방법을 쓰든, 진균은 고기 속 지방과 단백질을 먹고 소시지의 맛과 향을 변화시키며 이 지역 특산물이 독특한 향미를 갖도록 한다. 또한 진균은 생고기 속의 수분을 흡수함으로써 건조 속도를 가속시킨다. 그뿐만 아니라 고기를 부패시키거나 독소를 생성시킬 수도 있는 곰팡이를 쫓아버린다. 페니실륨 날지오벤세*Penicillium nalgiovense*는 고기를 가공할 때 가장 흔히 사용되는 진균으로 대형 육가공업체에서도 사용한다.[17] 이탈리아 소시지인 살라미, 소프레사타soppressata, 카포콜로capocollo 등에 쓰이는 페니실륨 살라미*Penicillium salamii*도 있다. 페니실륨 살라미의 포자는 소시지를 만드는 방 안을 가득 채우며 떠돌아다닌다.[18] 이 곰팡이가 슬로베니아의 자연건조 햄에서도 자라는 것을 보면 육가공 전문가임이 분명하다.

진균과 포자는 음식이 있을 만한 곳이면 어디든지 존재하고 자연의 모든 것을 분해하는 데 전문가이므로, 우리가 수확하는 모든 음식을 점령할 수도 있다. 음식이 가진 칼로리를 두고 우리와 경쟁하는 관계라고 할 수 있다. 진균에 의한 부패는 생산자나 소비자에게 매우 해롭다. 그러나 인간이 지난 수천 년 동안 배양해왔던 일부 엘리트 식품 진균들의 보호 작용을 통해 어느 정도 상쇄할 수 있었다. 음식을 보호하고 변조시키는 진균을 알아보고 활용하기 시작한 계기는 아마도 우연이었을 것이고, 시행착오를 겪으면서 발전해왔을 것이다. 술 빚기와 치즈 만들기가 바로 이렇게 시작되고 발전했다. 그러나 지금은 어떤 것도 우연히 일어나지 않는다.

지역마다 그 지역 사람들의 충성도가 높은 특이한 발효 식품이 있는데, 어떤 때는 왜 그 식품을 그렇게 좋아하는지 이해하기 힘든 경우도 있다. 그린란드 상어 고기를 발효시키는 진균과 박테리아는 상어 고기를 먹어도 탈이 나지 않게 해주기는 하지만, 그 고기를 먹음직스럽게 만들어주지는 않는다. 아이슬란드 사람들은 이렇게 발효시킨 상어 고기를 하카를*hákarl*이라고 부른다. 마치 썩은 오줌 냄새 같은 역한 냄새를 풍기기 때문에 한 번 이 음식을 접하고 나면 웬만해서는 하카를이라는 이름을 잊을 수가 없다. 화산섬을 즐기러 왔다가 '하카를' 먹기에 도전하는 용감한 관광객들도 있지만 거의 대부분 도전에 실패한다. 이런 음식을 즐기는 사람들이 있다는 것이 신기할 정도다. 하카를을 만드는 방법은 바이킹 시대 이후 지금까지 거의 변하지 않았다. 상어 고기가 공기에 노출되는 순간, 발효시킬 준비를 마친 미생물들이 즉시 달려들기 때문이다. 아이슬란드 사람들은 바닥에 구멍을 뚫어 물기가 빠지도록 만들어놓은 커다란 통에 상어 고기를 6주 동안 넣어둔다. 6주간의 준비 기간이 끝나면, 먹을 수 있게 될 때까지 건조대에 두어 달 정도 널어둔다. 상어 고기 날것에 든 독성이 이 긴 발효 기간 동안 해독된다니 다행스러운 일이다. 발효가 완성된 상어 고기를 조그맣게 잘라 이쑤시개로 찍어 건네면, 받은 사람은 치즈로 착각하기 십상이다. 하지만 곧 아주 가까운 어딘가에 방광염 걸린 암고양이가 신나게 오줌을 갈기고 간 것 같은 역한 냄새를 느끼게 된다. 그러나 이쑤시개에 꽂힌 고기 조각을 입에 넣는 순간 방광염 걸린 암고양이의 요실금이라는 비위 상하는 비유도 너무나 고상한 비유였다는 것을 깨닫게 된다. 이 책이 아이슬란드에서도 잘 팔리기를 바라는 마음에서, 이 비유는 나의 개인적인 경험에서 나온 것이 아니라 온라인 리뷰를 읽어보고 인용했다는 점을 밝혀둔다. 하카를을 즐기는 아이슬란드 사람들도 내 고향에서 높은 인기를 누리고 있는 마마이트Marmite는 펄쩍 뛰며 손사래를 칠 것이다. 마마이트는 짠맛이 나는 검은색의 페이스트인데, 맥주를 만드는 데 온 힘을 다 짜내고 지쳐버린 효모 찌꺼기로 만든 진균의 산물이니 이 장의 주제에 꼭 맞는다.

하카를은 박테리아, 효모, 곰팡이가 서로 뒤섞인 혼돈의 조합에 의해 발효된다. 이 미생물들의 앙상블—하카를 미생물 군집—은 상점에서 판매되는 제품마다 제각각 다르다.[19] 블루치즈의 미생물 군집은 주로 한 가지 균이 다른 균들보다 압도적으로 많다는 점에서 하카를과 다르다. 하카를의 샘플을 테스트해보면 혐기성 박테리아(산소를 만나면 질식해서 죽는다)와 효모가 발견된다. 다른 많은 균도 사방에서 발견되고, 상어 고깃덩어리를 좋아하는 온갖 종류의 효모와 곰팡이도 발견된다. 하지만 하카를의 발효 과정은 수분을 배출시키고 건조시키면서 어느 정도 사람의 손길이 개입된다. 그래서 나는 가끔 궁금해진다. 만약 진짜 어떠한 손길도 닿지 않고 그냥 썩도록 방치하면 그 상어 고기는 어느 정도까지 고약해질까?

아이슬란드에서 동쪽으로 여행을 계속하면서 썩은 생선의 세계까지 탐색하다 보면 스웨덴에서 수르스트뢰밍*surströmming*이라는 발효 음식을 만나게 된다. 청어를 발효시킨 음식인데, 하수도 뚜껑이 열린 듯한 냄새를 풍긴다. 가나에서는 다양한 생선들을 말리거나 염장해서 먹는데, 대표적인 음식이 모모네*momone*다. 이집트에는 페시크*fesikh*라는 음식이 있고, 아시아에는 생선 요리와 액젓이 있다.[20] 지금까지 소개한 모든 음식이 완성되기까지는 박테리아와 진균의 콜라보가 필요하다. 물론 하카를 같은 음식은 저절로 발효가 시작되고 진행된다. 다른 음식들은 발효 음식을 만드는 데 쓸 목적으로 진균이 잔뜩 자라게 만든 곡물을 이용해서, 발효시키고자 하는 재료에 진균을 심어준다. 이렇게 만든 음식들은 외지인들에게는 거부감을 일으키기도 하지만 원주민들의 식생활을 풍요롭게 해주고, 음식이 썩으면서 생기는 독성물질이나 생선이 물러지는 것을 방지한다. 이런 민속 음식들은 진균과의 공생관계를 강화시킨 해당 지역 원주민들의 유연한 사고와 창의력에 대한 보상이기도 하다.

로마제국에서는 생선의 내장을 발효시켜 만든 소스인 가룸*garum*이 필수적인 양념이었다. 지금으로 말하자면 토마토케첩과 비슷하지만, 만드는 과정에서 지독한 악취가 발생하므로 가룸을 만드는 시설은 늘 도시 바깥에 있었다. 우스터 소스Worcestershire sauce의 제조 비법에는 엔초비와 타마린드가 들어가는데, 어쩌면 제국의 몰락과 함께 사라진 가룸의 영광이 이 우스터 소스에 살짝 깃들어 있을지도 모른다.[21] 우스터 소스의 역사는 이 장에서 소개한 다른 음식들의 기원 못지않게 불분명하다. 인도에서 지내다가 돌아온 한 영국 신사가 있었다. 그는 인도에서 먹던 처트니chutney라는 양념을 잊지 못해서 영국에서 처트니를 만드는 유일한 제조사였던 리&페린스라는 회사의 제품을 사먹었다. 그러나 이 회사에서 일하던 직원으로부터 사실 이 회사의 존 윌리 리John Wheeley Lea와 윌리엄 페린스William Perrins도 인도에는 발 한 번 디뎌본 적이 없다는 이야기를 듣고 매우 낙심했다고 한다. 산업스파이를 동원했는지 어쨌는지는 모르지만, 리와 페린스는 빅토리아 여왕이 즉위하던 해(1837년)부터 처트니 소스를 만들어 팔았다. 효모와 박테리아가 정확히 18개월 동안 처트니 소스를 숙성시켰고, 그 과정은 산업 비밀이었다.

간장은 그래도 분명한 족보가 있다. 여러 학술문헌들이 중국을 그 기원으로 꼽고 있고, 13세기에 일본에서 중국으로 순례를 떠난 선승들이 간장을 가지고 돌아오면서 일본에도 전해졌다. 간장을 발효시키는 기술 중에서 가장 오랜 기술은 아마도 채식주의를 표방하던 불교의 교리에 따라 액젓을 만들어 먹던 방법으로부터 전해졌을 것으로 보인다. 간장은 대두와 밀의 혼합물을 코지*kōji*로 발효시켜 만든다. 코지는 대두와 밀 속의 단백질을 분해하고 간장의 감칠 맛과 고소한 맛을 내주는 글루탐산을 생성시키는 아스페르길루스균을 가리키는 이름이다. 발효의 두 번째 단계에 소금물이 첨가되고, 이 단계에서 박테리아가 젖산을, 그리고 효모가 당분을 소화시키면서 간장의 향미를 더해준다.[22] 일본의 기코만Kikkoman은 세계 최대의 간장 제조회사로, 17세기에 설립되었다. 간장은 한국에서도 수세기 전부터 생산되고 있으며, 다른 종류의 곰팡이와 박테리아들이 양념된 배추와 어울려 긴 숙성 과정을 거쳐서 황홀한 맛을 내는 김치를 만든다. 진균이 만들어내는 음식들은 각 나라와 지역을 대표하는 강력한 상징이다. 어쩌다 다른 나라에서 이런 음식들을 자기들의 음식인 양 내세우기라도 했다가는 문화 차용의 분쟁에 휘말리기도 한다. 기업들은 상표권을 두고 치열한 투쟁도 불사한다. 프랑스 같은 나라에서는 치즈를 비롯한 여러 농작물에 대해 원산지 통제 *appellation d'origine contrôlée*를 함으로써 자국 상품을 보호하고 있다.

유럽에서 페니실륨을 최고의 치즈 생산균으로 받아들이는 사이에 아시아에서는 털곰팡이를 비롯해 빵 반죽을 부풀려주는 여러 곰팡이를 받아들여 콩과 곡물로 고형식품을 만들었다. 중국의 수푸*sufu*, 인도의 이들리*idli*, 인도네시아의 온콤*oncom*과 템페가 그 예다.[23] 이런 식품들의 단단한 정도는 크림 치즈처럼 넓게 펴바를 수 있는 수푸에서부터 단단한 판 모양의 템페까지 다양하다. 이들 식품은 모두 단백질과 탄수화물을 분해해 음식을 소화하기 쉽게 만들어주며, 무미무취에서부터 악취에 이르기까지 다양한 향미를 더해주는 진균과 박테리아 집단의 산물이다. 템페는 그중에서도 가장 널리 알려진 식품으로, 대두가 하얀 균사에 둘러싸여 단단히 붙어 있는 듯한 모습이 마치 카망베르 치즈를 안팎으로 뒤집어놓은 듯한 모습이다. 바비큐 소스에 재웠다가 조리하면 특히 맛이 뛰어난 육류 대체식품이다. 이스트 자바에는 템페를 바삭하게 튀긴 템페 케물*tempeh kemul*이라는 음식도 있다. 악취로 유명한 발효 식품으로는 중국의 수푸를 들 수 있는데, 사실 모든 수푸가 그런 것은 아니고 일부 지역의 수푸가 그렇다. 수푸의 냄새는 생산된 지역에 따라 꽃 냄새부터 시체 냄새 또는 대변 냄새까지 스펙트럼이 매우 넓다.

유럽과 아시아에서 발효 음식에 쓰이는 균종의 차이는 그야말로 놀라울 정도인데, 이렇게 큰 차이가 나는 이유는 진균의 분포에 대한 지리적인 차이 때문이라기보다는 즐겨 먹는 음식의 차이 때문으로 보인다. 사람들이 음식을 만드는 데 사용하기 전까지, 모든 진균은 각자의 역할을 수행하느라 바빴다. 썩은 채소에서 날아오른 페니실륨 포자는 프랑스의 선선한 공기 속에서 응결된 응유의 유혹에 넘어갔고, 동물의 배설물에서 자라던 다른 곰팡이들은 열대의 자바에서 신선한 대두를 발효시킬 기회를 잡았다.[24] 중국에서 간장을 만드는 데 동원된 아스페르길루스균도 그 전에는 수백만 년을 자연 속에서 야생의 풀들을 분해하며 자기 할 일에 충실했다. 어떤 경우든 해당 지역의 농산물과 기후, 그리고 인간의 창의력이 결합되어 새로운 음식을 만들어냈다. 부패와 새로운 음식의 탄생은 그야말로 한 끗 차이다. 응유나 소시지의 표면에서 자라면서 독소를 만들어내는 곰팡이는 가차 없이 버려졌다. 새롭게 치즈나 소시지를 만들 때 그런 곰팡이를 스타터로 쓰는 사람은 없었다. 반면 특이한 냄새를 풍기면서도 아무런 해도 끼치지 않는 듯한 곰팡이가 새롭게 나타나면 그 곰팡이에게는 기회를 주었다. 어떤 사람은 그런 곰팡이도 내버렸지만, 어떤 이들은 이용해볼 만한 곰팡이라고 생각했다. 오늘날 프랑스의 블루치즈와 이탈리아의 살라미 소시지가 그렇게 탄생했다. 하카를과 수르스트뢰밍은 굶주림에 대한 절박함에서 탄생한 음식이었음이 분명하다.

사람들이 어떤 곰팡이는 음식을 상하게만 하는 게 아니라 음식을 보존하거나 맛을 더 풍부하게 해준다는 사실을 깨달으면서, 지역마다 수천 년에 걸쳐 인간-진균의 공생은 더욱 번성해왔다. 새로운 원료에 혼합할 스타터에 진균을 배양하는 방식으로 발효의 과정을 제어함으로써 사람들은 더 훌륭한 산물을 얻어낼 수 있었다. 이런 기술로 다른 곰팡이가 달라붙어 발효 과정을 망치는 일도 막을 수 있었다. 동굴에서 숙성시킬 치즈를 만들 때는 곰팡이가 핀 빵을, 그리고 템페 덩어리를 단단하게 만들 때는 삶은 대두에 곰팡이 핀 쌀을 섞어 스타터로 이용했다. 수백 년이 지나면서 사람과 진균의 공생관계는 점점 더 깊어져갔다. 우리가 먹을 음식에 거미줄 같은 실을 둘러놓거나 우리가 마실 술을 탁하게 만드는 독특한 파트너들의 정체가 밝혀지기 훨씬 이전부터, 진균을 활용하는 기술은 이미 높은 수준으로 발전해 있었다.

진균으로 만든 대체육,
퀀의 시대

바야흐로 발효의 신비가 밝혀지기 시작한 것은 19세기부터였다. 루이 파스퇴르Louis Pasteur와 그의 동시대인들이 현미경으로나 볼 수 있는 박테리아와 진균이 음식을 부패시키고 술을 발효시키는 매개물임을 밝혀낸 것이다. 이때부터 식품과 의약품 개발에 미생물을 의도적으로 활용하는 생물공학의 탄생이 가속화되었다. 사우스 샌프란시스코에 가면 '생물공학의 탄생지'라는 다소 대담한 표현의 파란 이정표를 볼 수 있다. 샌프란시스코가 이런 이정표를 내세운 것은 1976년에 이곳에서 설립된 생물공학의 거대기업 지넨테크Genentech에서 기인한다. 하지만 파리의 파스퇴르 연구소는 1887년에 세워졌다. 사우스 샌프란시스코가 시city가 되기 20년 전의 일이다. 생물공학의 성지라고 할 만한 곳은 이외에도 많다. 다소 주관적인 견해인데다 도로 표지판도 없지만, 나는 신시내티가 미국 생명공학의 탄생지라고 생각한다. 이곳이 남북전쟁 이후 최초의 효모 공장이 세워진 곳이기 때문이다.[25] 버킹엄셔의 말로 보텀Marlow Bottom은 또 어떤가? 1967년, 한 식품연구자들이 전분을 단백질로 변환시켜줄 곰팡이를 찾아 나섰다. 어떤 진균들은 잘 자라지 않았지만 다른 진균들은 잘 자랐다. 그러나 잘 자란 균들은 독소를 내뿜었다. 그러다가 1968년 4월 1일 한 마을의 거름더미에서 푸사리움 속에 속한 균종 하나가 분리되었다. 그 진균은 퀀Quorn이라는 상표로 판매되는 최고급 대체육의 원천이 되었다.[26] 흥미롭게도 이 놀라운 진균은 연구자들의 코앞, 연구소에서 걸어서 불과 30분 거리에 있는 곳에서 자라고 있었다.

오늘날 퀀을 만드는 균은 50미터 높이의 발효탑 안에서 배양된다. 이 탑 안의 밑바닥부터 위로 솟아오르는 공기방울 기둥으로 내용물이 끊임없이 순환되고 옥수수 시럽과 암모니아, 미네랄이 계속 공급된다. 옥수수 시럽의 포도당을 먹은 진균은 균사를 뻗어내고 균사는 더 가늘게 갈라지면서 콜레스테롤 없는 식품 원료, 즉 마이코프로틴 조각으로 농축된다. 단 1그램의 균에서 출발한 발효는 한 사이클마다 1,500톤의 퀀을 생산한다. 이렇게 생산된 퀀은 고기 없는 너겟, 소시지, 버거로 가공되어 전 세계 식품점에서 냉동식품으로 팔린다.

퀀은 육류의 섭취를 줄였지만 고기의 질감을 그리워하는 사람들 사이에서 인기가 높아 매우 큰 성공을 거둔 식품이 되었다. 템페도 고기와 비슷한 면이 있지만, 퀀은 템페만큼 먹는 데 용기가 필요하지 않고 거부감이 없다. 템페를 먹을 때마다 나도 내가 지금 도대체 뭘 먹고 있는 건가 하는 생각을 하곤 한다. 하지만 퀀을 먹을 때는 곰팡이를 전혀 떠올리지 않고 먹는다. 퀀은 진짜 튀긴 너겟만큼 맛이 좋아서 육계가 더는 고통받을 일이 없게 될지도 모르겠다. 아이러니한 점은 대체육 마이코프로틴이 개발되던 시기와, 양계업자와 육가공업자들이 점점 더 맛없는 닭고기를 생산하기 시작한 시점이 겹쳐서 결국 진균과 동물을 실질적으로 구분할 수 없게 되어버렸다는 것이다.

그러나 퀀을 먹어야 하는 이유를 퀀이 친환경적인 대체육이라는 데서 찾으려 한다면, 그에 대해서는 다시 고민해볼 필요가 있다. 퀀은 생각만큼 친환경적이지 않기 때문이다. 진균으로 식용 단백질을 만들든 버섯으로 비식용 포장재를 만들든 똑같은 문제가 존재한다. 만드는 과정에 전기를 많이 사용한다는 것이다. 식물은 스스로 양분을 만들어낼 수 있기에 '지속가능'하다고 할 수 있다. 반면, 진균은 동물처럼 다른 유기체를 먹거나 유기체의 사체를 먹어야 한다. 퀀을 만드는 진균이 농산폐기물을 먹는 데 만족한다면 훨씬 더 친환경적인 대안이 될 수 있었을 것이다. 우리가 먹을 수 없는 것을 분해시켜 인공 닭고기 너겟을 만들어줄 수 있을 테니 말이다. 그러나 퀀은 옥수수 시럽으로 길러내는 대체육이다. 옥수수 시럽은 보온 탱크에 담겨서 공장까지 운반되고, 엄청난 전기를 써서 발효탑 안의 균을 저어주어야 한다. 그리고 암모니아를 주입해 균의 번식을 도와줘야 한다. 그 외에도 많은 자원과 과정이 필요하다. 우리가 대부분의 물건을 만들 때도 그렇듯이, 이 발효 과정에서도 단계마다 이산화탄소가 공기 중으로 배출된다. 그래도 퀀이 고기나 생선을 먹는 것보다 친환경적이라고 생각할 수도 있다. 그러나 탄소중립은 배터리로 달리면서 오직 물만 배출하는 순수 전기자동차만큼이나 달성하기 어려운 과제다.[27]

이 장에 소개된, 음식에 피는 다른 곰팡이들과 마찬가지로 퀀을 만드는 푸사리움도 작물을 망가뜨리고 수확한 곡식을 상하게 하며 사람을 감염시킨다. 푸사리움은 천 개의 종을 거느린 꽤 큰 속이다. 토양에서 자라는 균, 밀과 보리를 공격하는 식물 병원균, 우리가 사 먹던 바나나를 멸종으로 몰아가는 균까지 아우르고 있다. 이런 부정적인 측면은 마케팅에 걸림돌이 된다. 진균을 이용해 만든 단백질을 진균단백질이나 곰팡이 너겟, 진균 식품이라 부르지 않고 마이코프로틴이라고 부르는 이유가 바로 여기에 있다. 푸사리움 속에도 독소를 생성하는 종이 있다(8장에서 자세히 다룬다). 그러나 퀀을 만드는 푸사리움은 거대한 탑 안에서 발효되는 동안 아무런 문제도 일으킨 적이 없다.[28] 다른 곰팡이들도 산업적인 규모로 배양되어 과일주스에 향미와 색감을 더해주는 효소를 생산하거나, 고기의 연육 작용을 돕거나, 곡식을 가축용 사료로 가공하는 데 쓰이거나 제빵, 양조의 원료로 쓰인다. 진균이 만들어내는 효소는 우유에서 젖당을 제거해 신생아용 분유를 만드는 데 도움을 주고, 소의 위에서 생성되는 레닛rennet이 없어도 우유를 응고시킨다. 진균의 균사에서 만들어지는 효소는 옥수수 전분을 옥수수 시럽으로 둔갑시키고, 옥수수 시럽은 청량음료, 아침식사로 흔히 먹는 시리얼, 사탕류와 과자류에 단맛을 내준다. 그리고 거의 모든 불량 식품을 만드는 데 쓰인다. 우연히도 퀀을 기르는 데 쓰이는 이 시럽은 옥수수 전분에 아스페르길루스 효소를 넣어서 만들어지고, 같은 원료에 효모를 넣으면 바이오에탄올을 생산할 수 있다.

야자술과 치즈에서 시작된 진균 생물공학은 인간과 진균의 세계적인 산업 파트너십이 되었다. 진균은 현대인들의 식단에도 등장하기 시작했고 한 박스, 한 병, 그리고 한 캔씩, 천천히 우리의 식문화 속으로 스며들고 있다. 우리가 그들 없이는 살 수 없게 되는 날이 올 때까지 진격을 멈추지 않을 것이다. 인간과 진균의 공생관계가 창출하는 경제적인 가치는 미국에서만도 연 1조 달러를 넘는다. 자동차 산업의 연간 총자산에 버금가는 수치다.[29]

다시 숲으로:
발효의 뿌리를 찾아서

발효를 뜻하는 영어 단어 'fermentation'은 라틴어 *fermentare*에서 유래했다. '발효 또는 빵 반죽을 부풀게 만든다'는 뜻인데, 이 단어의 의미는 1600년대부터 '거품을 만들다,' '술을 발효시키다' 등의 뜻으로 확장되었다. 효모는 이 모든 과정에서 당분을 분해한다. 효모는 모든 진균이 자연으로부터 부여받은, 그리고 그들이 속한 계界를 정의하는 바로 그 역할, 즉 분해를 수행한다. 따라서 발효라는 용어는 쓸모없는 대상을 소멸시키는 것이 아니라 쓸모 있는 어떤 것으로 만들어가는 과정인 분해, 해체, 부패의 여러 형태를 설명해주는 용어다. 그중 어떤 형태의 분해는 진균의 산업적인 활용을 촉진해왔다는 것을 깨닫게 되면, 발효 식품 중 몇몇이 풍기는 역한 냄새도 이해하게 된다. 보통 나무가 썩어가는 것을 발효라고 생각하지 않지만, 자연에서 나무를 썩게 하는 진균은 블루치즈를 만들거나 간장, 템페를 만드는 진균과 동일한 화학적 변환 과정을 거친다. 이런 이유로 사람들은 버섯이 로크포르 치즈나 마이코프로틴 버거처럼 영양이 풍부하다고 생각할지도 모른다. 하지만 이는 틀린 생각이다. 퀀 너겟의 구조와 버섯의 해부학적 구조가 비슷하기는 하지만, 퀀은 단백질로 가득 차 있는 반면, 버섯은 사람이 소화시키지 못하는 섬유질과 수분으로 가득 차 있다. 버섯의 균집이나 균사는 식물성 폐기물을 먹고 자라기 때문에 칼로리가 매우 적다. 버섯의 균사도 때로는 우연히 동물성 단백질을 만나 이를 섭취하거나, 균근균의 일부라면 식물의 뿌리로부터 영양분을 얻기도 한다. 그러나 성장 단계의 버섯이 공장의 발효기 속에서 자라는 곰팡이처럼 당분으로 가득 차는 일은 결코 없다.

포자를 퍼트리는 플랫폼인 자실체는 균사체에서 생겨난다. 1억 5천만 년 동안 진균은 우산처럼 생긴 이 구조물을 생식기관으로 만들었으며 최소한의 에너지로 자실체의 주름을 지탱할 이상적인 구조로 발달시켜왔다. 버섯은 식물처럼 섬유질을 단단하게 발달시키는 대신에 마치 스펀지처럼 물을 최대한 빨아들여 곧게 서는 방법으로 에너지 가성비를 달성했다. 내부가 거의 수분 저장고라서, 버섯은 동물의 먹이로서는 그다지 가치가 없다. 그램당 에너지를 따지면 버섯의 균사는 치즈와 비슷하다. 그러나 균사에서 자라난 주름버섯의 칼로리는 양상추보다도 적다. 트러플은 이 규칙에 대한 호사스러운 예외라고 할 수 있다. 트러플은 포자를 퍼뜨리는 데 동물을 이용하도록 진화했고, 그렇기 때문에 로크포르만큼이나 사람

을 살찌우는 음식이다.[30]

버섯을 먹어서 살을 찌운 사람은 없다. 느타리버섯, 포토벨로, 포르치니, 그 외에도 땅 위에 자실체를 맺는 버섯은 건강에 좋은 미네랄을 함유하고 있지만, 우리가 아침 식사로 먹는 시리얼 한 그릇이나 과일 한 조각보다 많은 양의 미네랄을 버섯으로 섭취하지는 않는다. 버섯은 배를 채우기 위해 먹는 음식이 아니라 쾌락을 위해 먹는 음식이다. 레시피에 버섯이 추가되면 식감이 훨씬 좋아질 뿐만 아니라 훌륭한 향미까지 더해진다. 체중 감소를 위한 다이어트 식단으로도 그만이다. 몇몇 유명인사들이 실천한다는 M-플랜이라는 다이어트 식단이 있다. 이 식단은 기름을 최소한으로만 사용해서 요리한 버섯 한 접시를 하루에 한 끼씩 먹는 것이다. 식단에서 단칼에 칼로리를 줄이는 방법이기는 하지만, 기름진 음식 대신 드레싱을 뺀 야채 샐러드를 먹는 것과 별반 차이가 없다. 게다가 오랫동안 유지하기도 힘든 식단이다. 사람의 몸은 그다음 식사에서 더 많은 음식을 먹도록 자극함으로써 버섯 요리로 부족해진 칼로리를 보충하려는 경향이 있기 때문이다. M-플랜이나 다른 다이어트 식단이 버섯을 강조하는 이유는 세상에 널리 퍼져 있는, 진균이 마법에 가까운 힘—구체적이지는 않지만—을 갖고 있어서 예쁜 몸매를 가꾸는 데는 채소보다 더 효과적이라는 믿음 때문이다. 이런 환상은 약용버섯에 대한 믿음에도 어느 정도 작용하고 있다. 7장에서는 그에 관한 이야기를 해보자.

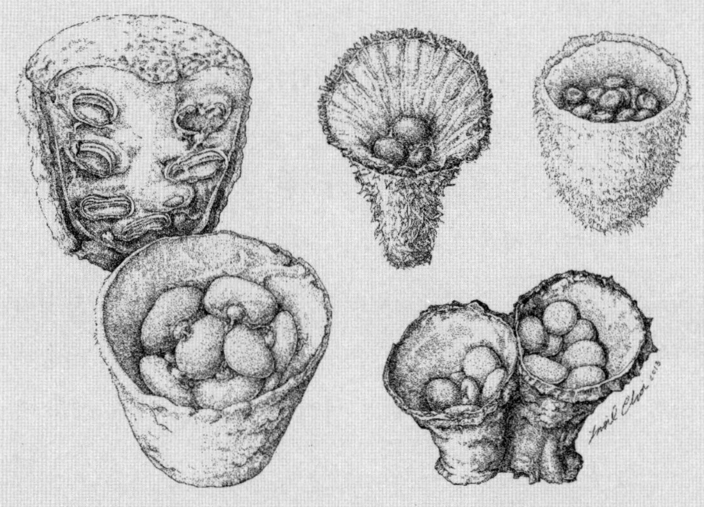

7장

치료하다

Treating

진균에서 태어난 약품

1991년, 이탈리아와 오스트리아 국경에 인접한 산을 오르던 독일인 커플이 빙하 속에서 반쯤 얼어 있는 시신을 발견했다. 몸을 웅크린 채 녹아서 질퍽질퍽한 얼음 안에 얼굴을 처박고 엎드린 자세였다. 그들이 발견한 미라는 5천 년 전 44세의 나이로 죽은 남자였다. 그 남자를 우리는 아이스맨, 또는 외치Ötzi라고 부른다. 그의 시신이 발견된 장소인 외츠탈 알프스에서 따온 이름이다. 미라의 견갑골에는 화살촉이 박혀 있고, 머리에 입은 부상의 흔적을 비롯해 몸 여기저기에 흉터가 남아 있다. 그는 저체온증이나 과다출혈로 죽은 것으로 추정되며, 시신 위에 눈이 덮이고 얼음이 얼면서 몸과 소지품이 그대로 보존된 것으로 보인다. 반균류에 속하는 하얀 버섯 조각들이 가죽끈에 꿰인 채 남아 있고, 작은 주머니 안에는 불쏘시개로 쓰이는 또 다른 버섯 조각들이 들어 있다.[1] 외치는 신석기시대의 진균학자였다.

가죽끈에 꿰여 장신구로 쓰인 버섯은 자작나무구멍장이버섯birch conk이다. 외치는 아마도 손쉽게 이 버섯을 구했을 것이다. 자작나무구멍장이버섯은 늙은 자작나무에 흔히 기생하는 버섯으로, 자작나무의 몸통을 썩게 하면서 나중에는 물컹물컹한 덩어리가 종이처럼 얇은 나무껍질을 뚫고 나와 번지다가 말편자 같은 모양을 이룬다. 자실체가 익어가는 동안, 말편자의 아래쪽에서 가느다란 수직의 관이 층을 이루어 생기고 그 끝이 열리면서 수천 개의 구멍이 나타난다. 그래서 '구멍장이' 버섯—또는 *polypores*, 다공성 버섯—이다. 이 버섯은 24시간을 주기로 활동 변화의 리듬을 타는데, 밤이면 특히 활동이 활발해져서 시간당 수백만 개의 포자를 이 구멍을 통해 떨어뜨린다. 가뭄으로 죽어가거나 과밀화로 스트레스를 받은 자작나무에서 잘 자라며, 이 버섯의 공격을 받은 자작나무는 사람이 살짝 힘을 주어 밀기만 해도 쓰러진다.

1998년, 미라를 연구하는 한 이탈리아 인류학자는 외치가 "짧은 기간 동안 심각한 설사를 유발하기 위해 적정량의 버섯을 섭취했을 것"이라고 주장했다.[2] 그는 이 버섯이 외치의 미라화된 직장에서 알이 발견된 기생충의 구충제였다고 말했다. 외치가 살던 시대에 기생충을 없애는 구충제는 매우 값진 약이었을 것이다. 당시 사람들은 요즘 사람들처럼 깨끗한 장을 유지하지 못했을 것이다. 그들의 장은 기생충의 낙원이었다. (〈사운드 오브 뮤직〉에 나오는 「내가 가장 좋아하는 것들」이라는 노래에 맞춰서) "모든 내장에는 회충과 구충이 가득 / 마디마디 잘린 촌충은 내 배를 고프게 하고 / 아메바와 요충은 끈처럼 늘어지네 / 이 모두가 우리를 괴롭히는 끔찍한 것들"이라고 노래 부를 수도 있었을 것이다. 회충은 흔한 기생충의 하나로 장이 움직일 때마다 통증을 유발하며, 수가 많아지면 식욕까지 잃을 수 있다.[3] 이 책을 읽는 독자들이야 회충을 경험한 사람이 거의 없겠지만, 외치의 부족 사람들은 모두가 이 기생충을 경험했을 것이다.

그러나 외치가 구충제로 자작나무구멍장이버섯을 먹었을 거라는 주장은 설득력이 약하다. 설사는 기생충 감염 증상이지 치료의 징후가 아니다. 물론 설사로 장을 비우면 잠시 동안은 장이 편했을 가능성도 있다. 어떤 경우라도 자작나무구멍장이버섯이 완하제로 작용한다는 증거는 물론 아이스맨이 이 버섯의 적정량을 계산하면서 먹었다는 증거도 없다. 그러나 이 근거 없는 주장이 세계적인 의학전문지 『랜싯 *The Lancet*』지에 실려 의학계의 주목을 끌었다. 이 주장이 『랜싯』에 실렸을 때 의학적인 근거를 의심하는 독자는 거의 없었다. 외치는 눈 속에서 미라로 남아 우리가 잃어버린 고대의 지혜를 생생하게 증언하는 원시시대의 약장수로 우상화되었다.

근거 없는 주장이 버섯을 의학적으로 연구하는 분야 전체에 갈등의 씨앗을 뿌렸고, 그 때문에 사실과 허구를 분별하기가 어려워졌다. 여기까지가 이 장에서 다룰 내용의 대략적인 줄거리다. 자작나무에서 생기는 버섯들은 구충제로 쓰이지는 않았지만, 다른 증상을 치료하는 약으로 쓰였다. 러시아와 중앙 유럽 지역의 전통의술에서 소독약, 지혈제 등으로 등장한다. 항염제, 항암제로도 언급되는데, 구체적으로 말하면 수의학에서 개의 질 종양 치료제로 쓰인다.[4] 버섯으로 만든 찜질약은 소소한 상처에 효과가 있었던 것이 분명해 보인다. 그러나 나는 외치가 자작나무구멍장이버섯을 갖고 있었던 것은 다른 목적에서였을 것이라고 생각한다. 블랙풋 또는 니이치타피Niitsitapi 부족 사람들도 버드나무에서 자라는 구멍장이버섯 종류를 몸에 지니고 다녔다. 노던플레인 지역의 다른 부족 사람들도 아이스맨과 마찬가지로 이 버섯 자실체를 잘라 하얀 구슬 형태로 만들어서 가죽끈에 꿰어 목에 걸고 다녔다.[5] 캐나다 앨버타주의 박물관 소장품들을 보면, 사람의 두개골 조각으로 만든 하얀 구슬이 있다. 블랙풋 부족은 이 구슬을 의식용 의상에 꿰매어 달거나 목걸이로 만들었다. 20세기 초에 찍힌 자료사진 중에는 말의 목에 자실체를 꿰어 만든 목걸이가 걸려 있는데, 요즈음 말의 목에 거는 말방울과 비슷하게 생겼다. 아메리카 원주민들은 버섯에 영적인 의미를 부여하는데, 외치도 비슷한 이유로 자작나무구멍장이버섯을 숭배했을지도 모른다. 그가 구충제로 사용하기 위해 이 버섯을 갖고 있었다는 주장보다는 이러한 해석이 훨씬 논리적이다.

신석기시대에 시작된 버섯 치료의 역사

신석기시대 암각화 속의 버섯은 그 시대 사람들이 인간과 진균의 관계를 의식적으로 이해하고 있었음을 보여주는 최초의 증거다. 그 그림을 그린 당시 사람들에게 버섯이 어떤 의미였는지 우리는 알지 못한다. 그러나 몇 종의 버섯에 향정신성 물질이 들어 있음을 감안한다면, 버섯이 애니미즘 의식에 쓰인 것으로 보인다(이에 관해서는 9장에서 살펴보겠다). 버섯이 많이 나는 곳에서는 독성이 있는 버섯을 피하는 법을 배웠을 것이고, 가장 맛있는 것으로 요리를 했을 것이다. 소수의 특별한 버섯은 약으로도 썼을 것이다. 버섯은 실제로 다양한 용도로 쓰였지만, 초자연적인 의미와 무관했던 적은 없었다. 약과 마법의 차이가 불분명한 상태는 오늘날까지도 이어져서 수십억 달러 규모에 이르는 버섯 추출물 시장의 기반이 되었다.[6]

의약용 버섯 산업은 치유 효과가 있다고 알려진 극소수 버섯 십여 가지 정도에 의존하고 있다. 영지버섯은 나무줄기 등에 마치 선반이 달린 모양으로 겹겹이 생기는 목질의 버섯으로, 표면이 반들반들하고 빨간색이다. 표고버섯은 특이하게 드러나는 것 없는 겸손한 버섯이다. 갈색 갓 아래 주름이 있다. 잎새버섯은 나무 밑동에서 자라고 회색 자실체가 뭉쳐서 난다. 운지버섯은 썩어가는 통나무에서 솟아나는데, 선명한 줄무늬가 드러나는 부채 모양이다. 여기에 세 가지 버섯을 더해 '7대 약용버섯'이라고 부른다. 동충하초cordyceps는 연필과 굵기가 비슷한 죽은 애벌레를 단단한 기둥으로 삼아 자실체를 맺는다. 차가chaga 버섯은 (외치의 구멍장이버섯처럼) 상처를 입은 자작나무에서 생겨나 여러 조각으로 갈라지며 말라서 거무스름한 덩어리가 된다. 마지막으로 노루궁뎅이버섯lion's mane은 하얀 가시 같은 자실체가 둥그스름한 덩어리를 이루어 자라며 숙성되는데, 마치 꽁꽁 얼어붙은 폭포처럼 생겼다.[7]

이 모든 버섯이 약용버섯으로 언급되지만, 의학적 효과가 증명된 것은 단 하나도 없다. 약용버섯 애호가들은 이 말에 동의하지 않을 테니, 다시 한번 정확히 언급할 필요가 있을 것 같다. 많은 사람이 버섯은 병을 치료하는 데 유용하다고 믿는다. 그러한 주장 중 일부는 사실일 수도 있다. 그러나 어떠한 것도 신뢰할 만한 과학적 근거를 가진 것은 없다. 미국에서 버섯과 버섯 추출물은 의약품이 아니라 식품으로 분류되며, 건강보조식품이나 치료용 약초로 판매되므로 일반적인 의약품과 다르게 취급된다. 다시 말해 약국에서 팔리는 진통제, 감기약, 의사의 처방약처럼 엄격한 테스트와 규제를 받지 않는다는 뜻이다. 규제가 없다니 내 몸과 목숨에 대한 정부의 간섭에 신물이 난 사람들은 좋아할 수도 있겠으나, 그렇게 되면 정부의 간섭 대신 약용버섯을 판매하는 기업에 모든 것을 맡기게 된다. 때때로 실책을 저지르기는 하지만, 대형 제약사들은 어쨌든 규제에 순응하고 언제 들이닥칠지 모르는 소비자들의 소송도 두려워한다.

약용버섯은 자실체를 얇게 썰어 말린 형태나 가루로 팔리는데, 판매자나 제조자가 성분과 함량을 표시할 의무가 없으므로 소비자가 각각의 상품을 서로 비교해볼 수도 없다. 아스피린을 한 병 샀는

데 그 안에 약이 아니라 알약 모양으로 자른 분필만 들어 있다고 상상해보자. 그 사실을 알게 된다면, 소비자가 분노하는 것은 당연하다. 그러나 뻔뻔한 약용버섯 제조사들은 캡슐 안에 전분 가루와 약간의 버섯 가루를 섞어 동충하초로 만든 보조제라고 속여 팔아도 법적인 책임을 지지 않는다. 이는 과장이 아니다. 약용버섯 시장에는 성분을 평가하기 위한 전체적인 기준이 없는 상태다.

인터넷에는 약용버섯을 "건강을 촉진하는 비타민, 미네랄, 항산화제"의 원천이며 "우리 몸의 자연스러운 면역기능과 균형을 유지해주는 자양분"이라고 소개하는 글이 많다.[8] 약용버섯과 관련해 종종 언급되는 '웰빙'은 그 이면에 많은 것이 숨겨져 있으며, '기능성 식품'은 명확하게 정의하기 어려운 개념이다. 약간이라도 지식이 있다면 약용버섯 업계에서 쓰는 용어들을 곧이곧대로 믿기 어렵지만, 사람들은 대개 건강 문제에 있어서는 희망적인 생각을 하는 경향이 있다. 건강에 자신 있는 사람들은 건강에 문제가 있는 사람들과 달리 약용버섯의 효과에 대한 진실성 여부가 자신과는 동떨어진 문제라고 생각하기 쉽다. 소비자들이 버섯을 생명을 구하는 명약으로 여기지만 않는다면, 버섯 가루도 인체에 무해할 뿐만 아니라, 이 엄청난 플라시보 효과(위약 효과)도 어쩌면 제값을 한다고 볼 수도 있다.

기억을 되살리는 버섯, 노루궁뎅이버섯과 베타글루칸

노루궁뎅이버섯은 특정 균종의 매우 유용한 사례 연구를 보여준다. 이 버섯의 균사는 죽은 나무를 먹고 자라며, 그 나무가 완전히 소멸될 때까지 수십 년 동안 같은 나무에서 계속 자실체를 만들 수 있다. 이 버섯은 가시 표면에서 곧바로 포자를 배출하는, 안팎이 뒤집어진 구멍장이버섯 또는 벌거벗은 포자 공장이라고 할 수 있다. 노루궁뎅이버섯의 의학적 가치는 그 자실체 추출물이 배양접시에서 신경세포의 성장을 촉진한다는 실험결과에 기반한다. 버섯 가루를 섭취한 쥐에서도 신경계 유지에 중요한 역할을 하는 신경성장인자nerve growth factor, NGF의 수치가 상승하는 것이 확인되었다.[9] 이런 효과를 내는 노루궁뎅이버섯 속의 화학물질은 헤리세논hericenone과 에리나신erinacine인데, '고슴도치'라는 뜻을 가진 한 버섯의 라틴어 학명 헤리시움 에리나세우스*Hericium erinaceus*에서 따온 이름이다. 일본에서는 배양된 신경세포와 쥐 연구뿐만 아니라 약한 인지장애 진단을 받은 환자들에게 노루궁뎅이버섯 분말을 매일 일정량 투여해서 그 효과를 관찰하는 실험이 있었다.[10] 16주간의 치료가 끝난 후 진행한 표준 치매 진단 테스트에서 버섯 분말 캡슐을 처방받은 환자들은 그렇지 않은 환자들보다 높은 점수를 받았다.

이 연구들은 버섯을 치료 효과가 확인된 의약품으로 만들려는 제조사들의 마케팅 목적이 아니라, 더 심도 있는 연구를 위한 흥미로운 출발점이다. 『치유의 버섯*Healing Mushrooms*』의 저자 테로 이소카우필라Tero Isokauppila는 약용버섯에 대한 경계심이 덜한 편이다. 그는 노루궁뎅이버섯이 "나이 들면 누구에게나 찾아올 수 있는 인지능력의 저하를 돌이킬 수 있는 힘을 갖고 있다"고 말한다. 일본의 연구결과가 그 과학적인 근거가 되어주었다. 이어서 그는 이 버섯을 사용해서 뇌손상을 치료하는 데 성공한 사례들을 설명한다.[11] '숙주를 지켜주는 버섯 제조사' 펑기퍼펙티의 설립자 폴 스테이메츠Paul Stamets 역시 이 버섯에 대해 비슷한 열정을 보이고 있다. 그의 웹사이트에는 "신경계와 면역체계의 건강을 최적화하기 위해" 캡슐 형태로 가공된 이 버섯을 매일 복용하라고 쓰여 있다.[12] 1980년부터 사업을 시작한 펑기퍼펙티는 자사가 생산하는 영양보조제에 다음과 같은 경고문을 붙이고 있다. "이 제품은 질병의 진단이나 치료, 치유나 예방을 위한 것이 아닙니다."

약용버섯에 대해 좀 더 긍정적인 시각을 가진 사람들은 노루궁뎅이버섯이 "알츠하이머와 파킨슨 같은 신경퇴행성 질병을 예방"하고 위궤양, 암, 우울증, 불안증의 치료제로 쓰일 수 있으며, 심장질환의 위험을 줄여주고, 당뇨 관리에도 도움을 준다고 주장한다. 노루궁뎅이버섯으로 발기부전도 치료할 수 있다고 주장하는 웹사이트가 있는 반면, 이 버섯이 성욕을 억제한다고 주장하는 웹사이트도 있다.[13] 노루궁뎅이버섯을 둘러싼 진실과 거짓은 버섯의 약리적 효과를 뒷받침하려는 어설픈 과학 실험들이 버섯을 만병통치약으로 떠받치는 미신적 주장으로까지 확대되고 있음을 보여준다. 중세시대 연금술사들이 그토록 찾아 헤맸으나 결국은 모두가 실패했던 '마법사의 돌'과 다름없다.

다른 버섯들에서도 어느 정도 약리작용을 하는 화합물들이 세포벽 안에서 무수히 발견되지만, 노루궁뎅이버섯에서 분리한 신경작용 물질은 다른 버섯에서는 아직 발견된 적이 없다. 노루궁뎅이버섯의 신경작용 물질은 베타글루칸으로, 이 버섯의 균사체와 자실체의 말랑말랑한 살집을 만드는 균사의 구성물질이다. 글루칸은 당과 다당류의 중합체다. 식물이 만들어내는 섬유소도 다당류에 속한다. 섬유소의 분자는 아주 가느다란 실처럼 연결되는데, 전기 케이블 속 전선처럼 여러 가닥의 실이 꼬여 더 굵은 가닥을 만든다. 섬유소는 소화되지 않고 장을 통과하면서 우리가 먹는 음식 속에서는 소화되지 않는 다량의 섬유질로 작용한다. 베타글루칸 분자를 만드는 당은 다른 방식으로 연결되는데, 작은 크기의 당은 물에 녹는 수용성 섬유질을 만든다. 작은 크기의 당 분자는 대식세포나 장벽에 자리 잡은 선천적인 면역세포들 표면에 달라붙는다.[14]

베타글루칸은 나비에서부터 마른 땅의 들소나 바닷속 고래에 이르기까지 모든 동물의 면역세포에서 감지된다. 동물계 전체의 조상인 해면도 베타글루칸을 만나면 자극을 받는다.[15] 베타글루칸에 대한 이러한 보편적 반응은 진균 감염이 초래할 수 있는 치명적인 위협뿐만 아니라 진화의 첫 새벽부터 진균과 동물 사이에 형성된 상호 지지 관계를 보여준다. 사람의 면역체계는 베타글루칸을 다양한 상호작용의 스펙트럼 속에서 우리 몸속 진균의 작용을 파악할 수 있는 지표로 받아들인다. 면역체계는 효모나 진균들이 아무런 염증 반응을 일으키지 않고, 조용히 장을 통과하는 동안 그들이 내뿜는 베타글루칸을 예의 주시한다. 우리 몸속 조직을 손상시키는 진균으로부터 다량의 베타글루칸 생성이 감지되면 더 공격적인 반응이 일어난다.

베타글루칸 과학을 기반으로, 대체의학 지지자들은 당 분자로 연결된 이 실을 진균이 만드는 당나귀 젤라틴—중국의 전통 향유로, 천연 당나귀 가죽 아교로도 불리며 암을 치료하는 기적의 약물로 알려져 있다—이라고 띄우고 있다. 물론 당나귀 젤라틴은 어떤 암에 대해서도 치료제로 작용하지 않는다. 그렇다고 해서 사람들이 이 전통 치료법을 그만둔 것은 아니다. 베타글루칸의 장점은 면역체계에 대해서 효과가 입증되었다는 것인데, 이는 약용버섯에 대해 신뢰할 수 있는 몇 안 되는 사례 중 하나다. 베타글루칸의 면역작용은 연구자들의 주목을 받았으며, 이 물질이 암 치료에 유용한지를 밝히기 위한 임상실험이 다수 진행되고 있다.

암 치료를 목적으로 한 전통적인 약용버섯 치료는 상당히 도전적이다. 그러나 면역학적인 논리는 매우 부족하다. 진균과 싸우도록 면역체계를 자극하던 화학물질이 왜 태도를 바꿔 면역체계가 우리 몸의 암세포와 싸우도록 만드는가? 가장 희망적인 답은 어떤 종류의 것이든 자극을 받은 면역체계가 약해진 면역체계보다 암세포를 인식하고 제거하는 데 더 유능할 수도 있다는 것이다. 미약하나마 이런 주장에 대한 근거는 다른 약물의 작용을 증가시키는 물질로서 베타글루칸이 효과를 보인다는 점에서 찾을 수 있다. 렌티난Lentinan은 표고버섯에서 추출되는 베타글루칸으로 만든다. 일본에서는 오래전부터 이 물질을 위암 치료에 쓰고 있다.[16] 일반적인 화학요법과 함께 렌티난 주사를 병행하면 환자의 생존기간을 평균 4개월 정도 연장시킬 수 있으며, 중국에서는 폐암 환자에게서 이와 비슷한 치료 효과가 보고되었다.[17] 그러므로 어느 정도 희망은 있다.

노루궁뎅이 연구처럼, 표고버섯의 렌티난에 대한 기초 연구도 더 심도 있는 연구가 필요하다. 그러나 이런 결과들이 약용버섯 추종자들의 상상처럼 놀라운 성공을 보장하는 것은 아니다. 일부 추종자들은 베타글루칸을 "전 세계 최고의 면역조절제"로 간주하며 "21세기의 기적"이라는 주장을 더 열정적으로 펼치고 있다.[18] 베타글루칸이 우리 몸에 효과가 있는 것으로 밝혀진다면, 건강한 밥상의 일부로 버섯의 소비를 더욱 조장할 것이다. 버섯이 칼로리 걱정 없이(6장) 식탁의 향미와 식감을 높여주는 것은 사실이다. 그러나 아직은 어떤 식품점에서도 양송이 버섯이나 포토벨로를 장수의 비결이라고 홍보하며 판매하지는 않는다. 펜실베이니아 주립대학교 의과대학의 지브릴 바Djibril Ba 박사는 어떤 종류든 버섯을 섭취하면 죽음의 가능성을 낮춰준다는 황당한 주장까지 하고 있다.[19] 그가 이런 주장을 하는 근거는 1988년부터 1994년까지 참가자들이 설문에 답하는 방식으로 진행했던 한 코호트 연구의 결과인데, 참가자들의 운명—죽었는지 살았는지—은 그로부터 20년 후에 조사되었다. 생존자들은 그렇지 못한 다른 참가자들과 비교했을 때 설문

응답 전 24시간 내에 어떤 종류든 버섯을 음식으로 섭취했다고 응답했다. 이는 설문 참여자가 설문지 작성 하루 전에 버섯 수프를 한 그릇 먹었거나 그렇다고 답한 경우, 버섯이 든 음식을 먹지 않았거나 먹었어도 기억하지 못한 사람보다 더 오래 사는 경향이 있었다는 뜻이다. 이 설문조사에서 결론 내린 버섯의 효과는 그리 강력하지는 않다. 버섯을 섭취하는 사람이 어떤 원인으로든 사망할 확률이 14퍼센트 더 낮으며, 죽음의 원인에는 불치병은 물론이고 사다리에서 떨어져 죽은 사고사, 총기로 인한 사망, 자살, 심지어는 상어의 공격까지 모두 포함된다. 이 연구의 통계에 따르면, 연구 시작 당시 버섯을 먹은 50대 남성 다섯 명 중 한 명만 70세가 되기 전에 사망했다. 반면 버섯을 먹지 않은 쪽은 50대 남성 넷 중 한 명이 사망했다. 바 박사는 전염병 데이터를 샅샅이 분석하여, 버섯 소비가 암의 진행과 우울증 위험 요인을 낮추는 데 관련이 있음을 발견했다.[20]

버섯을 섭취하는 것이 정말로 바 박사가 주장하는 것처럼 건강에 효과가 있다면, 그는 노벨상을 받게 될 것이다. 버섯과 진균이 포함된 모든 음식이 생명의 특효약으로 팔릴 수도 있다. 잘 생각해보면, 버섯의 약용 효과를 강조하며 팔아온 장사꾼들이 오래전부터 하던 주장과 다르지 않다. 그러나 앞서 언급한 코호트 연구에 따르면, 버섯 섭취와 장수 사이에 상관관계가 약간 있다. 그렇다고 버섯 섭취가 장수와 행복에 직접적인 효과가 있음을 의미하지는 않는다. 버섯을 먹는 사람들의 라이프스타일 중 일부 요소가 그들의 생존에 영향을 미쳤거나, 버섯을 먹지 않는 사람들의 라이프스타일 중 일부가 그들의 사망에 영향을 미친 것이다. 버섯의 항우울 효과에 대해 폴란드 연구자 피오트르 쥠스키Piotr Rzymski는 야생버섯을 채취하는 즐거움이 바의 연구에서 나타난 정신 건강의 증진을 설명해주는 것일 수도 있다고 주장했다.[21] 미국에서 버섯 채취가 흔치 않다는 점을 감안할 때 쥠스키의 주장은 옳은 것 같지 않지만, 이런 유형의 연구에서 놓치기 쉬운 변수들을 짚어내고 코호트 연구의 해석에 더욱 신중을 기할 필요가 있음을 환기시킨다. 버섯을 싫어하는 사람이 버섯을 좋아하는 사람보다 모터사이클 타는 것을 더 좋아한다면, 버섯의 생명보호 효과를 설명하는 요소가 될 수도 있다. 그러나 십자말 풀이를 좋아하는 사람과 좋아하지 않는 사람, 금붕어를 기르는 사람과 기르지 않는 사람을 서로 비교한다면, 웰빙에 대한 유의미한 통계적 차이는 거의 발견할 수 없을 것이다.

의대 학생들과 언론인들이라면 이런 코호트 연구의 결과를 검토해보고 토론하면서 비판적인 사고와 과학적인 객관성을 기를 수 있을 것이다. 버섯 섭취에 대한 닥터 바의 연구에도 흥미로운 점이 없지는 않지만, 버섯으로 암을 치료할 수 있다는 주장을 그대로 받아들이는 것은 부활절 토끼를 믿는 것과 비슷하게 순진한 생각이다. 버섯의 의학적 활용에 대한 제대로 된 연구 사례를 보고 싶다면 2021년 『미국의학저널*American Journal of Medicine*』에 실린 권위 있는 논문을 공부하는 것이 좋다.[22] 이 논문의 저자들은 심혈관 건강에 미치는 버섯의 영향에 대한 논문 약 1,500편을 분석한 뒤, 그중 겨우 7편, 0.5퍼센트만이 과학적 신뢰성을 갖췄다고 결론을 내렸다.

버섯은 약일까?
과학과 신념의 충돌

몇 년 전, 『진균생물학*Fungal Biology*』이라는 저널에 "버섯은 약일까?"라는 제목의 기사를 쓴 적이 있다. 내 기사는 이 저널 역사상 가장 많은 다운로드 수를 기록했다.[23] 나의 주장을 지지하는 동료 과학자들로부터 많은 이메일이 왔지만, 나의 지능과 목적을 의심하는 내용의 메시지들이 훨씬 많이 쏟아졌다. 한 비평가는 이렇게 물었다. "이 기사를 쓰기 전에 관련 논문들을 읽어보기나 했습니까?" 그의 말은 계속 이어졌다. "당신은 의도적으로 모른 척하는 것이거나 일부러 오해를 조장하는 것이거나 무엇이 옳은가에 대한 흥미로운 기준〔원문대로〕을 갖고 있는 것 같습니다." 인식론적 규칙 또는 히친스의 면도날이 요구하는 것처럼, 나의 기준〔원문대로〕은 증거를 보여달라는 것이다. 지금은 고인이 되었지만 생전에 저널리스트였던 크리스토퍼 히친스Christopher Hitchens는 다음과 같이 말했다. "증거 없이 주장될 수 있는 것은 역시 증거 없이 기각될 수 있다."[24] 어떤 사람은 나의 판단이 황당하다면서, 자신들의 특허출원 내용을 읽어보라고 제안했다.

내 반박 논문의 첫 문장은 이렇다. "말린 버섯과 버섯 추출물이 중국 전통의학에서 오래전부터 쓰여왔음에도 인간의 질병 치료에 대한 이 물질들의 효과를 뒷받침해주는 과학적인 증거는 없다." 그리고 마지막 문장은 이렇다. "이제 버섯에서 추출된 물질로 만든 항

노화 강장제는 진균학의 역사에서 슬픈 단계로 접어두고 현대 전염병의 진로를 바꿀 잠재력을 가진 신물질의 탐색으로 나아갈 때다."

중국 의학에서 버섯의 중요성은 버섯의 질병 치료 효과에 관한 논쟁에서 좋은 논점을 제공한다. 질병 치료에서 버섯의 가치에 대한 증거가 없다면, 어떻게 그렇게 오랜 시간 동안 사람들이 믿음을 가지고 사용했겠는가? 이 질문에 답하기 어려운 이유 중 일부는 중국 의학과 서양 의학의 철학적 차이에 있다. 표고버섯은 중국에서 이미 수세기 전부터 통나무에서 재배되어 왔으며 우리 몸속을 흐르는 생명의 에너지라 할 수 있는 기氣를 보충하는 물질로 처방되었다. 이 개념은 그리스 의학에서 말하는 기질氣質과 일맥상통한다. 2장에서 다룬 '기질'이라는 개념은 2천 년 동안 꿋꿋하게 유럽 의학을 지배해왔다. 이제는 당뇨 치료제로 쓰이는 약이라면 혈당의 변화에 대한 증거를, 고혈압 치료제라면 그 약을 복용한 후 혈압이 떨어진다는 증거를 제시해야 한다.

계속해서 버섯의 약리적 유용성을 주장하려 한다면, 앞으로는 사람들의 순진함이나 고지식함에 호소해야만 할 것이다. 버섯의 유용성에 대한 주장의 예를 찾아보기 위해, 인터넷에서 '표고버섯'과 여러 질병 이름, 건강 상태를 검색해보았다. 이를테면 여드름, AIDS, 알츠하이머, 탄저병, 관절염, 천식, 그리고 자폐증까지 검색해보았다. 표고버섯은 이 모든 증상 또는 질병에 효과가 있다고 이야기된다.[25] 독자들도 다른 병명을 골라 한 번 검색해보기 바란다. 히친스처럼, 나는 나의 면도날로 답하고 싶다.

모든 병의 치료제라고 일컬어지는 약은

어떤 병도 치료하지 못하는 약이다.

표고버섯이나 다른 버섯을 신격화함으로써 약용버섯을 만병통치약으로 둔갑시켰던 마술사들은 몇 가지 통찰력 있는 질문을 던질 만한 지식인을 만나면 곧장 스스로 사기꾼이었음을 드러내고 만다. 이런 현대판 샤먼들 중 일부는 교묘한 술수를 부리는 사기꾼이거나, 아니면 보통 사람들보다 더 많이 아는 것도 없는 자들이다. 그러나 나는 내가 달을 보고 짖는 처지에 불과함을 깨닫고 있다. 사람들은 어쩌면 의학의 권위에 대한 냉소적인 시각 때문에 근거도 없는 약용버섯의 효험을 더 쉽게 믿는지도 모른다.

진균학 연구에는 이런 모든 상황이 부정적으로 작용한다. 버섯은 어쩌면 현대의 약리적인 방법으로 개발할 수 있는, 그러나 아직 발견되지 않은 의학적 물질들로 차고 넘칠지도 모르기 때문이다. 이렇게 묻는 사람도 있을지 모른다. 그렇다면 역사적으로 많은 약물이 식물에서 발견되었는데, 어째서 숲속의 버섯은 대부분 무시되어 왔는가? 약초장수들은 정제의 필요성을 전혀 염두에 두지 않고 수천 년 전부터 식물에서 추출한 아스피린, 에페드린, 진정제, 퀴닌 등의 성분을 비정제 형태로 썼다. 이런 식물성 추출물이 약재로서 성공적으로 사용되어 온 역사는 버섯의 효과에 대해서도 비슷한 기대를 불러일으킬 수 있다. 그러나 버섯의 본질에 대한 혼동(식물에 붙은 혹) 또는 독성(어떤 것은 독성이 매우 강해서 완전히 독약이다) 때문에 유럽의 유명한 약초 전문가들은 버섯을 무시했다. 영국의 유명한 약초 전문가 존 제라드John Gerard(1545-1612)는 버섯에 대한 로마 시인 호라티우스(기원전 65-기원전 8)의 언급을 인용한다. "*Pratensibus optima fungis natura est*〔초원의 버섯은 최고다〕; *aliis male creditur*〔다른 것들은 믿을 수 없다〕."[26] 이 문장은 호라티우스의 저서 『해학*Satires*』에서 인용한 것이다. 이 책에는 로마인들이 삶의 만족을 찾기 위해 읽던 자기계발서로 버섯을 잘못 구별하는 것이 얼마나 위험한지도 언급되어 있다. 중국의 치료사들은 훨씬 더 모험적이었고 자신들이 치료에 사용하는 야생버섯을 구별하는 데는 전문가였다. 그러나 약초학에서 약리학으로 발전하지 못한 중국 전통 의학은 버섯에서 화합물들을 개별적으로 정제하려는 시도를 하지 않았다. 그들은 정제의 필요성을 느끼지 못했고, 중국 전통의학과 서구 의학은 오늘날까지도 서로 분리된 채로 남아 있다.

20세기에 이르도록 버섯에 대한 약리학적 관심이 없었던 이유가 여기에 있다. 그동안은 따라가기에 바빴고, 이제는 이 천연 약물을 탐구할 현대적인 방법을 찾을 필요가 있다는 뜻이기도 하다.[27] 버섯 자실체의 약물로서의 가능성에 대한 이론적인 논쟁—즉 그런 물질이 자실체에 있느냐—은 이미 진균에서 추출된 수많은 강력한 약물들에 의해 뒷받침되었다. 최초의 항생제 페니실린은 1920년대 페니실륨의 영국산 변종에서 발견되었고, 두 번째 항생제이자 이식수술 후 장기의 거부반응을 예방하는 데 쓰이는 시클로스포린은 1970년대 노르웨이의 진균에서 발견되었다. 콜레스테롤을 낮춰주는 약물인 로바스타틴은 아스페르길루스 균종에서 분리되어 1980년대부터 임상실험에 들어갔고, 곰팡이에서 얻은 항진균제들이 다시 다른 진균에 의한 감염증을 치료하는 데 쓰이기도 한다. 가장 오래된 진균 약물은 에르고타민으로, 곡식을 감염시키는 맥각균에서 생산되어 백 년 전부터 편두통 치료제로 쓰였다(맥각중독은 8장에서 다룬다).

이 모든 약이 버섯보다는 곰팡이로부터 만들어진다. 하지만 이들 중 일부는 살아 있는 곰팡이를 통해서가 아니라 실험실에서 인공적으로 만들어진다. 아스페르길루스 진균으로부터 생산되는 로바스타틴은 느타리버섯에서도 발견되지만, 혈중 콜레스테롤 수치를 낮추는 데 효과가 있을 만큼 많은 양이 아니다. 버섯의 약용물질은 자실체와 그것을 지탱하는 균사체의 화학적 활동이 다르다는 점도 약용버섯 연구를 어렵게 한다.[28] 그 이유는 버섯이 생식기관인 자실체와 균사 모두의 생애주기를 유지하면서 에너지 낭비 없이 두 기관에 영양을 공급할 수 있도록 대사 과정에 균형을 잡으려 하기 때문이다. 버섯—자실체 또는 균사체—을 만들어내는 진균으로부터 약을 개발하기 위한 연구방법의 핵심은 유전체학genomics이다. 진균 게놈 전체의 서열을 밝히고 재조합함으로써 유용한 화합물의 형성을 제어하는 유전자를 찾아낼 수 있다. 이미 알려진 항생제와 화학적 성분이 유사한 새로운 항생제를 찾고자 한다면, 작은 버섯 조각을 잘라내어 분석하는 것만으로도 성공할 수 있다. 설령 그 버섯이 항생제를 전혀 만들어내지 않아도 버섯 세포 안에 항생제를 만들어낼 수 있는 유전자들을 이미 가지고 있다.

유전자의 명령은 진균의 DNA 속에 든 백억 개의 A, T, G, C 안에 묻혀 있어서, 그것을 찾아내기는 매우 어렵다. 그래서 게놈을 인공 염색체라 부르는 수백 개의 조각으로 자른 뒤 각 DNA 조각이 스스로 무엇을 할 수 있는지를 알아내는 우회로를 택한다.[29] 이 기술을 유전체 채굴genome mining이라고 부른다. 이 기술을 쓰면, 마치 해적이 보물 상자에 든 보석목걸이를 조심스럽게 몰래몰래 한 줄씩 한 줄씩 끌어당겨 꺼내듯이 진균의 DNA를 가닥가닥 나누어 자세히 들여다볼 수 있다. 이 연구를 할 때 연구자들은 버섯을 무작위로 선택하지 않고 버섯의 전통적인 사용법에 대한 정보를 일종의 가이드로 활용한다.[30] 만약 동유럽 사람들이 이미 수백 년 전부터 류머티즘 치료에 특정 버섯을 썼다면, 그 버섯은 약물 개발 후보로 꼽힐 수 있다. 과거에는 화학자들이 이 버섯에서 활성 물질을 발견하지 못했더라도, 다시 들여다볼 만한 가치가 있다. DNA는 유용한 것을 만들어내도록 설계되어 있기 때문이다. 유전체 채굴은 약용버섯을 과학의 영역으로 승화시킬 힘을 가지고 있다.

약용버섯 연구가 제자리걸음을 하는 동안, 빵을 부풀리고 술을 빚는 데 쓰이던 효모는 무한한 응용 가능성을 가진 약물 생산의 플랫폼으로서 의약산업의 한 분야로 변신했다. 인간의 유전자를 써서 사람의 인슐린을 만들도록 명령하면, 효모는 이 명령에 순응해 당뇨병과 싸우는 사람들에게 주사할 수 있는 인슐린의 전 세계 수요량 중 절반 가까이를 만들어낸다. 효모는 재조합한 인유두종바이러스human papilloma virus, HPV의 DNA 시퀀스를 가지고 바이러스 껍질을 형성하는 단백질의 복사본을 만들어낸다. 효모로부터 분리한 이 단백질을 HPV 백신으로 사람에게 주사하면 HPV 감염으로 인한 자궁경부암의 위험을 제거할 수 있다.[31] 유전자 재조합 효모로부터 제조된 또 다른 약은 노화와 관련된 안과 질환을 치료하는 데 쓰이며, 효모 세포를 이용해 진통제를 개발하려는 연구가 다수 진행 중이다. 곰팡이로부터 만들어지는 항생제와 효모로부터 만들어지는 수많은 약품을 생각하면, 진균은 현대 의학에서 없어서는 안 될 자원임이 분명하다. 진균에서 발견한 새로운 화합물을 의약품 리스트에 새롭게 추가하기 위해, 버섯에 대한 화학적인 연구를 주류 과학 영역으로 끌어들일 필요가 있다.

신석기시대에서 인류세로

외치의 세계는 신학과 균학이 지배하던 시대였다. 이 아이스맨이 누비던 숲과 초원은 진균학의 이상향이었으며, 그의 어린 시절은 아마도 두꺼비와 마녀, 숲속의 요정에 대한 이야기로 가득했을 것이다. 외치가 왜 자작나무구멍장이버섯을 지니고 있었는지, 그것이 단순히 장식품이었는지 아니면 중요한 약이었는지 우리는 영영 밝혀내지 못할 것이다. 다양한 근거를 바탕으로, 사람들은 진균을 이렇게도 쓰고 저렇게도 써왔다. 중독의 위험 때문에 버섯은 무조건 피해야 한다고 배웠음에도 버섯을 완전히 멀리하지 않았다. 우리가 자신 있게 말할 수 있는 것은, 어떤 버섯은 간편하게 상처를 치료하는 데 쓰였으며, 또 어떤 버섯은 환각작용에 긴히 쓰였다는 것이다(9장). 21세기에 우리가 직면한 과제는 질병 치료에 대한 주술적 믿음에 기대지 않고 버섯의 치료적 효용에 대한 가능성을 밝혀내는 것이다. 숲속에 감춰져 있는 약리학적 보고를 찾아내려면 진균학적 측면의 호기심을 잘 살려내는 동시에 과학적인 연구를 진행해야 한다.

아직 발굴되지 않은 풍부한 진균의학이 우리를 기다리고 있다는 나의 믿음은 거의 주목을 끌지 못하던 버섯들의 화학적 구성이 밝혀지면서 더 굳건해지고 있다. 엄지손톱보다도 작고, 꽃처럼 아름다운 좀주름찻잔버섯bird's nest fungi이 부러진 나뭇가지에 앉아 빗방울이 떨어지기를 기다린다. 찻잔처럼 생긴 이 버섯에 빗방울이 떨어지면, 포자가 가득한 알갱이들이 공기 중으로 튀어나간다. 각각의 알갱이에는 끈끈한 끈—카멜레온의 혓바닥을 상상하면 비슷하다—이 연결되어 있어서 짧은 비행 후에 주변의 풀포기에 들러붙는다.[32] 공중곡예를 펼치는 이 균종에서 항생제 성분을 우연히 발견한 사람은 알렉스 올호베츠키Alex Olchowecki였다.[33] 1960년대에 그는 알버타대학교의 대학원생이었는데, 이 진균의 배양접시를 오염시킨 박테리아가 막 성장하고 있는 이 진균의 균사 근처에서는 맥을 못 추고 죽어버린 것을 발견했다. 이와 비슷하게 박테리아를 죽이는 페니실륨 노타툼*Penicillium notatum*의 균사를 또 다른 알렉스, 즉 알렉산더 플레밍이 발견했을 때가 1928년이었다. 플레밍은 이 발견으로 1945년 항생제 개발에 힘쓴 하워드 플로리Howard Florey, 에

른스트 카인Ernst Chain과 공동으로 노벨상을 수상했다. 좀주름찻잔버섯의 항생제 성분을 발견한 올호베츠키는 노벨상은 받지 못했지만, 마니토바대학교에서 화려한 경력을 쌓을 수 있었다.

좀주름찻잔버섯의 화학적 성분에 관한 연구는 지금도 계속되고 있다. '시아테인 디터펜cyathane diterpene' 계열에 속한 항생제가 모두 이 작고 예쁜 버섯에서 발견되었다. 박테리아를 죽이는 데 있어서는 페니실린을 대적할 항생제가 없다. 그러나 이들 분자 중 일부는 노루궁뎅이버섯에서 분리된 약물처럼 신경세포의 성장을 촉진한다.[34] 좀주름찻잔버섯에서 정제된 시아테인은 배양된 암세포에서도 힘을 발휘한다. 좀주름찻잔버섯으로부터 항생제 성분이 발견된 만큼 애주름버섯, 접시버섯, 낙엽버섯, 자주싸리국수버섯, 황금흰목이, 피즙깔때기색버섯 등 숲에서 자라는 많은 버섯 속에도 유용한 분자가 숨어 있을 확률이 높아졌다. 이제 연구자도 투자자도 신중해질 때가 되었다. 호라티우스가 말했듯이, 버섯에 대해 호의적인 사람이라면 "버섯을 즐겨라*carpe boletum*"라고 말할 때가 된 것이다. 한편, 자실체에서 약용 성분을 찾으려는 연구에서 약용 성분만큼이나 독성도 많이 발견되고 있다. 8장에서는 예쁜 버섯이 감추고 있는 무서운 성질에 대해 알아보자.

8장

중독시키다

Poisoning

균과 곰팡이의 독성

인간과 진균의 관계가 여러 측면을 가진 것처럼, 식생활에 활용되는 진균과 치료에 쓰이는 약용버섯은 의식적인 상호작용과 무의식적인 상호작용이 혼합된 결과라고 할 수 있다. 진균이 유럽에서 치즈 발효에 활용되고 아시아에서는 중요한 식재료로 자리 잡으면서 얼마나 중요한 역할을 하고 있는지, 그리고 곰팡이가 어떻게 마이코프로틴 너겟이라는 고기로 탄생했는지 알아보았다. 맥주와 와인을 만드는 과정에서 사용되고 빵을 부풀게 하는 효모는 우리의 식생활에서 진균이 담당하는 숨겨진 역할을 잘 보여주는 대표적인 사례다. 음식으로든 약으로든 버섯을 먹는 것은 인간의 식균행위 중에서도 가장 두드러진 행위로, 진균과 인간의 관계를 떠올릴 때 가장 먼저 버섯으로 만든 음식이 떠오를 만큼 중요한 의미를 갖는다. 이 장에서는 버섯 중독과 곰팡이가 만들어내는 독에 의도치 않게 노출되는 경우를 살펴보도록 하자.

2020년 부활절 주말, 뉴질랜드의 내과의사 애너 화이트헤드Anna Whitehead 박사는 밤나무 아래에서 버섯 몇 개를 따 싱싱한 생선과 함께 조리해 점심으로 먹었다. 어떤 버섯인지 먼저 확인해볼 생각이었지만, 여러 가지 일을 처리하느라 미처 확인해보지 못하고 별 생각 없이 버섯의 자실체를 썰어 뭉근하게 끓였다. 다음 날 이른 아침부터 화이트헤드는 초록색 물을 토하기 시작했다. 이유를 짐작한 그녀는 컴퓨터를 켰다. "검색을 시작하자마자 알광대버섯 사진이 올라왔어요. 내가 따서 먹은 버섯과 같은 종류라는 걸 금방 알 수 있었습니다."[1] 박사는 즉시 구급차를 불렀다. 병원에서 정맥주사IV를 팔에 꽂고 수분을 공급하며 증상을 가라앉힌 그녀는 하루 만에 집으로 돌아갈 수 있었다. 위기가 다 지나간 걸까? 그렇지 않았다.

집에 도착한 지 몇 시간 후, 다시 구토가 시작되었다. 오히려 첫날보다 심했다. 독버섯을 먹었을 때 증상이 나타나지 않거나 경미한 기간, 이른바 '허니문 기간'이 끝난 것이다. 화이트헤드는 다시 병원으로 실려갔다. 버섯의 독은 이미 그녀의 혈류를 타고 돌면서 간세포를 죽이고 있었다. 복통은 거의 살인적이었다. 그녀는 곧 죽을 것만 같았다. 그러나 의사와 간호사들이 정맥주사에 마지막 희망을 걸고 필사적으로 매달렸다. 중환자실에서 이틀을 보내고 나서야 간 기능이 회복될 기미가 보였다. 화이트헤드 박사는 죽음의 문턱에서 다시 이승으로 돌아올 수 있었다. 나중에 한 인터뷰에서 그녀는 이렇게 말했다. "그렇게 무서웠던 적이 없었어요." 오래전 암을 치료하느라 받았던 화학요법 치료의 부작용보다 훨씬 심각했다. 버섯을 먹을 때 연한 초록색 갓에서 느껴졌던 강한 향도 똑똑히 기억했다. 그때는 야생버섯이라서 그러려니 하고 넘겼었다. 알광대버섯 중독에서 살아남은 사람들은 세상에 그보다 맛있는 버섯은 먹어본 적이 없다고 입을 모았다. 화이트헤드 박사 같은 의사조차 그렇게 치명적인 실수를 저지르는데, 다른 사람들이야 말해서 무엇 하겠는가?

식용버섯을 고를 때 주의할 점

21세기에 독버섯은 우리와는 동떨어진 위험으로 느껴지기 쉽다. 독버섯은 진보적인 교육의 주제라기보다는 숲속 마녀가 등장하는 요정 이야기와 더 가까워 보인다. 하지만 최근 야생 먹거리에 대한 관심이 부활하면서 야생버섯을 먹으려는 사람들은 각별한 주의를 기울일 필요가 있다.[2] 알광대버섯, 즉 '*Amanita phalloides*'는 유럽에서 세계 곳곳으로 퍼져가면서 각지에서 식용버섯으로 오인한 사람들을 중독시키고 있으므로 특히 더 조심해야 할 버섯이다.[3] 야생에서 채취한 버섯의 자실체를 먹을 때는 반드시 다시 한 번 생각해보아야 한다. 굳이 직접 버섯을 채취하고 싶다면, 가장 맛있는 버섯으로 종류를 제한할 것을 권한다. 그 버섯의 외양을 잘 알아둔 다음, 다른 버섯들은 제각각 버섯으로서의 할 일을 하도록 두는 것이다.

무덥고 습한 여름 막바지에, 7장에서 다룬 '7대 약용버섯'과 일부가 겹치는 미국 중서부의 '7대 미식버섯'은 느타리버섯으로 시작된다. 바닷속 바위에 붙은 굴처럼 통나무에 붙어서 나는 느타리버섯은 싱싱하고 짭짤한 조개 맛보다는 흰양송이버섯의 맛에 가까운 향미를 선사한다.[4] 조리 시간이나 온도가 지나치면 이 버섯의 은은한 맛을 잃기 쉽지만, 그렇다고 이 버섯을 생으로 먹을 사람은 없을 것이다. 약용버섯인 노루궁뎅이버섯도 비슷한 맛이 난다. 속까지 하얀 어린 먼지버섯은 주름 없는 양송이버섯이라고 할 수 있는데, 피자에 토핑으로 올리거나 양식버섯이 들어가는 요리에 대신 사용해서 식도락가를 놀라게 해주는 것 말고는 특별히 다른 장점이 없다. 덕다리버섯과 잎새버섯은 주방에서 새롭게 시도해볼 만한 식재료다. 느타리버섯보다는 단단하면서 약간 숲의 향기가 느껴진다. 수프나 스튜로 잘 어울리는 버섯이다. 다른 버섯들보다 훨씬 다채로운 맛과 향을 가진 살구버섯과 단단한 견과류 향이 나는 포르치니버섯은 지나치게 조리하지만 않는다면 버섯과 마늘로 더욱 풍미 있게 즐길 수 있다. 버섯에도 계절이 있다. 봄이면 위의 버섯들 대신 곰보버섯류를 먹을 수 있다. 이 버섯들을 독버섯들과 혼동하는 일이 더러 있긴 하나 흔한 일은 아니다.

나의 이 무미건조한 조언들이 도전적인 버섯 애호가들을 당황시킬지도 모르겠다. 가짜 곰보버섯인 자이로마이트라*Gyromitra*가 유명한데, 이들은 독 성분이 있어서 먹기 전에 반드시 충분히 익혀야 한다. 식용 끈적버섯은 독이 있는 끈적버섯과 구별하기 어렵다. 광대버섯 속에도 식용 가능한 버섯—우산광대버섯과 붉은점박이광대버섯—이 있지만, 이들은 알광대버섯, 바보버섯, 파괴천사버섯처럼 섬뜩한 이름만큼이나 무시무시한 독성을 지닌 독버섯과 거의 도플갱어 수준으로 닮아 구별하기가 힘들다.[5] 버섯을 구분하는 법을 배우는 데 많은 시간을 투자한 진짜 버섯 전문가들이야 실수하지 않겠지만, 그렇지 않은 사람들은 극히 조심해야 한다. 버섯 채취 가이드북에서 소수의 진짜 독버섯에만 뼈 위에 X자와 해골 표시를 붙여놓는 것은, 순진한 버섯 채취 초보자들에게 나머지 버섯 대부분은 먹을 수 있는 것이라는 잘못된 생각을 심어줄 위험이 있다. 백 번 양보해서 설사 그렇다 하더라도, 식용 가능한 버섯과 맛있는 버섯이 동등하다고 할 수는 없다. 감칠맛이 나는 버섯은 독을 품은 버섯만큼이나 희귀하며, 버섯의 맛이라는 것이 대개 눅눅한 카드보드를 씹는 맛과 질긴 카드보드를 씹는 맛 사이 어딘가에 있다. 버섯을 안전하게 먹는 방법은 버섯의 크기, 색깔, 냄새, 식용 가능 여부를 가지고 판단하는 것이 아니라, 식욕을 자극하는지 여부와 무해한 것이 분명한가를 거듭 확인하는 데 있다. 생선도 마찬가지다. 몇 종류는 맛이 있고 어떤 것은 독이 있으며, 대부분은 썩 먹을 만하지 못하기에 물고기로 살아가도록 내버려두는 게 더 좋은 것도 있다.

7대 미식버섯에 대한 가이드는 대체로 다른 지역에서도 쓰일 수 있다. 물론 다른 곳에서 식용으로 쓰이는 버섯이 우연히 알광대버섯과 같은 치명적인 독버섯과 비슷하게 생겼을 수도 있다. 미국 중서부의 7대 미식버섯 중에 독버섯과 비슷한 것은 없지만, 아시아라면 사정이 다르다. 아시아에서는 주변 숲에서 채취한 다양한 버섯들을 가까운 시장에 내다 파는 경우가 흔하기 때문이다. 아시아에서 맛 좋은 버섯으로 팔리는 것들 중에는 연한 노란색 갓을 가진 광대버섯이나 크림색 갓을 가진 광대버섯도 있다. 갓 색깔이 미묘하게 다른 것 외에도 이 버섯들에는 죽음의 천사라고 불리는 버섯들의 공통적인 특징이 있다. 갓 아랫부분의 하얀 주름과 기둥의 윗부분에서 아래로 늘어지면서 기둥을 감싸듯이 두른 턱받이와 기둥 아랫부분의 대주머니가 그것이다. 아시아에서 식용 가능한 광대버섯에 익숙한 버섯 채취자들이 북미에서 독버섯과 혼동하는 이유가 바로 여기에 있다.[6] 캘리포니아의 버섯 채취자들도 코코라coccora 또는 코콜리coccoli라 불리는 태평양 광대버섯과 알광대버섯을 헷갈리는 실수를 범하곤 한다. 이 버섯은 생선 냄새가 나서 세비체라는 요리를 할 때 해산물 대신 쓰이기도 한다.[7]

알파-아마니틴,
한 입의 치명적인 대가

식용 광대버섯을 일부러 치명적인 독버섯으로 바꿔치기해 역사에 기록된 음모도 있었다. 서기 54년, 로마 황제 클라우디우스

Claudius의 황후 아그리피나Agrippina가 이 방식으로 자신의 남편을 살해했다. 이 이야기는 식용 광대버섯인 달걀버섯으로 시작된다. 갓이 노란색인 이 버섯은 갓이 피기 전, 마치 달걀 같은 모습일 때 먹을 수 있다. 갓이 우산처럼 활짝 펼쳐지기 전의 달걀버섯을 이탈리아에서는 *ovolo buono*, 즉 민달걀버섯이라고 부른다. 이 버섯을 좋아했던 황제에게 알광대버섯은 완벽한 살인무기였다. 그의 죽음에 대해서는 여러 가지 기록이 있으나, 버섯을 이용한 독살설은 이 불명예스러운 폭군에게 가장 어울리는 마지막이었다.[8] 달걀버섯은 날것으로 먹었을 때 가장 맛있다고 알려진 매우 드문 버섯 중 하나다. 날것을 두껍게 썰어 약간의 올리브 오일과 레몬즙을 뿌려 먹는 맛이 일품으로 찾는 사람들이 워낙 많아, 결국은 씨가 마르지 않도록 보호종으로 지정되었다.[9]

버섯으로 인한 죽음이 대개 버섯을 잘못 알아본 실수에서 기인하지만, 의학 문헌을 보면 죽음을 부르는 버섯인 줄 알면서도 자살할 목적으로 일부러 알광대버섯을 먹은 몇몇 사례가 있다. 이탈리아의 한 젊은 여성은 비록 아마추어였지만 버섯에 대해서는 풍부한 지식을 갖춘 아버지로부터 많은 지식을 전수받았는데, 커다란 알광대버섯을 세 개나 채취해서는 치사량에 이르는 양인 줄 알면서도 그 버섯을 조리해 먹었다.[10] 거의 죽을 뻔했지만, 부모가 재빨리 병원으로 옮겨 간이식을 받고 살아남았다. 안전한지 아닌지를 직접 시험해보겠다고 알광대버섯을 두 개나 먹은 한 튀르키예 남성의 황당한 사례도 있다. "이 남자는 자신에게 아무 일도 일어나지 않는다면 남은 버섯을 다음 날 다 같이 요리해먹자고 가족들에게 말했다."[11] 버섯 요리를 먹고 몇 시간이 지나자 극심한 위통이 찾아왔다. 어떻게든 참아보려고 버티다가 결국 가족에 의해 응급실로 실려갔다. 병원에 도착하자마자 충분한 수분 공급과 함께 치료를 받고 며칠 후 퇴원했다. 치사량의 세 배에 가까운 알광대버섯을 먹었기에, 그가 회복된 것은 거의 기적이었다.

알광대버섯이 위에서 녹으면, 그 독소가 장에서 흡수되어 온몸으로 순환된다.[12] 최악의 독소는 알파-아마니틴이다. 아마니틴은 DNA 가닥에 끼워져 있는 필수 효소의 작용을 방해한다. 이 효소는 단백질 합성의 첫 단계에서 유전자 암호를 읽고 전사하는 역할을 한다. 아마니틴에 노출된 세포는 단백질 공급을 멈추고, 간은 혈류를 타고 들어온 독소가 쌓이면서 망가져버린다. 아마니틴은 버섯을 섭취한 직후에 활성탄 현탁액을 마시면 제거할 수 있다. 그러나 독소가 소장에 도착해 중독 증상이 진행된 후에는 이 치료법도 소용없다. 중독 증상이 시작되면, 가장 좋은 치료법은 정맥주사로 체내의 수분을 유지하고 환자의 몸이 스스로 싸워서 소변으로 독소를 배출하도록 기다리는 것뿐이다. 신장에서 걸러지지 않은 독 성분은 혈류로 돌아오고, 다시 간을 공격한다. 아마니틴은 아스피린보다 치명률이 천 배나 더 높다.[13] 투석으로 신장의 자연스러운 활동을 돕는 실험적인 치료법도 있다. 일부 의사들은 독 성분을 제거하기 위해 담관을 배액하는 방법도 권하는데, 독소가 간과 담낭에서 소장으로 빠져나올 수 있도록 하기 위함이다. 이런 치료법들의 효과에 대한 확실한 증거는 아직 부족하다. 아마니틴이 소변으로 더 많이, 더 잘 배출되도록 고용량 페니실린을 주사하는 치료법이나 밀크시슬 추출물로 만드는 실리마린으로 간세포를 보호하는 치료법도 아직은 불확실하다.

수십 년에 걸친 알코올 의존증도 알광대버섯 하나를 먹었을 때 발생하는 급성 간 손상에는 미치지 못하고, 간 기능이 회복되지 못하면 이식 외에는 다른 방법이 없다. 간이식을 하면 거부반응을 막기 위해 평생 약을 복용해야 하는데, 아이러니하게도 이때 쓰는 약이 곰팡이에서 만들어지는 약이다. 시클로스포린은 토양균(7장)에서, 미오페놀산MPA은 페니실륨에서 만들어진다. MPA를 만들 때 쓰이는 페니실륨은 개펄, 모래, 저장된 과일, 목재, 썩어가는 버섯의 표면에서 자란다. 이렇게 보면 진균학적 윤회를 보는 느낌이다. 숲속에서 위험을 감수하며 채집한 버섯이 간이식 수술을 돕고, 버섯에서 자라는 진균으로 만든 약이 생명을 지키는 치료제로 활용된다. 진균이 병도 주고 약도 주는 셈이다.

알광대버섯이 간 손상을 일으키는 데 전문가라면, 스미스광대버섯Amanita smithiana은 신장 손상을 일으키는 전문가다. 이 신장 손상 전문가는 북미대륙의 태평양 연안 북서부에서 서식하는데, 사람들이 먹기 좋아하는 송이버섯과 혼동하기 쉬울 뿐만 아니라 그 지역에 이 버섯을 숭배하는 컬트 집단도 있다는 게 문제다.[14] 스미스광대버섯을 먹고 쓰러진 사람들은 몇 주 후면 대개 신장 기능을 회복하지만, 스미스광대버섯 중독 신드롬은 대주머니와 받침을 모두 갖춘 버섯을 먹을 때 조심해야 하는 또 하나의 이유로 꼽힌다. 하지만 대주머니가 없다고 안전한 버섯이라는 뜻은 절대 아니다. 아마니틴은 작고 갈색을 띠는 갈색우산버섯Skullcap에서도 생산된다.[15] 이 버섯은 에밀종버섯*Galerina* 속에 속하며 나무를 분해하고 자실체가 무리지어 자라는 특징이 있다. 이를 환각버섯으로 오인해 먹는 사람들도 있다. 갈색우산버섯은 대주머니가 없으며, 자루 윗부분에 얇은 턱받이가 있는 것도 있고 없는 것도 있다. 독버섯을 판별하는 간단한 기준이라는 것은 없다고 비웃는 듯하다.

모든 버섯에는 독성이 있다

알파-아마니틴이 대부분 심각한 중독을 일으키지만, 문제를 일으키는 버섯은 이 독소를 품고 있는 버섯 외에도 매우 많다.[16] 끈적버섯 속 중에도 오렐라닌orellanine이 들어 있는 버섯이 30여 종이나 된다. 오렐라닌은 신장을 공격한다. 알광대버섯을 먹고 중독 증상이 나타나기까지 잠복 기간이 있는 것처럼, 끈적버섯의 중독 증상도 이 허니문 기간 때문에 금방 드러나지 않는다. 신장 손상이 분명하게 밝혀질 때까지 몇 주나 걸리기도 한다. 다른 버섯의 중독 증상은 어떤 독소가 원인인지 밝혀지지 않고 있다. 금빛송이버섯yellow knight을 먹었을 때 나타나는 중독증은 독성의 원인물질이 확실하게 밝혀지지 않은 대표적인 사례다. 이 중독증은 자실체에 있는 무엇인가가 큰 손상을 일으키는 것으로 보인다. 금빛송이버섯은 갓이 평평한 버섯으로, 침엽수가 자라는 숲에서 서식한다. 유럽 사람들은 수백 년 전부터 이 버섯을 먹어왔다. 튀김, 수프, 피클 등 여러 요리책과 버섯 채취 가이드북에 단골로 등장한다. 프랑스, 폴란드, 리투아니아, 독일 등에서 다양한 중독 사례가 보고되기 전까지만 해도 안전하게 먹을 수 있는 버섯으로 인기가 높았다. 1992년부터 2000년 사이에 프랑스에서 처음으로 이 버섯에 중독된 환자의 입원 사례가 열두 건 보고되었다.[17] 환자의 혈중 크레아틴키나아제 수치가 갑자기 치솟았는데, 크레아틴키나아제는 근육의 융해를 알려주는 표시자로 융해된 근육의 단백질과 혈액세포가 배출되므로 소변이 검붉어진다. 환자들은 구토 증상과 함께 온몸에서 비 오듯이 땀을 흘렸고, 다리가 약해져서 걷지도 못하는 환자까지 있었다. 대부분은 몇 주 안에 회복되었지만, 입원 환자 중 셋은 사망했다.

왜 그런 일이 발생했을까? 금빛송이버섯은 비슷한 외형의 버섯이 많아, 어쩌면 금빛송이버섯과 비슷한 독버섯에 중독되었을 가능성도 있다. 그러나 진균과 우리 식생활의 관계에 대해 더 깊이 생각해보게 하는 또 다른 주장도 있다. 2016년 리투아니아에서 56세의 남성이 일주일에 세 번씩 넉넉한 양의 금빛송이버섯을 먹고 중독 증상을 보인 사례가 있었다.[18] 이 환자보다 훨씬 더 열광적으로 금빛송이버섯을 먹은 사람도 있었다. 이 환자는 일주일이 넘는 기간 동안 매일 이 버섯을 먹었다. 르네상스 시대의 의사 파라셀수스 Paracelsus의 명언인 *dosis sola venenum facit*, 즉 "용량이 독성을 결정한다"는 말이 새삼 떠오르게 하는 사례였다. 파라셀수스의 명언은 우리가 먹는 모든 것에 적용된다. 감자를 예로 들어보자. 감자에는 알칼로이드 솔라닌이라는 독소가 들어 있지만, 이 독소의 중독 증상은 앉은 자리에서 감자 한 자루를 다 먹어야 나타날까 말까 하는 정도다.[19] 금빛송이를 비롯해 다른 모든 버섯에 독소가 들어 있고, 중독 증상이 나타나느냐 마느냐를 결정하는 것이 섭취량이라면 어떨까?

많은 양의 다양한 버섯 분말을 먹인 쥐도 금빛송이버섯에 중독된 사람과 마찬가지로 크레아틴 수치가 갑자기 치솟았다.[20] 이 불쾌한 실험에 쓰인 버섯은 표고버섯과 살구버섯이었고, 양송이버섯을 잔뜩 먹인 쥐들은 조직궤양 징후를 보였다. 이 쥐들에게 먹인 버섯의 양은 충격적이었다. 사람으로 치면 매일 포토벨로 버섯을 50개씩 강제로 먹인 것과 비슷했다. 이 실험에서 버섯의 독소 성분을 밝혀내지는 못했지만, 이 실험의 가치는 아무리 안전한 버섯이라도 적당한 수준으로 섭취해야지 한꺼번에 과하게 많은 양을 섭취하면 해로울 수 있음을 알려주었다는 데 있다. 거의 모든 종류의 버섯이 소화계에 문제를 일으킬 수 있으므로, 어떤 버섯이든 한꺼번에 한 바구니씩 먹어치우는 행동은 하지 말아야 할 것이다.[21] 어쩌다 한 번씩 금빛송이버섯을 채취해서 요리해 먹는 것을 즐기는 사람들은 굳이 그 즐거움까지 포기할 필요는 없을 것 같다. 하지만 알광대버섯으로 오믈렛의 맛을 돋울 생각은 하지 말아야 한다.

가장 예쁜 독버섯,
붉은사슴뿔버섯

세상에서 가장 예쁜 버섯 중 하나가 가장 치명적인 독을 가진 버섯으로 손꼽힌다. 바로 붉은사슴뿔버섯으로, 아시아와 오세아니아의 숲속에 떨어진 낙엽에서 선명한 붉은색 가지가 갈라지며 솟아나고, 비단처럼 부드러운 표면에서 포자를 퍼뜨린다. 붉은사슴뿔버섯은 언뜻 보면 약용버섯의 하나인 영지버섯과 비슷해서, 이 버섯을 채취해 뜨거운 물에 차로 우려 마시는 사람들이 있다. 피부 손상과 탈모, 혈관 질환, 뇌손상을 일으키는 이 버섯을 불로장생의 버섯으로 착각하는 것이다.[22] 붉은사슴뿔버섯에는 사트라톡신이라는 강력한 독소가 들어 있어서, 이 버섯을 완두콩 한 알 크기만큼만 먹어도 치명적이다. 손바닥과 발바닥의 말단피부박리, 탈모증 같은 당혹스러운 증상은 이 버섯으로 인한 중독을 다른 버섯 중독과 구별할 수 있게 해주는 특징이다. 뇌 손상과 골수 손상도 붉은사슴뿔버섯 중독의 독특한 증상이다.

담자균에 속한 싸리버섯류는 스파게티처럼 가늘고 길게 뻗은 모양에서부터 뭉툭한 몽당연필같이 굵은 모양까지 형태와 색깔이 다양하다. 어떤 것은 사슴뿔을 닮았고 어떤 것은 색칠한 작은 콜리플라워처럼 생겼다.[23] 에스코베타*escobetas* 또는 빗자루버섯이라는 이름으로 알려진 버섯을 비롯해 살집이 통통한 싸리버섯들은 멕시코에서 식용버섯으로 인기가 높다.[24] 무려 천 종 이상의 싸리버섯이 확인되었는데, 그중 상당수는 구토와 장 질환을 유발한다. 한 버섯 채집 가이드북은 식용 싸리버섯을 구분하는 것이 얼마나 어려운지 다음과 같이 설명했다. "노랑싸리버섯*Ramaria flava*은 식용 가능한 것으로 알려져 있지만, 적당량만 섭취해야 한다. 이 버섯은 강한 독성을 가진 붉은싸리버섯과 혼동할 우려가 있다. 붉은싸리버섯을 섭취하면 위통과 설사를 유발한다. 영국에서 이 버섯들을 채집하면 안 되는 이유가 한 가지 더 있다. 이 버섯들은 매우 희귀한 종이다."[25] 싸리버섯을 찾는 사람이 있다면 그는 아마도 대단한 버섯 애호가일 것이다. 이런 용감한 사람들은 모든 버섯을 기본적으로 먹을 수 있는 것으로 전제하고, 위험한 버섯이라도 잘만 조리하면 독성을 제거할 수 있으므로 거대한 파도를 타는 서퍼나 무산소 등정을 하는 등반가처럼 자신도 자연과 한 판 승부를 벌일 수 있다고 생각한다.

그들과는 정반대인 나의 전제—식품점에서 살 수 있는 버섯 이외의 모든 버섯은 일단 의심한다—는, 록그룹 '더 도어스the Doors'의 짐 모리슨Jim Morrison 등 많은 이가 주장했던 것처럼 '아무도 살아서는 여기서 나갈 수 없는' 상황과 마주쳤던 실험적인 버섯 미식가들에게는 지나치게 소극적인 자세로 비칠 수 있다. 그들은 현대판 매킬베인 부대원들이다. 매킬베인 부대를 이끌었던 찰스 매킬베인Charles McIlvaine(1840-1909) 대위는 1900년에 출판한 묵직한 저서 『미국의 버섯 천 가지*One Thousand American Fungi*』에 소개된 버섯들을 더 자세하고 생생하게 설명하기 위해 입수한 모든 버섯을 직접 맛보기까지 했다.[26] 설사를 유발하는 종류의 버섯들을 묘사하면서, 이

불굴의 남북전쟁 참전용사는 이렇게 썼다. "어디서 어떻게 자라든, 개암버섯류는 모두 안전하다. 나는 1881년부터 이 버섯을 아무 탈 없이 먹어왔다."

수천 년 동안 독버섯으로 알려진 버섯들을 뛰어넘어 유해한 버섯과 무해한 버섯의 목록을 더 늘려가자면 매킬베인의 방법이 유일한 길이다. '늙은 강철 위장'이라는 별명으로 불렸던 매킬베인은 안전한 버섯에 대한 믿을 만한 충고는 남기지 않았다. 그러나 버섯을 소비하는 사람들이 점점 증가하자 출간된 버섯 채취 지침서나 실질적인 버섯 채취 지침은 직접 연구를 해보지 않은 아마추어들에게도 풍부한 정보를 줄 수 있을 정도가 되었다.

어떤 버섯은 어째서 더 치명적일까

덩치가 큰 동물일수록 버섯을 먹고 소화하는 데 소비되는 에너지에 비해 버섯으로부터 얻는 에너지가 훨씬 적어서 버섯을 잘 먹지 않는 경향이 있다. 그래서 버섯이 곤충이나 작은 동물, 지렁이 같은 선충들을 뿌리치기 위해 몸 안에 독소를 생산하는 화학적 작용을 진화시켰을 것으로 생각된다.[27] 이 작은 무척추동물들은 대부분 물로만 가득 찬 자실체의 균사들을 피하고, 그 대신 지방으로 가득한 버섯의 포자를 먹는다. 여기서 얻는 영양학적인 보상은 유충의 성장을 돕기에 충분하다. 유충으로 인해 구멍이 송송 뚫린 독버섯의 자실체를 종종 발견하게 되는 것이 바로 이런 이유에서다. 곤충들도 독소를 교묘히 잘 피해가는 것이 분명해 보인다.

버섯이 독을 품기로 마음먹으면, 물론 무의식적인 진화론적 관점에서, 천적인 곤충의 신체 기능을 마비시키는 공격적인 화학물질을 만들어낸다. 의도치 않게 이 화학물질의 목표에 사람까지 포함되어 버린다. 대부분 생명에 해로운 화학물질을 만들다 보면 필연적으로 자기중독의 함정에 빠지게 되지만, 버섯은 자신이 만드는 독소에 덜 민감하도록 자기 몸의 단백질을 변형시켰다.[28] 또한 버섯은 한 곳에서 움직이지 않는다는 점에서도 이점이 있다. 독주머니를 몸에 지니고 땅 위를 미끄러져 다녀야 하는 독사와 달리 성숙한 자실체는 적극적인 대사작용을 유지할 필요도 없고, 자실체의 기둥이나 갓의 조직을 독으로 무장시켜도 아무런 해를 입을 걱정이 없다. 버섯이 해야 할 일이란 똑바로 곧게 서서 포자 생성을 끝낼 때까지 주름 표면의 세포가 상하지 않도록 유지하는 것뿐이다. 알광대버섯이 예외적이고 극단적으로 강한 독성을 가지게 된 것은 천적들이 진화적 무기 경쟁을 통해 독성에 대한 저항성을 획득함에 따라 방어체계를 더욱 강화시키는 과정에서 생겨났을 것이다.

마법, 미신, 그리고 버섯에 대한 지혜

야생버섯 채취가 국가적인 문화의 일부인 독일이나 폴란드 같은 나라에서 버섯을 구별하는 기술은 대를 이어 전수되었다.[29] 이런 기본적인 진균학적 지식은 버섯을 좋아하는 사람들 사이에 퍼져 있는 오랜 미신을 배척하고 승리를 거둠으로써 사람들이 살구버섯을 수확할 때 알광대버섯을 피할 수 있게 해주었다. 물론 버섯 중독은 여전히 발생하지만, 누군가가 엉뚱한 버섯을 채취했다고 해서 마녀를 탓하지는 않았다. 하지만 중세 유럽에서 어떤 진균에 의한 중독으로 마을 하나가 통째로 사라질 뻔했던 사건은 차원이 다르다. 마치 유행병과도 같았던 이 중독증은 불가사의한 신비로 여겨졌다. 호밀을 비롯한 여러 곡물에 피었던 곰팡이의 작은 포자들이 밀가루를 만들고 빵을 굽는 과정에서 섞여 들어갔다는 사실을 사람들은 몰랐기 때문이다. 이 진균과 전염병처럼 번진 병의 연결고리를 아무도 설명할 수 없었다. 그 병이 맥각 중독ergotism으로 불리게 된 것은 17세기에 들어서의 일이다. 중세는 지식이 부재한 시대였으며, 그 빈자리를 미신이 채우고 있었다.

맥각 중독은 비가 많이 내리는 여름철에 발생한다. 마을 사람들이 한꺼번에 토하고, 두통을 호소하며 손가락과 발가락의 감각을 잃는다. 파상풍 환자와 비슷한 강직성 경련과 발작을 일으키며 언어 기능을 상실하고 자기 혀를 깨물기도 한다.[30] 원수지간이라도 이런 병을 얻으면 용서하고 싶어질 만하다. 이 병이 몰고 온 망상과 환각 때문에 어떤 사람은 자기 피부 아래에 벌레가 기어 다니는 것처럼 느끼는데, 이런 증상을 의주감이라고 한다. 또 어떤 사람들은 강렬한 열감에 시달린다. 몸이 타는 듯한 느낌을 '*ignis sacer*' 또는 '신성한 불꽃'으로 부르며 신이 내린 형벌이라고 믿었다. 혈액이 공급되지 않는 사지 말단에 괴저가 일어나 발가락이 시커멓게 죽어가고, 관절에서 떨어져 나간다. 심하면 팔과 다리를 잃었다. 이 모든 고통을 신이 내린 형벌이라 여겼다.

어느 마을에서는 괴저 증상이 주를 이루었고 어떤 마을에서는 발작과 경련이 심했다. 맥각균*Claviceps*은 신경 자극과 근육 수축의 흐름을 방해하는 맥각 알칼로이드를 생성하기 때문에 온몸을 만신창이로 만든다. 맥각 독은 곰팡이 독의 하나인데, 버섯이 아니라 곰팡이에 의해 생기는 독소라는 점에서 '곰팡이 독'이라는 용어를 쓴다.[31] 맥각 알칼로이드 혼합물은 혈관이 좁아지게 하고 근육을 마비시키는 것 외에도 행동 변화와 환각을 일으킨다. 이렇게 다양한 증상을 유발한다는 점에서 맥각균이 화학적으로 얼마나 다변적인지를 알 수 있다. 맥각균은 그야말로 만물상 같은 생물무기 센터다. 이 진균이 가지고 있던 본연의 목적은 다른 어떤 미생물이나 동물의 방해 없이 오붓하게 곡물을 먹고 사는 것이었다. 호밀을 감염시키면 이 진균은 한두 송이의 호밀꽃을 차지하고 호밀 이삭에서 건강한 알곡 대신 바나나처럼 생긴 시커먼 알갱이를 내민다. 이 알갱이가 바로 맥각이다. 영어 이름 'ergot'은 수탉의 발톱을 뜻하는 옛 프랑스어에서 온 말이다. 생김새로 보면 완벽하게 어울리는 이름이다. 이 독성 알칼로이드는 건강한 호밀 알곡과 함께 맥각이 갈리면서 밀가루가 될 때 함께 섞여 들어간다.

맥각 중독은 아시리아의 점토판에도 기록되어 있을 정도로 아주 오랜 옛날부터 사람들에게 알려진 증상이었다. 그러나 맥각 중독에 대한 구체적인 묘사는 서구 유럽에서 호밀빵이 주식으로 자리 잡은 기독교 시대의 기록에 남아 있었다. 맥각 중독은 성 안토니우스의 불이라는 이름으로 불렸다. 성 안토니우스가 끔찍한 역병을 기적적으로 치료한 데서 연유한 이름이었다. 맥각균의 또 다른 놀라운 효과 중 하나는 임산부의 유산을 유도하는 것이었다. 분만 시 생맥각은 분만을 돕는 데 사용될 수 있지만, 원치 않는 임신이라면 유산시킬 수도 있었다. 정제된 에르고메트린ergometrine도 알칼로이드의 한 종류로 1930년대 분만 시에 출혈을 막는 약으로 쓰이기 시작했고, 분만 도중 산모가 사망하는 사고를 줄이는 데 큰 몫을 했다.[32] 아기가 태어난 후 태반의 배출을 돕는 용도로도 쓰였다. 또 하나의 알칼로이드인 에르고타민ergotamine은 편두통 치료제에 쓰이며, 맥각 화합물의 구조를 기반으로 한 여러 합성 약물들이 다양한 의학적 용도로 쓰인다. 서양 의학에서 독성물질을 질병 치료제로 쓴 사례 중 하나로, 중국 전통 의학에서는 이미 천 년 전부터 지켜오던 의술의 원리였다.[33]

리세르그산lysergic acid은 맥각 알칼로이드의 전구체로, 맥각균은 리세르그산이라는 화학적 뼈대를 바탕으로 이리저리 붙이고 잘라서 다양한 독소를 만들어낸다.[34] 앨버트 호프먼Albert Hoffman은 리세르그산을 맥각에서 분리해 LSD를 합성하는 데 사용했다. 호프먼은 스위스 태생의 유명한 화학자로, 1940년대에 자가 실험을 통해 LSD의 향정신성 효과를 발견했다. 호프먼은 계속해서 맥각뿐만 아니라 다른 버섯에서도 알칼로이드를 분리해냈는데, 9장에서 다룰 실로시빈psilocybin이 바로 그 알칼로이드였다.

리세르그산, 그리고 이 진균과 밀접한 관련이 있는 화합물들은 중세 맥각 중독 피해자들이 경험한 공포스러운 환각 증상의 원인으로 보인다. 이러한 환각 증상으로 인해 마을 사람들은 자신들이 초자연적인 힘의 지배를 받고 있다고 믿기도 했다. 끔찍한 악령의 출몰과 마녀의 마법, 그리고 귀신 들림은 신의 형벌이라는 것이 가장 흔하고 손쉬운 해석이었다. 맥각 중독의 정신병적 증상이 몰고 온 두려움은 히에로니무스 보슈Hieronymus Bosch가 1501년경 목판에 그린 삼단 제단화 「성 안토니우스의 유혹*The Temptation of Saint Anthony*」에 등장하는 악귀의 소재가 되었던 것으로 보인다.[35] 물고기가 하늘에서 둥근 원을 그리며 날고, 날개 달린 악마가 성 안토니우스를 사람들이 우글거리는 무시무시한 광장으로 데려간다. 그 사람들은 돼지 얼굴을 하고 있거나 다른 괴물들의 얼굴을 하고 있다. 안토니우스가 그리스도를 향해 손짓하는데, 그리스도는 그 혼돈스러운 세상과는 동떨어진 작은 동굴 안에 있다. 잘린 발과 멀리 배경에서 불타고 있는 마을이 맥각 중독의 상징으로 보인다.

1690년대 식민지 매사추세츠의 한 마을에서 맥각 중독에 걸린 소녀들이 섬망과 발작 증상을 보였다. 세일럼의 법정은 초자연적인 주장을 받아들였다. 마을 사람들 19명이 마녀 사냥으로 교수형을 당했고, 스무 번째로 기소된 남자는 자백을 받으려고 행한 고문 끝에 숨졌다. 남자의 몸 위에 널빤지를 놓고 그 위에 무거운 돌을 올려놓았는데, 그만 그 돌이 너무 무거워 압사당했던 것이다.[36] 이런 황당한 악행의 뿌리는 맥각 중독이었지만, 사람들은 그 원인이 진균이라는 주장보다는 심인성 집단 질병이라든가 종교적 극단주의에 물든 공동체의 히스테리라는 주장을 더 쉽게 받아들였다.

눈에 보이지 않는 적,
곰팡이의 진균독

진균에 의한 무시무시한 중독 증상을 본 사람들은 역사 속의 다른 사건들에 대해서도 진균독이 원인이라는 설명을 하기에 이르렀다. 아테네 대역병, 흑사병, 칼뱅주의의 발흥, 프랑스 대혁명 시기의 대공포 등이 그런 사건들로 언급되었다.[37] 이 사건들과 진균독의 관계는 증거가 희박하거나 아예 존재하지 않지만, 현대 과학으로 고대의 미스터리를 풀 수 있다는 희망은 역사의 수수께끼에는 답이 존재하지 않는다는 진리보다도 더 강력하게 우리를 매료시키곤 한다. 사실을 이론에 끼워 맞추고 심지어는 애초의 믿음이 객관적인 학문적 논리에 의해 부정되는 경우에도 사람들은 믿기 편한 상상에 매달렸다. 투키디데스가 『펠로폰네소스 전쟁사*History of the Peloponnesian Wars*』에서 언급한 아테네 대역병은 아주 흥미로운 연구 사례다. 투키디데스가 묘사한 이 질병의 증상은 피부가 타는 듯한 열감과 격렬한 발작, 손가락과 발가락 손실 등, 맥각 중독의 증상과 딱 맞아떨어졌다. 아테네 대역병이 맥각 중독이라는 주장을 가장 먼저 한 사람은 19세기 독일의 한 독물학자였다. 훗날 맥각 중독 전문가들은 BC 430년 아테네에서 벌어진 수천 명의 죽음의 원인이 이 곰팡이 때문일 수 없다고 지적했다. 그 당시 아테네에서는 호밀을 먹지 않았기 때문이다. 그러나 진균과 이 병을 연관 짓는 데 집착한 사람들은 고대 그리스에서 밀을 주식으로 먹었고, 저장된 밀에서 자란 또 다른 진균으로부터 나온 독소가 그리스인들을 쓰러뜨린 것이라고 거듭 주장했다.[38] 이런 주장 덕분에 아테네 대역병의 원인균에 대한 논의는 계속 이어졌다. 그러나 진짜 원인은 박테리아나 바이러스 감염이었을 가능성이 훨씬 크다.

식중독은 직접 독소를 먹은 경우로 제한된다. 그러나 굶주린 환경에서 많은 사람이 똑같은 음식을 먹을 수밖에 없는 경우에는 식중독도 감염병처럼 보일 수 있다. 아테네 사람들은 오랫동안 이어진 스파르타의 봉쇄 때문에 곰팡이 핀 곡식을 먹을 수밖에 없었다. 이보다 더 분명하게 곰팡이 독이 문제였던 경우는 1940년대 러시아 스텝 지대의 오렌부르크였다.[39] 제2차 세계대전으로 극심한 식량 부족에 시달리던 사람들은 논밭에 떨어진 낟알을 주워 먹기에 이르렀다. 한겨울 눈 밑에서 잠자던 푸사리움 속 균종들이 수확되지 못한 곡물들을 부패시키기 시작하면서 낟알에 독성을 가진 트리코테센trichothecene이 스며들었다. 이 화학물질을 먹어서 생기는 증상을 소변독성백혈병alimentary toxic aleukia 또는 ATA라고 한다. ATA의 첫 증상은 독버섯 중독 증상과 비슷한 메스꺼움, 구토, 설사 등이고, 뒤이어 광범위한 혈관 출혈로 장기부전까지 이어질 수 있다. 피부로 가는 혈액이 감소하고, 얼굴에 상처가 생기면 박테리아가 쌓이면서 결국 박테리아에 감염된다. 오렌부르크에서는 열 명 중 한 명이 ATA 환자였고, 그중 몇 명이 사망했는지는 확실하지 않다. 이 끔찍한 재앙은 역사에 기록된 맥각 중독 사례 중 하나이며, 다른 점이 있다면 원인이 분명했다는 것이었다. 그 원인을 밝히기 위해 마녀 재판을 벌일 필요도, 채찍으로 자학할 필요도 없었다. 원인은 곰팡이였다.

요즈음은 맥각 중독이나 ATA도 큰 위협이 되지 않는다. 그러나 우리는 일상적으로 먹는 음식을 통해 미세한 양의 진균독을 매일 흡수한다.[40] 곡물에서 과일, 채소, 유제품과 육류에 이르기까지 곰팡이로 오염되지 않은 식품이 없기 때문에 우리는 진균독을 피할 수 없다. 심지어 양식어류에도 양식장에서 쓰는 먹이에 진균독이 미량씩 남아 있다. 우리가 무얼 먹든 진균독은 우리 몸속에서 혈류를 타고 흐른다. 우리의 삶 구석구석에 스며 있는 진균과 우리의 관계를 보여주는 또 하나의 그림이다.[41]

아플라톡신aflatoxin은 현대인의 식단에 만연해 있는 가장 골치 아픈 진균독이다. 이 독소는 아스페르길루스 속에 속한 균종에 의해 만들어지고, 우리의 DNA에 달라붙어 간암의 발병 가능성을 높이는 돌연변이를 일으킨다.[42] 또한 아플라톡신은 장을 손상시키고 면역체계를 망가뜨려 바이러스 감염에 취약하게 만든다. 아플라톡신이 체내에 다량 유입되면 신생아의 경우 선천적 결손을 유발하고, 노인에게는 신경퇴행성 질환을 일으킨다. 여기까지만 해도 결코 만만한 독소가 아님을 알 수 있다. 아플라톡신은 개발도상국에서 가장 위험이 크다. 덥고 습한 기후로 인해 옥수수, 땅콩, 주식으로 먹는 곡식에서 이 진균이 자라기 쉽기 때문이다. 케냐는 아플라톡신 중독의 위험지대로 간주된다.[43]

미국 농무부USDA는 땅콩, 아몬드, 피스타치오 너트 등의 아플라톡신 수치를 모니터링한다. 정부에서 감시한다고 해도 이들 식품에서 곰팡이가 자라는 것을 완전히 막을 수는 없어서, USDA도 땅콩버터와 기타 식품들에서 일정 수준의 아플라톡신 수치를 인정한다. 이에 대한 대중들의 관심 때문에 미국에서 가장 많이 먹는 샌드위치 재료 중 하나인 땅콩버터 제조업자들은 제품에 땅콩 알레르기에 대한 경고문과 함께 땅콩버터에 자연독소인 아플라톡신이 들어 있을 수 있다는 경고문을 붙이고 있다. 아플라톡신에 대한 관심 덕분에 뉴멕시코에서 생산되는 발렌시아 땅콩이 프리미엄 땅콩으로 대접받으면서 가격이 올랐다. 뉴멕시코의 건조한 기후 덕분에 이 땅콩이 수확되기 전이나 후에 곰팡이가 생길 위험이 적기 때문이다. 고양이와 개도 아플라톡신 중독에 상당히 취약한데, 매일 같은 사료를 먹으므로 특히 더 위험할 수 있다. 이런 이유로 반려동물 사료에도 진균독 수치에 대한 규제가 시행되고 있다.

사람과 진균독의 상호작용은 대개 음식에서 비롯된 오염균을 장에서 흡수하면서 시작되지만, 폐도 진균독의 두 번째 스펀지라고 할 수 있다. 진균에 감염된 곡물로부터 일어나는 먼지를 마실 때, 농부들도 큰 위험에 놓이는 셈이다. 배양접시 속의 폐 세포에 아플라톡신을 처리하면 폐 세포는 섬모 기능의 일부를 잃는다. 폐 속에서 점액을 이동시키는 섬모가 아플라톡신 독소를 흡수하면 제 속도로 움직이지 못하게 된다는 뜻이다.[44] 첨단 공기정화 설비는 물론 방진 마스크도 없이 사일로에서 곰팡이 핀 곡물로부터 포자를 흡입하며 일하는 노동자들에게는 알레르기에 한 가지 위험이 더해진다(3장). 홍수가 지나간 뒤 곰팡이 포자로 벽이 시커멓게 변색된 건물에서 살거나 일하는 사람들도 진균독에 노출될 수 있다. 하지만 지금까지 분석 가능한 증거들로 미루어 보아 이 경우의 흡입량은 특정 증상을 일으키기에는 너무 적다.[45]

'검게 변색'되었다는 말은 학술적인 표현은 아니다. 1990년대에 오하이오주의 클리블랜드에서 폐출혈과 신생아 사망의 원인으로 지목되면서 '독성 검은곰팡이'라는 오명을 쓰게 된 탓에 대중의 건강을 해치는 원흉으로 손가락질을 받고 있는 검은곰팡이*Stachybotrys*가 '검게 변색'시킨 주인공이다.[46] 이 진균은 건식벽이나 석고보드 표면에 도배된 두터운 벽지에서 자란다. 벽지가 물에 젖으면 모든 종류의 진균독이 왕성하게 자랄 수 있는 환경이 된다. 이 진균의 작용이 사람에게 해가 될 것은 분명하지만, 클리블랜드의 비극이 이 진균 때문인지는 명확하게 규명되지 않았다. 검은곰팡이의 포자는 끈적끈적해서 공기 중에 쉽게 날아가지 않는다. 그렇기 때문에 사람에게 흡입되는 검은곰팡이 포자의 수는 제한적이고, 따라서 사람의 몸속에 들어간 독소의 양도 매우 적을 수밖에 없다. 그러나 이 곰팡이가 대량으로 자라는 환경이라면, 아직 섣불리 판단할 수 없다. 아직 발달 단계에 있는 신생아의 폐는 진균독에 매우 예민할 것이고, 이 곰팡이가 신생아실 벽에서 높은 밀도로 자라고 있었다면 신생아에게 매우 위험할 수 있다. 곰팡이 군집에서 증발되는 휘발성 화학물질도 밀폐된 공간에서는 독성을 가질 수 있다는 주장도 있다.[47] 눅눅한 집에서 나는 매캐한 냄새, 젖은 옷가지, 상한 음식은 바로 이런 화합물들로부터 생겨난다. 사람은 이런 휘발성 기체를 모두 감지할 수 없지만, 개는 이런 냄새들을 쫓아서 건물 내부의 곰팡이 오염 지역을 찾아내는 데 익숙하다. 가정에서의 진균독과 휘발성 화합물의 잠재적인 위험은 차치하더라도, 진균 천식은 어린이들에게 논쟁의 여지가 없는 위험요소다. 진균에 지나치게 노출되면 언제나 대중의 건강에 심각한 위험이 발생할 수 있다는 의미다.

진균독은 끝나지 않는 먹이 경쟁, 즉 곰팡이 대 곰팡이의 상호 파괴적인 전쟁에서 진균이 쓰는 천연 화학 무기라고 할 수 있다.[48] 공기 중에서 수백만 톤의 포자가 날아다니다가 부드럽게, 보이지 않게 아무 데나 내려앉는다. 포자가 발아하면, 균사가 슬슬 뻗어나가 다른 포자의 균사를 툭툭 건드려보다가 서로 독소를 주고받으며 전투를 치른다. 여기서 어떤 진균은 죽고 어떤 곰팡이는 살아남으며, 어떤 곰팡이는 다른 곰팡이가 던진 진균독을 자신만의 항진균 칵테일로 중화시키면서 살아남는다. 이미 수억 년 전부터 진균은 이런 생물학적 전쟁을 치러왔다.[49]

맥각균은 다른 진균과 싸우는 것뿐만 아니라 특수한 알칼로이드를 무기로 박테리아, 선형동물, 그리고 곤충으로 공격 상대를 넓혔다. 이렇게 전선을 확대해야 했던 이유는 성장의 계절이 끝나면 땅에 떨어져 앞에서 언급한 토양 속 유기체에게 먹히기 쉬웠기 때문이다. 맥각균은 안전하게 겨울을 나고 이듬해 봄에 포자가 새 곡물을 감염시킬 수 있게 하기 위해 이런 방해꾼들을 멀리 쫓아버려야 했다. 사람의 맥각 중독은 우리와 같은 종류의 신경과 근육 세포를 가진 곤충과 맥각균 사이의 전쟁이 낳은 소름 끼치는 부산물이다. 사람의 몸은 놀라운 해독 시스템을 가지고 있지만, 맥각 알칼로이드와 몇몇 진균독 앞에서는 맥을 못 쓰고 있다.

포도즙과 맥주의 엿기름 즙이 달콤하게 익어가기 시작할 때, 그것을 방해하는 미생물을 처리하기 위해 효모는 여러 종류의 독소를 만들어낸다. 인간은 효모를 활용하기 위해 그런 진균독을 성공적으로 처리해왔다. 수만 년의 세월을 거치며 효모가 만들어내는 알코올에 생리학적으로 완벽하게 적응했고, 그러면서 이 진균독과 인간의 문화적 관계는 현대 문명의 역사에서 한 부분을 이루게 되었다.[50] 알코올은 인간 신경계에 미치는 영향 때문에 잠재적인 항정신성 약물로서 한자리를 차지하고 있다. 물론 알코올을 두고 이런 식으로 말하지는 않는다. 이 특별한 임무는 뇌를 통제한다고 알려진 일부 진균 대사산물에게 부여된 것이다. 9장에서는 이러한 작용에 대해 이야기하도록 하겠다.

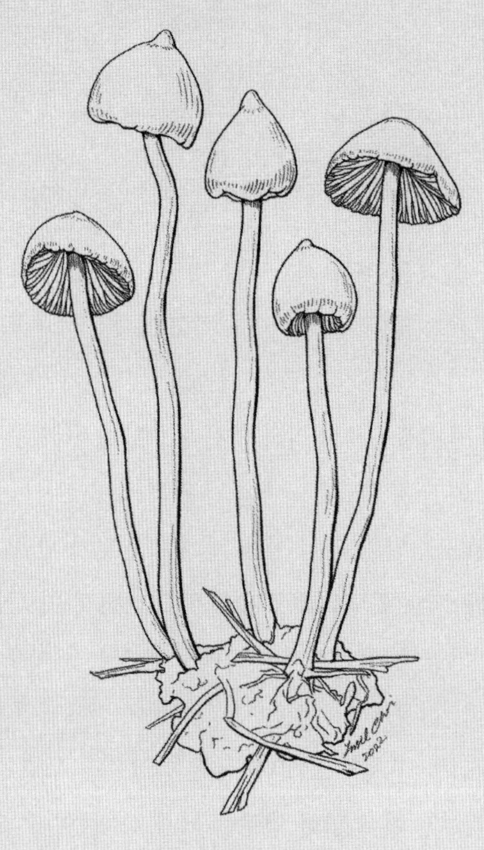

9장

꿈꾸다
Dreaming

우울증을 치료하는 버섯

마법의 버섯은 마치 초원을 날아다니는 반딧불처럼 뇌에 불을 밝힌다. 신경활동의 파동이 상승곡선을 그리다가 차츰 하강곡선을 그리고, 하나의 점에서 다른 하나의 점으로 뇌를 가로지르며 이동하다가 사라진다. 우리의 의식이 일상적인 정보의 흐름과 연결되었다가 단절되는 동안, 파동의 섬이 여기서 번쩍하고는 저기서 사그라진다. 마법의 버섯을 먹었을 때 뇌파는 강렬한 꿈을 꿀 때와 비슷하다. 버섯의 작용을 통해 일상적인 사고로부터 일시적으로 분리되면서 특이한 궤적을 보이다가, 뇌파가 다시 일상적인 사고와 연결되면 우리의 사고방식에 장기적인 영향을 미칠 수 있다. 결과적으로 불안과 우울증은 강도가 누그러지고 삶은 덜 잔인해진 것처럼 보일 수 있다. 마법의 버섯이 작용한 꿈은 마치 열대 섬에서 휴가를 즐기거나 고요한 강물 위를 따라 카누를 타는 것과 비슷하다. 그 휴식 뒤에 찾아오는 평화는 휴가가 끝난 뒤에도 남아 있으면서 놀라운 효과를 만들어낸다.

환각이라고 설명되기도 하는 특이한 꿈과 꿈을 꾸는 듯한 상태는 마법의 버섯의 작용에 대한 설명과 겹치는 부분이 많다. 히브리 성경에서 예언자 에제키엘(Ezekiel, 공동번역 성서와 가톨릭 성경에서는 에제키엘, 개역 성경에서는 에스겔이라고 지칭-편집자)은 바빌론에서 목격한 성스러운 환영들을 회상했다. "내가 그 생물들을 바라보니, 생물들 옆 땅바닥에는 네 개의 얼굴에 따라 바퀴가 하나씩 있었다. 그 바퀴들의 모습과 생김새는 빛나는 녹주석 같은데, 넷의 형상이 모두 같았다. 그 모습과 생김새는 바퀴 안에 또 바퀴가 들어 있는 것 같았다."[1] 나도 이와 비슷한 꿈을 꾸었다. 별이 모래알처럼 뿌려져 있는 밤하늘이 소용돌이를 일으키기 시작하더니, 어둠 속에서 빛의 웅덩이가 빙글빙글 회전했다. 내가 가만히 들여다보자 소용돌이가 열리면서 그 안에 더 많은 소용돌이가 있었다. 회전하는 은하 안에는 더 많은 은하가 회전하고 있고, 원자 속의 입자는 끝없이 뒤로 달아났다. 어느 놀라운 순간에 마치 자연이 스스로를 남김없이 드러내는 듯했고, 자연의 계시는 모든 것의 시초를 향해 점점 더 웅대해졌다. 꿈에서 깨자 나는 너무나 황홀해서 꿈속의 장면을 잊지 않으려고 애썼다. 그 후로 내 무의식 속 밤하늘은 춤추지 않았다. 셰익스피어의 『템페스트』에서 캘리번이 말한 것처럼 말이다.

그리고 꿈속에서 나는 구름이 열리고,
보물이 쏟아질 것 같은 광경을 보았다.
그러다가 깨어났을 때, 다시 꿈꾸기를 간절히 바랐다.

_세익스피어, 『템페스트』 3막 2장

고대 예언에 대한 자세한 내용과 나의 꿈은 그 시대의 산물이었다. 에제키엘은 메소포타미아 사람들이 상상했던 '불의 전차'와 네 얼굴을 가진 신의 심상心象에서 영감을 받았고 나의 환상은 우주에 관한 책에서 비롯되었지만, 직관적으로 느껴지는 감흥은 비슷한 것 같다. 에제키엘에 대해서는 전문가가 아니지만, 나의 반딧불은 약물과는 전혀 상관없는 것이었다.

향정신성 성분인 실로시빈psilocybin이 함유된 마법의 버섯은 일상적인 삶의 감각에 대한 초월감을 유발한다. 뇌가 마법의 버섯으로부터 영향을 받으면 마치 파르르 떨리는 것처럼 눈동자가 빨리 움직인다. 이 움직임은 렘REM 수면의 대표적인 특징으로, 이는 의식의 보존에 의해 더욱 강화된다. 마법의 버섯을 먹는 사람들은 자각몽, 즉 깨어있으면서 꿈을 꾸는 상태에 들어간다.[2] 어떤 감정에 대해서도 신경계에서 어떻게 펼쳐지는지조차 알지 못한다는 것을 생각하면 이 환각 작용의 기작이 여전히 미궁 속에 있다는 사실도 그리 놀랍지 않다. 우리는 사랑이 뇌에서 비롯된다는 사실은 알고 있지만 사랑이 어떻게 암호로 만들어지고, 어떻게 타인에게 전달되며, 어떻게 더 강렬해지거나 사그라드는지 전혀 알지 못한다.

실로시빈은 어떻게 우리의 뇌를 뒤흔드는가

오랫동안 과학계의 주목을 받지 못했던 실로시빈이 집중적인 연구 대상이 되었으며, 마법의 버섯이 꿈을 꾸게 하는 신경학적 과정의 일부가 밝혀지고 있다. 우리 신경망의 전기충격은 하전된 원자 또는 이온의 움직임을 통해 뉴런을 따라 전달된다. 세포의 말단에 도달한 전기신호는 회로 속의 다음 뉴런에서 새로운 전기충격을 일으키거나 억제하는 화학적 신경전달물질을 방출한다. 세로토닌도 한 세포에서 다음 세포로 전기 스파크를 천천히 전달하는 신경전달물질 중 하나다. 실로시빈이 우리 몸속으로 들어오면, 이 작은 분자의 고리 구조에 매달려 있는 화학물질이 간에서 잘려나가 실로신psilocin을 만든다. 이 실로신 분자의 구조는 세로토닌과 비슷해서, 세포 간의 신경 충격이 정상적으로 전달되지 못한다.[3] 세로토닌은 사람의 몸에서 여러 가지 생리학적 역할을 수행한다. 무의식 중에 일어나는 소화 과정을 제어하고 행복이라는 의식적인 감정에도 관여한다. 신경계에서 세로토닌이 지나치게 많이 분비되면 우리 몸은 흥분 상태에 이르고, 근육 경련을 일으키기도 한다. 반대로 너무 적게 분비되면 의욕을 잃고 우울증에 빠진다.

실로시빈 섭취 결과(실로신으로 변환된 실로시빈)에 대해 이해하기 위해서는 우리의 뇌가 얼마나 복잡한지를 생각해보면 도움이 된다. 사람의 뇌는 수많은 스위치가 켜졌다 꺼졌다를 반복하면서 신호를 전달하거나 차단하는 광대한 네트워크에 비유할 수 있다. 각 신경세포, 즉 뉴런의 양쪽 말단은 식물의 아주 가느다란 잔뿌리 같은 가지로 갈라져 있다. 우리 뇌 속에는 천억 개의 뉴런이 있는데, 이들은 제각각 만 개 정도의 연결점을 가지고 있다. 천조 개(10^{15})의 살아 있는 트랜지스터가 연결된 회로가 우리 뇌 속에 들어 있는 셈이다. 이 회로를 통해 신경세포의 전기신호가 증폭된다.[4] 사람의 뇌를 컴퓨터와 비교해 이해하자면 매우 복잡하지만, 우리 뇌의 처리 능력은 초당 10^{15}회의 연산을 할 수 있는 페타스케일 슈퍼컴퓨터와 맞먹는다.[5] 이 정도의 복잡성에는 민감성이 함께 따라온다. 그래서 마법의 버섯의 효력이 설명되는 것이다. 세로토닌 수용체는 신경계 어디서나 발견되지만, 특히 우리의 의식을 관장하는, 즉 삶의 경험이 저장되는 전두엽에 집중되어 있다. 세로토닌의 말썽쟁이 자매 격인 실로신은 마치 우리가 당연하게 여기던 세계를 조롱하기라도 하듯, 피질 회로에서 일부는 활성화하고 일부는 중단시킨다.

실로시빈으로 인한 신체적·감정적 변화

실로시빈이 체내에 유입됨으로써 생기는 신체적인 증상은 세로토닌에 반응하던 신경 네트워크를 자극하거나 억제하는 데서 시작된다. 그 증상으로 심박 수와 혈압 상승, 발한, 근육 경련, 안면 감각의 둔화, 메스꺼움, 운동 감각, 방향 감각, 평형 감각 등의 협응 장애, 두통을 들 수 있다. 사람마다 큰 차이가 있기는 하지만, 실로시빈 버섯을 먹은 후 20분 정도 지나면 증상이 나타나기 시작한다. 하지만 대부분 약하게 지나간다. 실로시빈의 심리적 고양 효과가 반갑지 않았다면, 이런 반응을 버섯 중독 증상이라고 표현했을 것이다. 물론 알광대버섯 중독 증상에는 비할 바가 아니지만, 그래도 중독 증상이 아니라고 할 수는 없다. 여러 종류의 버섯 가이드북에서 실로신이 들어 있는 실로시베*Psilocybe* 속 버섯 이름 앞에 X자로 겹쳐놓은 뼈 위에 얹힌 해골 그림을 붙여놓은 것도 이런 이유에서다.

실로시빈의 심리적 효과도 매우 다양하다. 두뇌회로 중에서 일부는 흥분하면서 정보의 과부하 상태가 되는 반면, 또 다른 일부는 꿈을 꾸는 듯한 상태로 들어간다. 두뇌활동의 이러한 변화는 환자에게 정제된 실로시빈을 투여한 후 커다란 도넛 모양의 자기공명장치, 즉 MRI에 눕혀놓고 사진을 찍으면 영상으로 볼 수 있다. MRI 영상에서 정상적인 상태의 뇌는 각 부위가 독립적으로 일하는 것처럼 보이지만, 실로시빈을 투약한 뒤에는 서로 상호작용하는 모습이 관찰된다. 논리적 사고를 담당하는 부위에서는 혈류가 적게 흐르고, 감정을 통제하는 더 깊은 부위에서는 신경활동과 함께 혈류가 증가한다.[6] 일부 피실험자들은 청각과 시각이 뒤엉키며, 음악을 들을 때 마치 만화경을 들여다보는 듯한 색채의 향연을 경험하기도 한다. 뇌가 이렇게 감각의 경계를 허물 때 공감각이 일어난다. 공감각보다는 빈도가 적지만, 인격이나 자아가 사라지고 자연과의 조화나 친밀성을 느끼기도 한다.[7] 이러한 경험을 합일*henosis*이라고 하는데, 바로 이 경험이 실로시빈 사용자들 중 일부가 신과 만났다고 주장하는 근거다.

실로신이 디폴트 모드 네트워크Default mode network, 즉 DMN이라고 하는 두뇌회로를 방해할 때 우리는 자아를 잃게 된다. DMN은 전전두엽에 몰려 있으면서 두뇌의 더 깊은 뒤쪽에 자리 잡고 있는 뉴런의 중추와 연결되어 있다. 사람의 자아의식sense of self은 DMN에서 유지되는데, 버섯이 우리의 자기애적 프로그래밍을 뒤엎어놓는 장소가 바로 여기다. 유람선을 타고 여행한다고 상상해보자. 그 유람선이 빙산과 충돌했다. 충돌 직후 몇 초, 두뇌의 다른 부분에서 사태를 파악하고 대응 계획을 세우기 위한 정보를 수집하는 동안 DMN의 정상적인 활동은 정지된다. 그 순간에는 너무 큰 충격을 받아서 샤워 후 수건만 두른 몸에 머리에는 샤워캡을 쓴 채로 갑판까지 뛰쳐나갔다는 사실조차 깨닫지 못한다. 잠시지만, 자아가 이탈한 것이다. 시간이 흐르고 배는 침몰하고 있는데 당신을 두고 구명보트는 모두 떠나버렸다는 사실을 깨달으면, DMN의 마지막 유언인 듯 자아의식을 되찾고 조용히 샤워캡을 벗으며 극한의 두려움에 휩싸이게 된다. 이런 절망적인 상황에서도 어떤 것이든 긍정적인 감정은 반가울 수밖에 없다. 바로 이럴 때 마법의 버섯이 우리에게 구원자가 되어줄 수 있다. 유람선의 선체가 두 동강 날 때 그 버섯을 한 웅큼 먹었다면, 실로신이 내 머릿속 여기저기서 날아오는 경고의 메시지로부터 DMN을 격리시켜주었을지도 모른다. 그

랬다면 아마도 나는 꿈을 꾸는 듯한 상태가 되어서 얼음같이 차가운 물에 빠지면 어떨까 철학적으로 분석하고 있었을지도 모른다.[8]

침몰하는 유람선의 승객을 진정시켜주는 마법의 버섯의 효과는 그저 상상의 산물일 수도 있지만, 실로시빈이 침몰선보다는 덜 드라마틱한 상황에서도 사람의 공포심을 누그러뜨려줄 수 있다는 증거는 많다. 실로시빈이 임상우울증clinical depression 치료에 유용함은 물론이고 질병 말기 환자에게도 안정감과 행복감을 느끼게 해줄 수 있다는 것을 보여주는 여러 연구결과가 있다.[9] 2016년 존스 홉킨스 병원에서 진행한 실험에서, 중증 암환자들이 고용량 실로시빈을 투여받은 후 훨씬 더 삶의 만족감을 느꼈다고 보고했다. 실로시빈 투여 후 6개월이 지나서도 환자의 80퍼센트는 이러한 긍정적인 태도 변화를 유지했다. 2020년에 생존 환자들을 대상으로 한 후속 면담에서도 다수의 환자들이 실로시빈 치료가 개인적으로 의미 있고 영적으로도 상당히 중요한 치료였다고 답함으로써 이 치료에 대해 변함없이 긍정적인 태도를 보여주었다. 실로시빈 치료를 회상하면서, 한 환자는 이렇게 말했다. "설명하기는 힘들지만……. 내 안의 무엇인가가 부드럽게 풀리면서 모두가 최선을 다해 노력하고 있다는 것을 깨달았습니다. 저조차도요. 우리는 모두 연결되어 있으니, 서로 최선을 다한다는 건 굉장히 중요하죠." 이런 진술도 있었다. "내가 살아 있다는 것이 어떤 의미인지를 더 깊이 이해하고 더 큰 감사의 마음을 갖게 되었습니다."[10] 이렇게 깊고 큰 변화는 정말 놀라울 따름이다. 선택권이 주어진다면, 얼마나 많은 사람이 삶의 마지막 순간이 될지도 모를 시간에 순수한 이성 대신 실로시빈과의 내밀한 교감을 선택할까?

실로시빈은 PTSD와 알코올 의존증 치료에서도 효과를 증명해왔으며, 연구자들은 이 약물로 섭식장애도 치료할 수 있을지 연구하는 중이다.[11] 쥐를 대상으로 한 연구결과를 보면, 실로시빈은 기존의 두뇌회로에 영향을 미치는 것은 물론, 뉴런 사이의 연결점 수를 크게 증가시키는 것으로 나타났다.[12] 가능성이 아무리 희박하더라도, 한 번의 투여로 두뇌회로의 연결을 장기적으로 변화시킬 수 있다는 것은 여러 가지 질병과 증상을 치료하는 데 매우 큰 의미를 가진다. 우울증을 비롯한 다양한 정신 질환으로 고통받는 환자들이 전 세계적으로 수억 명이 넘는 상황에서, 실로시빈은 이미 기적의 약으로 평가받고 있다. 점점 많은 것이 밝혀지고 있는 실로시빈 연구에 국제적인 관심이 집중되면서, 크고 작은 제약회사들은 이 마법의 버섯을 절호의 투자 기회로 보고 있다.[13] 이 새로운 사업이 넘어야 할 장애물 중 하나가 실로시빈을 생산하는 버섯 재배가 법적으로 금지되어 있다는 점이다. 그러나 진균학과 관련된 법도 빠르게 진화하고 있다.

실로시빈, 일상이 되다

2020년 11월, 미국 오리건주에서는 오리건 실로시빈 서비스법 Ballot Measure 109을 넉넉한 표 차이로 통과시켰다. 마법의 버섯 생산자와 특수 의료시설이 '실로시빈 서비스'를 제공할 '조력자'들에게 면허를 주도록 하는 것이 실로시빈 서비스법의 핵심인데, 이 법은 오리건 보건당국에게 해당 면허 제도를 확립할 의무를 부과하고 있다.[14] 이 법안의 발의자들은 오리건주에서 정신 질환 환자들이 증가하고 있음을 지적하면서, "오리건주에서 모든 주민의 신체적, 정신적, 사회적 웰빙이 개선되도록" 법안을 만들었다고 주장했다. 그러나 많은 보건 전문가가 이 법안에 반대했다. 실로시빈에 대해서는 더 깊은 연구가 필요한 데다, 환자들에게 상담을 제공함으로써 실로시빈을 사용하도록 유도할 수도 있는 '조력자'들에게 확실한 근거도 없는 자격증을 주는 것은 우려스러운 조치라고 주장했다. 이러한 반대에도 불구하고 유권자 대부분은 더 행복한 미래를 기대하며 투표했고, 실로시빈과 관련된 첫 전문 의료시설의 개원은 2023년으로 확정되었다.

실로시빈 서비스법을 지지하는 측의 가장 설득력 있는 사례는 실로시빈에 의해 삶이 바뀌었다고 주장하는 사람들의 증언이었다. 마라 맥그로Mara McGraw는 자신의 경험담을 언론에 밝힌 용감한 지지자들 중 하나였다. 마라는 일생일대의 결정을 내리기 3년 전 희귀암 중 하나인 신경내분비암 진단을 받았고, 이후 수술, 방사선 치료, 화학요법 치료를 연달아 받았다. 그녀는 "화학요법 치료가 실패한 후, 저는 깊은 동굴 속에 갇힌 기분이었어요"라고 말했다.[15] 항우울제 처방도 소용이 없었다. 캐나다에서 실로시빈 치료를 받은 사람들의 이야기를 들은 그녀는 자신도 그 치료를 받아보기로 결정했다. 그 치료가 그녀의 모든 것을 바꿔놓았다. "치료를 받자마자 공포에서 해방된 느낌이었어요. 몸이 다 나은 것 같았고, 우주의 모든 것을 다시 만난 기분이었어요." 한 화상 기자회견에서 그녀는 이렇게 말했다. 마법의 버섯에서 추출한 약물이 그녀의 뇌에 불꽃을 일으키자 절망은 눈 녹듯이 사라졌다.

명백하게 드러나는 실로시빈 치료의 효과 앞에서 경미한 신체적 부작용은 큰 문제로 여겨지지 않지만, 몇몇 환자들이 보인 부정적인 심리 반응에 대한 우려가 있는 것도 사실이다. 거의 2천 명에 가까운 환자들을 대상으로 한 조사에서, 84퍼센트의 환자들이 실로시빈 치료로 효과를 보았다고 믿는다고 응답했다. 다른 여러 조사와도 일치하는 결과였다.[16] 부정적인 영향을 경험했다는 응답자도 있었다. 응답자의 3퍼센트 정도가 실로시빈 치료를 받은 후 공격적 또는 폭력적인 행동을 했다고 대답했고, 8퍼센트는 이 치료를 받은 후 정신과 치료를 고려하게 되었다고 응답했다. 실로시빈 치료 후 자해 행위를 한 사례, 자살을 시도한 사례도 보고되었다. 따라서 실로시빈 치료에는 어느 정도 지도와 감독이 필요한 것으로 보인다.

실로시빈이 1960년대에 유흥을 위한 약물로 인기가 높았다는 사실도 이 약물을 유익한 의약품으로 받아들이는 데 방해가 되는 요소 중 하나다. 좀처럼 사라지지 않는 실로시빈의 부정적인 이미지에는 한때 유행했던 마법의 버섯의 신화와 LSD 사용자가 건물 밖으로 몸을 던진 사건 등이 큰 영향을 끼쳤다. 마법의 버섯에 대한 반대론은 우주의 비밀이 실로시빈에 의해 밝혀진다고 주장하는 유명한 실로시빈 사용자들의 얼토당토않은 주장 때문에 더욱 거세진 측면이 있다. 실로시빈과 관련된 다른 책에서도 항상 주목을 받는 이들이 있는데, 그들과 관련된 이야기를 간추려보면 다음과 같다. 민족 균학자인 고든 와슨Gordon Wasson과 그의 아내 발렌티나는 1950년대에 멕시코에서 환각버섯을 먹어본 경험을 기사로 써서 미국의 한 잡지 독자들 수백만 명을 흥분시켰다.[17] 와슨은 프랑스 식물학자 로저 하임Roger Heim, 스위스 화학자로 1958년 마법의 버섯의 자실체를 배양해 실로시빈을 분리해낸 알베르트 호프만Albert Hofmann 등과 함께 멕시코에서 환각버섯을 채집했다. 티머시 리어리Timothy Leary는 1960년대에 하버드대학교에서 실로시빈의 효과에 관한 연구를 진행했다. 테런스 매케나Terence McKenna는 강렬한 환각을 경험할 정도로 고용량의 실로시빈을 먹었고, 1970년대에는 마법의 버섯 재배 가이드북을 출판했다.[18]

매케나는 반문화 운동의 영웅이 되었고, 점점 더 기이해지는 그의 주장 덕분에 환각버섯에 대해 이성적인 목소리를 내던 사람들은 차츰 입지가 좁아졌다. 실로시빈의 화학적 구조에 대해서도 그는 근거 없는 주장을 펼쳤다. 실로시빈의 화학적 구조는 지구가 아닌 우리 은하의 어딘가 다른 곳에서 왔다고밖에 할 수 없을 정도로 독특하다고 주장했다. 또한 실로시빈 버섯은 외계에서 온 고차원적인 지능의 형태로, 사람의 두뇌가 진화해온 과정을 결정지었다고까지 주장했다. 황당함에 있어서는 매케나 못지않은 경쟁자들도 있었지만, 매케나의 외계 버섯 이론은 진균에 대한 가장 당혹스러운 이야기들 중 하나다. 지구의 진균학으로 돌아와서, 최근 유전학 연구를 통해 이 환각버섯의 진짜 원산지에 대한 많은 사실이 밝혀지고 있다.

버섯은 어떻게 환각을 일으키는가

실로시빈을 생산하는 버섯으로는 실로시베 속의 버섯 약 300종과 실로시베의 친척뻘인 세 그룹의 다른 버섯들을 들 수 있다. 그중 원래 소의 똥에서 자라는 실로시베 쿠벤시스*Psilocybe cubensis*는 실내에서 일 년 내내 풍부하게 재배되는데, 대개 불법적인 약물의 원료로 쓰인다. 유흥용 약물로 쓰이던 실로시빈의 치료적 가치에 관심이 모아지자, 학자들은 유전자를 변환시킨 박테리아와 효모로부터 대량으로 이 성분을 생산할 수 있는 방법을 연구하고 있다.[19] 버섯이 아니라 박테리아와 효모 같은 미생물로부터 순수한 실로시빈을 대량으로 생산할 수 있다면, 이 성분을 추출하기 위해 버섯을 기르고 자실체를 수확해야 하는 번거로움과 수고를 덜 수 있다. 이 연구는 인슐린을 생산하는 유전자재조합GM 미생물을 만들어내는 것과 비슷하게 매우 복잡하고 어려운 프로젝트다. 만약 이 연구가 성공한다면, 실로시빈 공장의 대형 발효기 안에서 환각 작용을 일으키는 프랑켄슈타인 미생물을 생산하게 될 것이다.

실로시빈 합성에는 트립토판이라 불리는 원료 아미노산을 버섯 조직 안에서 실로시빈으로 가공하는 네 가지 효소가 필요하다.[20] 몇몇 버섯에서는 이 효소를 암호화하는 유전자들이 단 하나의 염색체 안에 몰려 있다. 다른 버섯들의 경우에는 이 유전자들이 긴 줄로 연결되어 있는데 다른 기능의 유전자들이 군데군데 끼어 있어서, 처음부터 끝까지 이 유전자들로만 연속적으로 이어져 있는 것은 아니다.[21] 마법의 버섯에 속한 여러 종류의 버섯을 유전학적으로 비교한 결과, 실로시빈 합성은 한 종류의 버섯에서 진화한 뒤 수평적 유전자 전이horizontal gene transfer라는 과정을 통해 다른 종류의 버섯에 전파된 것으로 보인다.[22] 대부분 유전자들은 부모로부터 자식에게 수직적으로 전달되지만, 미생물의 세계에서는 같은 세대의 유기체들 사이에서 수평적인 전이도 드물지 않게 일어난다. 실로시빈 유전자는 이와 같이 변칙적인 방식으로 마법을 부리는 버섯의 균사체에서 마법이라고는 모르던 다른 버섯의 균사체로 전이되어 그 균사체를 먹는 모든 동물에게 마법의 주문을 걸었던 것이다. 이 유전자가 어떻게 전이되었든 실로시빈 합성은 같은 세대의 버섯들끼리 서로 주고받을 수 있는 비밀 병기로 발전했으며, 그렇다면 그 기술은 버섯에게 유리한 기능을 수행하고 있음이 틀림없다.

버섯은 왜 환각 성분을 만드는 걸까

버섯이 환각 성분을 만드는 가장 큰 이유는 곤충을 유혹하기 위해서인 것 같기는 하지만, 확실한 증거가 있는 것은 아니다. 실험에 따르면, 파리도 실로시빈에 노출되면 사람처럼 감정이 고양되는 경험을 한다. 파리를 물에 빠뜨린 뒤 물에서 빠져나오려고 얼마나 오래 버둥거리는지를 비교해보면 알 수 있다.[23] 실로시빈을 먹인 파리는 상황이 절망적인데도 아랑곳하지 않고 훨씬 적극적으로, 더 오랜 시간 탈출하려는 시도를 멈추지 않는다. 불치병 또는 더는 손쓸 수 없는 단계에 이르러 실로시빈 처방을 받은 환자들과도 비슷하다. 그러나 버섯이 파리들에게 공짜로 항우울제를 주는 것은 아니다. 버섯이 거두어가는 이득이 분명히 있다. 포자를 퍼뜨리는 것이 곤충이 버섯에게 해주는 가장 중요한 서비스다.[24] '뿌리파리'라는 파리는 실로시빈 버섯에 알을 낳고, 부화한 유충이 성장해 성체가 되면 날아다니며 이 버섯의 포자를 다양한 장소에 뿌린다.[25]

여기까지의 이야기는 모두 추론이다. 그러나 파리의 신경계를 자극해 유인하는 버섯의 능력은 또 다른 진균들이 가진, 곤충을 조종하는 능력과 완벽하게 맞아떨어진다. 열대 지방에 사는 오피오코르디셉스*Ophiocordyceps*라는 진균에 감염된 좀비 개미는 열대 숲의 나무에 기어 올라가 잎맥을 주둥이로 꽉 물고 놓지 않는다. 그렇게 있다가 진균이 개미의 머리를 뚫고 터져나와 포자를 공기 중에 퍼뜨린다. 이 진균에 감염된 개미가 나무를 기어오르는 것은 바람결에 포자를 날리기에 최적의 장소를 찾는 행동이다. 바이러스와 기생충뿐만 아니라 다른 진균들도 곤충에게 이와 똑같은 행동을 유도한다. 감염된 곤충들이 동일한 반응을 보인다는 점은, 기생체가 서로 달라도 늘 나무를 기어오르는 곤충의 습성이 포자를 퍼뜨리는 데 활용되고 있음을 시사한다.[26] 이런 진균에서 실로시빈이 검출되지는 않았지만, 매미를 감염시켜 복부 조직을 포자 덩어리로 만드는 진균이 실로시빈을 만든다는 것은 밝혀졌다.[27] 이 기생균은 감염된 매미를 불임으로 만드는 데 만족하지 못하고, 감염된 수컷 매미가 마치 수컷을 유혹하는 암컷 매미처럼 날갯짓을 하도록 조종한다. 다른 수컷 매미가 교미를 위해 접촉하는 순간, 새로운 수컷 매미에게 포자를 안겨버린다. 같은 실로시빈이지만 이렇게 매미를 조종하는 놀라운 트릭에 비하면, 곤충이나 사람의 기분을 고양시키는 정도의 효과는 매우 온건한 편이다.

곤충을 유혹하기 위해 화려한 색깔을 무기로 삼는 버섯도 많지만, 환각버섯의 경우에는 꼭 그렇다고 보이지 않는다. 실로시베 속 버섯들은 눈에 잘 띄지 않는 갈색인 경우가 많아서 곤충을 끌어들이기에는 적합하지 않다. 다만 이런 버섯들도 표면에 상처를 입거나 부러지면 파란색으로 변하기도 한다.[28] 점박이 무늬를 가진 알광대버섯의 빨간색 갓은 곤충을 끌어들이기 위한 매우 강렬한 시각적 유혹일 수도 있다. 유럽에서는 수백 년 전부터 이 버섯의 자실체를 우유에 담가 우려서 파리를 잡는 용도로 써왔다.[29] 실체를 잘라 우유에 담가놓으면 빨간 바탕 점박이 무늬는 사라지므로, 정작 파리를 유혹하는 것은 화려한 색깔이 아니라 냄새일 것이다. 이 버섯은 파리를 잡는 데 사용되기도 하지만, 영문 일반명인 'fly agaric'은 곤충 파리에서 비롯한 것이 아니라, 고대 근동의 악마적 존재(악마를 곤충의 형상으로 표현하는 서양 전통에서 유래함. 한 예로, 히브리어에서 사탄을 '파리대왕'이라 부름-감수자)를 가리키는 이름에서 유래했다.[30]

알광대버섯은 세로토닌이 아니라 무스시몰muscimol을 만들어내는데, 이 무스시몰은 감마-아미노부티르산gamma-aminobutyric acid, GABA의 작용을 흉내 낸다. 뉴런이 무스시몰에 반응하면 신경계를 억제하는 효과가 있어서 자극의 전달을 줄이고 진정제처럼 작용한다. 사람의 뇌에는 약 열두 가지 유형의 서로 다른 GABA 수용체가 있는데, 무스시몰은 이 중 특정 수용체에 다른 것보다 더 강하게 결합한다. 이 때문에 알광대버섯을 먹었을 때의 증상이 사람마다 다르게 나타난다. 막연한 행복감을 느끼거나, 깨어 있으면서 몽롱한 꿈을 꾸거나, 크기와 거리를 제대로 가늠하지 못하거나, 마치 무중력 상태에 있는 것처럼 느낀다. 이런 모든 증상을 아울러 '이상한 나라의 앨리스 증후군'이라고 부른다. 바이러스에 감염된 환자, 편두통, 간질, 뇌손상 환자들도 이런 증상을 호소한다.[31] 실로시빈에 의해 나타나는 공감각 기능 또한 무스시몰과 관계가 있지만, 환각적인 진정제로서의 성질을 지닌 무스시몰은 우울증을 치료하는 데 적합하다고 볼 수 없다(무스시몰과 다른 수용체와 결합하는 합성마약 케타민이 항우울제로서 유용할 수도 있다[32]). 실로시베 속의 다른 버섯들처럼 많은 양의 알광대버섯을 섭취하거나, 평소에 이 버섯의 화학물질에 예민한 사람들에게는 심각한 중독 증상을 유발할 수 있다.[33]

사실 이런 마법의 버섯들의 진화 과정에는 인간과의 상호작용이 포함되어 있지 않다. 1억 5천만 년에 이르는 이 버섯들의 역사를 고려할 때, 비교적 최근에 등장한 인간이 자연선택에 의해 결정된 이 버섯들의 화학 성분을 두고 이러쿵저러쿵 참견할 권리는 없다. 어떤 경우든, 선사시대부터 존재해온 수많은 곤충은 이 버섯들의 포자를 퍼뜨리는 데 있어 인간의 조상이나 현대인보다 훨씬 유용한 존재였다. 우리가 실로시빈이나 무스시몰로부터 황홀경을 경험하는 이유는 간단하다. 우리의 뇌와 파리의 뇌가 화학적으로 동일한 방식으로 작동하기 때문이다. 그럼에도 마법의 버섯은 종교를 통해 인간의 문명에 막대한 영향력을 행사해왔다. 이 부분이야말로 인간-진균 공생의 역사에서 가장 놀라운 대목이다.

버섯과 십자가, 신성한 연결

고고학적 증거와 민족지학의 연구결과도 그렇지만 현대인이 마법의 버섯에 끌리는 것이 전혀 낯설지 않다는 데서 인간이 이미 수천 년 전부터 실로시빈을 함유한 버섯은 물론이고 다른 환각성 화합물을 소비해왔음을 알 수 있다.[34] 버섯을 들고 있거나 기르고 있는 다소 엉성한 형체들을 새긴 북아프리카의 암각화는 신석기시대 사람들이 버섯을 의식에 사용했으리라는 추론에 힘을 실어준다. 물론 그 암각화를 누가 왜 그리거나 새겼는지는 알 수 없다. 버섯이 경배 의식에 쓰였다는 가장 오래되고 분명한 증거는 중앙아메리카에서 찾을 수 있다. 콜럼버스가 첫 발을 딛기 이전에 만들어진 자실체 모양의 조각품과 토기, 믹스텍족이 신에게 버섯을 제물로 바치는 장면을 담은 그림, 아즈텍 문명 사람들이 의식에서 버섯을 먹거나 의식에 사용하는 과정에 대한 기록 등이 남아 있다. 신경과학이 무엇인지도 몰랐던 우리 조상들로서는 정신에 영향을 미치는 버섯의 효과를 초자연적인 현상으로 해석할 수밖에 없었다. 버섯을 제물로 받은 신이 눈부신 존재로 나타나 하늘의 계시를 전달하는 예언자인 버섯-사람을 보냈다고 믿은 것이다. 에제키엘도 이와 비슷하게 전차의 환영을 보았다. "눈부신 빛이 둥근 원을 그리며 뻗어나갔다. 마치 무지개처럼……. 신의 영광 같았다."[35] 에제키엘이 버섯을 체험했을지도 모른다는 추측도 전혀 엉뚱한 상상이라고만 볼 수는 없다.

작가 로버트 그레이브스Robert Graves도 직접 실로시베 속의 버섯을 먹은 후 경험했다는 초원의 낙원을 묘사하면서 에제키엘의 표현에 동의했다.[36] 그레이브스는 고든 와슨이 멕시코에 갔을 때 동행한 친구였다. 19세기 유럽 탐험가들에 의해 보고되었던, 러시아에서 샤먼 의식에 쓰인 알광대버섯을 시작으로 와슨은 버섯을 의식에 썼다는 증거를 세계 곳곳에서 수집하고 다녔다. 『소마: 불멸의 성스러운 버섯*Soma: Divine Mushroom of Immortality*』(1968)에서 와슨은 알광대버섯이 베다어로 쓰인 산스크리트 경전 『리그베다*Rigveda*』에서 설명한 의식용 음료의 핵심 성분이라고 주장했다.[37] 10년 후, 그는 LSD와 비슷한 맥각균의 알칼로이드 성분이 고대 그리스에서 행해졌다는 엘레우시스의 신비의식에서 시각적 자극을 극대화하는 데 쓰였다고 주장했다. 그러나 종교 의식을 진균학적 측면에서 설명하려는 그의 열정에도 불구하고, 기독교의 뿌리에 알광대버섯을 경배하는 의식을 포함하고 있다는 학설에 대해서는 별로 관심을 기울이지 않았다. 이런 주장을 펼친 사람은 『성스러운 버섯과 십자가*The Sacred Mushroom and the Cross*』(1970)를 쓴 영국 고고학자 존 알레그로John Allegro였다.[38] 알레그로는 수메르인들이 복음서의 그리스어 텍스트 속에 숨겨놓은 암호를 발견했다고 주장했다. 그의 주장에 따르면, 그 암호는 풍요의 신 숭배 의식을 이야기하며 그 의식에는 환각버섯을 먹거나 바치는 행동이 포함되어 있다.

성경에 대한 알레그로의 황당한 해석은 수많은 학자로부터 비판을 받았으며 그의 책에는 평론가들의 혹평이 쏟아졌다. 『더 타임스*The Times*』의 필진 중 한 명인 저명한 신학자는 환각버섯을 제물로 쓰는 풍요의 신 숭배의식을 "미치광이들의 선정적인 이론"이라고 비난했다.[39] 알레그로는 프랑스 플랑쿠로 성당의 아담과 이브 벽화 사진을 자신의 책에 삽화로 실었는데, 지혜의 나무를 칭칭 감은 뱀이 금단의 열매를 입에 물고 이브를 바라보는 모습이 그려져 있다. 다른 작가들의 묘사를 인용하며, 알레그로는 이 그림이 13세기 화가들이 알광대버섯의 점박이 무늬 갓이 달린 거대한 버섯나무를 묘사한 것이라고 보았다. 와슨은 알레그로보다는 좀 더 관습적인 해석을 따랐는데, 이 나무를 이탈리아의 소나무를 도식화한 것이라고 보고 성경에 대한 알레그로의 해석을 배척했다. 진균학적 상징주의를 표방한 애매한 설명들도 곧이곧대로 믿곤 하던 와슨이 이런 태도를 취한 것은 다소 의외였다. 그의 이러한 태도는 자신이 몸담았던 J. P. 모건과 바티칸의 재정적인 관계 때문에 기독교와 결부된 해석에 관한 한 자신의 주장을 바꿔야 했기 때문일 것이라는 추측이 있다.

플랑쿠로 성당 벽화 속의 나무가 소나무든 버섯나무든, 버섯이라고 볼 수밖에 없는 형상들이 중세의 예술 작품 속에 여럿 남아 있다. 프랑스와 튀르키예의 여러 성당, 교회에 그려진 벽화, 프랑스 샤르트르 대성당의 스테인드글라스, 독일의 태피스트리, 유명한 그레이트 캔터베리 시편 등을 예로 들 수 있다.[40] 이들 작품 속의 형상은 버섯 자체가 아니라 버섯 모양을 한 형상이지만, 놀랍고도 다양한 이 이미지들에 대한 객관적인 평은 버섯이 초기 교회에서 중요한 종교적 상징으로 받아들여졌음을 의미한다. 이 버섯들은 왜 이런 작품들에 등장하게 된 것일까? 복음서 텍스트에 대한 그의 해석은 공상에 가까웠지만, 알레그로는 기독교 안에서 진정한 진균학적 흔적을 발견한 듯하다.

미신과 종교는 인간의 본성 안에 단단히 자리 잡고 있는 것 같다. 과학적인 욕망 역시 마찬가지다. 사람은 모든 것이 순조로울 때는 논리적으로 살고 자신의 아이디어를 시험할 기회가 있을 때면 간단한 실험도 한다. 그러나 과학적인 성과와 실패가 공존하는 이 시대에, 하늘에 있는 신은 보이지 않는 구원자이며 온 세상 도덕의 심판자로 군림한다. 대부분 신에 대한 믿음은 실로시빈이나 무스시몰 없이도 굳건하게 존재했지만, 마법의 버섯의 환각 효과가 의식에 사용되거나 성직자의 탄생에 영향을 미쳤을 거라고 믿는 것도 당연해 보인다. 성경에 풍요의 신에 대한 숭배의 메시지가 숨겨져 있다고 주장하지 않더라도, 어쩌면 버섯은 유대교와 기독교 공통의 관습에서 원초적인 역할을 했을지도 모른다. 교회 벽화만 보고는 이러한 주장을 더 깊이 확장하기 어렵지만, 그 벽화들이 유일신 신앙의 선조와 버섯의 관계가 서로 얽혀 있음을 보여주는 것만은 분명하다. 만약 인류가 마법의 버섯을 한 번도 삼켜보지 않았다면, 인류의 문화는 완전히 다른 알 수 없는 궤적을 따라 진화했을 것이다.

신앙의 진균학적 탐험을 좀 더 깊이 파고 들어가 신의 존재에 대한 질문을 던져보자. 실로시빈을 사용한 여러 통제 실험에서 공통적으로 관찰된 반응은 다양한 형태의 신비감이다.[41] 한 실험에서 실로시빈을 투여하기 전에는 무신론자라고 말했던 피실험자 중 3분의 2가 마법의 버섯을 접한 후에는 마음을 바꿔서 일종의 '궁극적인 실체'를 만났다고 믿는다고 응답했다.[42] 종교를 믿는 사람들의 생각도 바꿔놓았다. 실로시빈을 투여하기 전에는 스스로 일신론자라고 밝혔던 사람들조차, 그 믿음을 내려놓고 우주의 자비로운 지적 존재라는 더 넓은 관점을 갖게 되는 경향이 있었다. 즉 이 연구가 논리적으로 도달하는 결론은 마법의 버섯의 알칼로이드 성분이 사람을 어떤 성령이나 악령에 더 가깝게 만드는 것이 아니라, 신경 자극의 홍수로 신을 떠올리게 만든다는 것이다. 우리 뇌에는 신의 수용체가 아니라 신의 생산자만 있는 셈이다.[43]

실로시빈과 뇌의 엔트로피

실로시빈이 사람들의 일상적인 경험에 어떤 효과를 끼치기에 실로시빈을 체험한 사람들은 감정이 한껏 고양된다고 느끼고, 이를 평생 가장 심오한 모험 중 하나로 꼽는 걸까? 올더스 헉슬리Aldous Huxley(1894-1963)는 실로시빈이 뇌의 감압밸브를 이겨내는 환각성 약물이라는 가장 설득력 있는 주장을 내놓았다. 뇌의 감압밸브란 뇌가 오감을 통해 수집된 과도한 감각 정보를 걸러내고 우리가 생존하는 데 필요한 정보만 작은 조각으로 나누어 의식을 관장하는 뇌에 진달한다는 개념이다.[44] 『지각의 문*The Doors of Perception*』(1954)에서 헉슬리는 페요테 선인장에서 추출한 메스칼린을 직접 써본 경험담을 이야기했다. 메스칼린은 실로시빈이나 LSD처럼 세로토닌 작용물질인데 환각 효과도 비슷하다. 그는 이 약물로 도취 상태에 이르렀을 때 꽃이 꽂힌 화병을 보고 있었는데, "아담이 자신이 창조된 아침에 보았던, 벌거벗은 존재의 기적이 한 순간 한 순간씩" 눈앞에 펼쳐졌다고 기술했다. 또한 그는 환각성 약물이 없다면 인간의 의식은 "일상적이고 습관적인 지각"에만 머물 것이라고 썼다. 소설 『멋진 신세계*Brave New World*』(1932)에서 그는 베다의 의식에 쓰이던 술처럼 세계 정부World State의 시민들을 위로하고 진정시켜주는 만국 공통의 진정제, 소마soma를 상상했다.[45]

감압밸브를 여는 것은 신경계의 엔트로피를 증가시키는 것으로 묘사할 수 있다.[46] 엔트로피를 증가시킨다는 표현은 엄격하게 물리적 무질서도를 측정했다는 뜻이 아니라 비유적인 표현이다. 정상적인 의식 상태일 때, 우리는 이용 가능한 소규모의 경로를 통해서 정보에 접근한다. 버섯의 화학물질이 신경계에 더해지면 한꺼번에 다양한 영역에서 신경세포 사이의 연결이 이루어지면서 뇌의 엔트로피가 증가하고 공감각, 자아의 소실, 그리고 신경계 네트워크가 강화되었을 때의 여러 가지 현상이 일어난다. 경직된 사고 또는 엔트로피가 낮은 뇌 활동의 좋은 예인 강박 행동도 실로시빈으로 완화될 수 있다. 임상 우울증도 마찬가지다. 카페인도 엔트로피를 증가시키는 효과가 있다. 커피가 정신 질환 치료에 효과가 있다는 의학적인 증거는 없지만, 어느 정도 신경세포 연결과 엔트로피를 증가시키는 것으로 보아 이른 아침 커피 한 잔이 창의적인 영감을 떠올리게 하는 경험을 설명할 수 있을 것이다. 이른 아침에는 마치 천재가 된 듯한 기분이었다가 시간이 흘러 오후가 되면 그 천재는 어디 가고 평범한 뇌로 돌아오는 경험을 누구나 한 번쯤은 해보지 않았는가? 렘 수면도 엔트로피가 높은 상태와 유사한 점이 있다. 뇌 엔트로피의 양쪽 극단, 그러니까 실로시빈의 통상적인 효과를 훨씬 넘어서는 영역에 이르면 정신병과 같은 상태가 된 뇌는 과도한 연결의 홍수 또는 병적 상태를 보이는 비참한 결과가 나타난다. 매케나 역시 약물을 과도하게 복용했을 때, 이처럼 극단적인 양상으로 뇌의 엔트로피 변화를 경험했을 것이다.

우울증과 불안증을 해소하고 싶다면, 깊은 불행감이 왜 그렇게 만연해 있는지를 생각해보는 것도 좋은 방법이다. 인간이란 진화의 불완전한 산물이므로, 인간의 우울증과 불안증에 작용하는 자연의 논리가 분명히 있을 것이다. 심리학자들은 이미 수십 년 전부터 이 문제를 두고 고민해왔다. 아직도 완벽하게 만족스러운 답은 찾지 못했으나, 우울증은 경계심, 자기 의심, 그리고 슬픔이 지닌 비밀스러운 장점과 잘못 연결된 신경회로의 조합으로 탄생한 것일지도 모른다.[47]

잘못 연결된 신경회로, 즉 잘못된 배선은 원시 파충류 뇌(기저핵, 뇌간, 소뇌 등 본능을 관장하는 뇌 부위-감수자)와 가장 바깥쪽의 피질 사이를 연결하여 우리 의식과 자아의식이 배불리 먹고, 위험으로부터 도망치며, 적을 공격하고, 번식을 위해 짝짓기를 하고자 하는 원초적인 충동과 상호작용하게 한다. 경계심은 생존을 위한 필수적인 무기로 우리를 보호해주기도 한다. 그러나 부정적인 사고의 힘은 문제를 일으킬 위험이 더 크다. 심하지 않은 우울증은 문제를 반추하고 건설적인 해결책을 찾을 기회를 준다. 우울증 자체가 유쾌하지 못한 경험이므로, 마음에 큰 그림자를 던지는 경험으로부터 벗어나고자 하는 유인으로 작용할 수도 있다. 깊고 가혹한 우울증에는 답이 없다. 『우울의 해부학 *The Anatomy of Melancholy*』에서 로버트 버튼Robert Burton(1577-1640)은 이렇게 썼다. "치유할 수 없는 것은 견디는 수밖에 없다."[48] 여기서 버섯이 한 가지 대안을 제시한다.

마법의 버섯, 선택의 기로에서

실로시빈을 합법화해달라는 요구가 커지고 기업과 정부는 실로시빈의 생산과 규제 방안들을 찾고 있는 지금, 불행이 불가피한 우리의 삶에서 값싸고 흔한 행복을 추구하는 것이 어떤 의미를 갖는지 깊이 고민해볼 필요가 있다. 불치병에 걸리거나 죽음이 눈앞에 다가오면 버섯 없이도 헉슬리가 말한 감압밸브를 열 수 있다. 작가 크리스 폴링Chris Paling은 병상에서 정맥주사로만 연명하다가 6주 만에 처음 입에 넣은 고형식이었던 토스트의 맛을 이렇게 묘사했다. "토스트에 버터를 발랐다. 살짝 그을린 빵에 닿자마자 녹으며 퍼지는 버터의 향은…… 거의 내 혼을 빼놓았다. 나는 토스트를 천천히 씹었다. 한 입. 또 한 입. 천국이었다."[49] 1994년, 죽음을 눈앞에 둔 영국의 극작가 데니스 포터Denis Potter는 자기 집 정원의 자두나무에 핀 꽃을 묘사했다. "희디희고 가냘프디 가냘픈 꽃잎으로 그 어느 때보다도 흐드러지게 피어 있는 그 꽃송이들을 볼 수 있었다. 세상 만물이 그 어느 때보다도 사소했지만, 또 그 어느 때보다도 중요했다. 사소함과 중요함의 차이는 중요하지 않았다. 그 모든 것이 지금, 여기 있다는 것만이 절대적으로 경이로웠다."[50]

불치병에 걸리거나 죽음에 임박해서야 토스트의 참맛을 느끼고 흐드러지게 핀 꽃을 알아본다면 참 슬픈 일이다. 극단적인 상황에 처하거나 실로시빈을 통해서 느끼는 행복감은 지속될 수 없는 감정이며, 헉슬리가 말한 "일상적인 지각의 습관"이 우리의 생존을 책임지고 있다. 그러나 감압밸브를 조금만 열면, 우리 뇌의 회로를 강화해 더 깊이, 더 창의적으로 생각할 수 있다. 버섯을 이용해서 감압밸브를 여는 것은 자칫하면 제어할 수 없는 정보의 홍수 속에 빠져버릴 수도 있다는 부작용이 따른다.[51] 마법의 버섯이 선물하는 우주와의 일체감, 신과의 교감은 행복한 경험이지만, 그 경험으로는 어떤 신비도 풀 수 없고 우주에 대한 의미 있는 통찰도 얻을 수 없다. 그러나 이런 경험들이 아동기의 피학대 경험이나 전장에서의 트라우마로 손상 입은 뇌를 진정시켜주고 삶의 마지막 순간에 찾아오는 불안과 동요를 잠재워주는 것은 확실한 것 같다. 이런 놀라운 작용에 대해 아직 아무것도 확실하게 발견된 것은 없다.

지각의 문을 열기도 하고 닫기도 하며 우리에게 종교까지 가져다준 버섯의 마법을 통해 우리는 시간과 장소를 모두 관통하는 인간과 진균의 공생관계를 알게 되었다. 다음 장에서는 그 공생관계가 지구상의 생명들을 보존하고 있음을 설명한다. 우리가 생각하는 것보다 훨씬 그 폭이 넓은 이러한 생태학적 상호작용을 이야기하지 않고서는 인간과 진균의 밀접한 공생관계를 제대로 표현할 수 없다.

Choi 2022

10장

재활용하다

Recycling

지구를 지배하는 마이코바이옴

케플러 1649c는 백조자리에 속해 있는 지구 크기의 행성이다. 백조자리는 태양계로부터 3백 광년 떨어져 있다. 케플러는 백조자리의 한 작은 항성에 바짝 붙어 궤도를 돌고 있다. 기후 모델에 따르면 지구와 매우 비슷한 기온일 것으로 추측된다.[1] 케플러 1649c에 물이 있다면 생명체가 살고 있을 확률이 높고, 지구의 박테리아보다 고등한 생명체가 존재한다면 분명 진균이 그 자리를 차지하고 있을 것이다. 증명할 수 없는 이 가설에 대한 확신은 진균이 지구에서 필수적이라는 사실에 기반한다.

지구의 진균은 엔트로피의 매개체다. 생명의 거미줄에 걸린 에너지를 생태계의 끊임없는 재생에 필요한 원료로 탈바꿈시켜주기 때문이다. 이런 성질을 가진 유기체 집단이 존재하지 않는다면, 케플러 1649c처럼 바위와 돌로 이루어진 행성의 생태계는 활용할 수 없는 에너지만 쌓여 있는 세상이 될 것이다. 따라서 진균이 그곳에 존재할 수밖에 없다.

케플러 1649c 같은 외계에서도 진균의 세계는 나름의 방식으로 진화할 테지만, 몇 가지 성질은 본질적으로 지구의 것과 같을 수밖에 없다. 케플러의 진균도 필라멘트 같은 균사를 내서 단단한 유기물을 뚫고 들어가거나, 그 표면에서 효모처럼 증식하거나 액체 속에 떠 있을 것이다. 케플러의 진균 세포는 지구의 진균 세포와 세부적으로는 다를 수 있어도, 기본적인 구조는 크게 다르지 않을 것이다. 사상균과 발아 효모는 고체와 액체 속에서 생장해야 한다는 난관을 가장 무난하게 극복해온 형태이기 때문이다. 자연선택은 지구와 마찬가지로 케플러에서도 환경의 제약 안에서 그 묘기를 보여줄 것이다. 버섯도 있을 것이다. 가을 산들바람을 타고 햇살 가득한 케플러의 대기로 포자를 퍼뜨릴 것이다. 물론 알광대버섯은 아닐 수도 있지만, 미래를 위해 유전자를 퍼뜨린다는 공통의 목표 아래 각양각색의 기둥(자루)을 가진 버섯들이 생길 것이다. 이런 최소한의 필요조건을 넘어서, 케플러의 진균 세계는 이 행성의 다른 생물들이 지닌 성격에 따라 결정될 것이다. 만약 지적 생명체가 존재한다면, 진균은 포자를 퍼뜨리기 위해 그들을 유인할 방법과 그 생명체들이 포자를 먹어버리지 못하게 쫓아낼 방법도 함께 찾을 것이다. 곰팡이와 서로 돕는 공생관계는 피해를 입히는 진균증 못지않게 불가피하며, 케플러에 거주하는 모든 생명체는 마이코바이옴을 가지고 있을 것이다. 진균의 세계는 우주 어디서든 모든 생물계의 일부다. 만약 케플러 1649c에 진균의 세계가 없다 해도, 우리 은하 어딘가 생명체가 살 수 있는 다른 행성에는 진균이 있을 것이다. 우주 어딘가에 반드시 인간과 비슷한 생명체가 있을 거라고 확신할 이유는 없지만, 진균과 비슷한 무엇인가는 있을 것이다.

다시 지구로 돌아와서, 인간과 진균 사이의 필연적인 공생관계는 이 두 생명체의 협업이 의식적으로든 무의식적으로든, 좋든 나쁘든, 아플 때든 건강할 때든 앞으로도 계속 진화할 것임을 확신하게 한다. 이 장에서는 이러한 상호관계의 가장 먼 연장선으로부터 시작하고자 한다. 어쩌면 그 관계를 우리는 인식하지 못하고 있을지도 모른다. 우리 몸으로부터 너무 멀리 떨어져 있기 때문이다. 이 관계는 흙 속에, 그리고 식물에 존재한다. 식물은 육상 먹이사슬에 에너지를, 대기에는 산소를 공급한다. 그러므로 이 관계는 근본적인 생명유지 시스템이라고 할 수 있다. 우리는 식물에 의존하고, 식물은 균에 의지한다.[2] 진균은 균근관계를 통해 식물이 생명을 유지하도록 돕는다. 내생균은 식물의 조직 내부에서 식물이 살아가는 것을 돕고, 잎 표면에 균사로 보호막을 형성하기도 한다. 반대로 진균은 작물에 치명적인 병을 일으키기도 하고, 산림을 몰살시키기도 하며, 퇴비로 썩히기도 한다.[3] 진균은 부활이자 생명이다.

식물과 진균,
뿌리 깊은 공생

식물과 상호작용하는 진균을 상리공생균(진균에게 이득/숙주에게 이득), 공생균(진균에게 이득/숙주에게는 무관) 또는 기생균(진균에게는 이득/숙주에게는 피해)으로 범주화하려는 시도는 헛수고다. 진균들은 이 범주의 경계를 넘나들기 때문이다. 진균과 특정 식물의 관계를 가해자와 피해자로 나누기엔 그 경계가 모호하기 그지없다. 하나의 진균이 어떤 식물에게는 상리공생균 또는 공생균이지만, 다른 식물에게는 기생균일 수도 있다. 또한 상리공생균이라 해도 숙주가 가뭄이나 노령으로 인해 약해지면 식물 조직을 공격하기도 한다.[4] 앞서 여러 장에서 살펴본 진균들 중 일부는 평소에는 해를 끼치지 않거나 오히려 우리 몸에 유익한 영향을 주기도 한다. 하지만 우리 몸의 면역체계가 약해지면 순식간에 치명적인 병원균으로 돌변하는 사례를 여러 번 목격했다. 식물을 돕는 상리공생균의 한 예로, 버섯과 나무뿌리 사이에서 형성되는 외생균근은 이제 생태학에서 널리 알려진 개념이 되었다. 외생균은 초등학교 교과 과정에도 도입되었고, 생태센터나 과학센터의 포스터뿐만 아니라 디오라마diorama(3차원 모형-편집자)로도 볼 수 있다. 보통 사람들이 환경에 대한 이야기를 할 때도 자주 등장한다. 외생균근은 식물의 뿌리 끝을 자신의 균사로 감싸줌으로써 식물의 생장을 돕는다. 진균의 균사가 흙속으로 뻗어나가면서 물과 미네랄을 흡수해 파트너에게 전달해준다. 그러나 이 관계가 공짜는 아니다. 식물의 뿌리에 단단히 달라붙은 진균은 식물로부터 당분을 최대한 많이 빨아먹는다. 진균에 대한 연구를 통해 균사가 가까이 있는 나무들의 뿌리 사이에서 균사 네트워크를 만들어 숲 안에서 영양분의 공유를 위한 도로 역할을 한다는 것이 알려졌다.[5] 나무들끼리의 이러한 상호 연결이 왜 중요한가에 대해서는 아직도 의견이 분분하다. 그러나 땅속 네트워크의 가장 큰 수혜자는 진균일 수도 있다.

나무 밑에서 자라는 버섯은 우리의 관심 밖에 있는 것처럼 보일 수도 있다. 그러나 균근은 숲의 건강에 결정적인 역할을 하며, 사람도 균근 덕분에 가능한 탄소 포집과 산소 생산 그리고 정수 효과의 혜택을 누린다. 목재와 기타 숲에서 나는 상품들도 지하세계의 공생관계에 의존해 생산된다. 우리에게는 보이지 않더라도 균과의 시너지는 농업 전반에 걸쳐서 존재한다. 서로 다른 균근관계가 작물에 영양을 공급하기 때문이다. 농작물과 진균의 공생관계를 수지상균근이라고 하는데, 식물과에 속한 대부분의 종이 수지상균근으로 진균과 연결되어 있다. 수지상이란 나뭇가지 모양으로 생긴 구조를 말하는데, 진균이 식물의 뿌리 세포에 섬세한 나뭇가지 모양으로 연결되어 있다. 진균이 식물 내부로 침투하여 연결되는 내생균근endomycorrhiza과 달리, 외생균근ectomycorrhiza은 진균이 식물 뿌리의 표면과 뿌리의 가장 바깥쪽 세포층 사이에 자리를 잡고 자란다.

쌀, 옥수수와 밀은 사람이 소비하는 칼로리의 절반을 공급해주고, 이 세 가지 곡물의 뿌리는 수지상균근의 도움을 받는다. 이 공생관계에 참여하는 진균은 흙 속에서 질소, 인, 칼륨을 흡수하여 자신의 공생 파트너인 식물과 나눈다.[6] 위의 세 가지 원소가 포함된 NPK 비료로 작물을 재배하면, 자연의 균근들은 사라져버린다.[7] 작물의 뿌리가 토양 속에 뿌려진 엄청난 양의 세 원소에 흠뻑 젖어버리고, 결과적으로 진균의 역할이 필요 없어지기 때문이다. 사람도 마찬가지다. 패스트푸드를 자주 먹어 장내 미생물을 중독시켜버리면 소화계의 건강한 마이코바이옴에도 비슷한 현상이 일어난다.[8] 정제설탕과 인공 감미료는 금방 혈류에 흡수되므로 복합탄수화물을 처리하는 데 필요한 박테리아나 진균이 더 이상 할 일이 없어지는 것이다(5장). 살균제는 균근에게 또 하나의 위험요소다. 녹병, 깜부기, 마름병, 단일 경작 작물을 순식간에 전염시켜버리는 도열병 등을 예방하거나 통제하기 위해 뿌리는 살균제는 토양에도 스며들어, 작물의 뿌리와 균근관계를 형성하기도 전에 작물에 유익한 진균조차 죽여버린다.[9] 비듬을 없애기 위해 쓴 비듬 전용 샴푸가 피부에 도움을 주는 진균까지 죽여버리는 낙수 효과와 비슷하다(2장).

식물학자들은 사람 몸의 마이코바이옴을 연구하기 위해 개발된 분자유전학적 방법과 똑같은 방법을 써서 농경지에서 균근 진균의 개체수 증감을 기록으로 남겼다. 집약적인 농법의 결과 미생물 군집의 개체수 변동을 겪거나 불균형, 심지어 붕괴 상태에 이르렀지만, 그 영향은 겉으로는 크게 드러나지 않았다. 농경 기계화, 잡초와 해충을 방제하는 농약, 생존력이 강한 품종 개발 등으로 작물의 생산성은 계속 높아졌기 때문이다.[10] 그럼에도 불구하고 균근의 생장을 촉진하는 농법은 여전히 인기가 높다. 무경운 농법No till farming은 씨앗을 심기 전에 균근 진균의 균사가 파괴되는 것을 막아주고, 거름으로 토양을 기름지게 해주면 진균의 성장이 촉진된다.[11] 씨앗에 포자를 미리 입히는 방법은 땅에 뿌리거나 심은 씨앗의 뿌리에서 균근 진균이 활발하게 형성될 수 있도록 도움으로써 그 씨앗에서 자란 묘목이 건강한 마이코바이옴을 형성하며 자랄 수 있게 해주는 또 하나의 좋은 전략이다.[12] 씨앗 표면에 유익균을 미리 입히는 것은 신생아가 엄마로부터 효모의 세례를 받으며 태어나는 것과 비슷하다(1장). 씨앗 상태에서부터 뿌리는 미리 입힌 유익균을 통해 균근관계를 형성하고, 사람은 태어날 때 물려받은 효모를 통해 평생 이어질 진균과의 공생관계를 시작한다.

분해의 미학,
죽음 위에 피는 진균의 생태계

진균은 식물과 동물이 살아 있는 동안에도 협업관계를 유지하고, 죽은 후에는 부패 과정을 책임짐으로써 여전히 그 관계를 유지한다. 진균은 동물과 식물의 사체를 분해함으로써 자양분을 흙으로 돌려보내고 이산화탄소는 대기로 돌려보낸다. 갓 자라기 시작한 식물의 뿌리와 그 뿌리의 균근 진균은 죽은 것들을 분해하는 과정에서 생겨난 미네랄을 흡수하고, 잎은 햇살과 CO_2를 흡수한다. 이렇게 해서 탄소 순환의 거대한 바퀴는 계속 돌아간다. 진균은 쓰러진 나무의 박테리아, 곤충, 벌레들과 섞여 살아가며, 이들도 제각각 나름의 방법으로 분해 과정에 기여한다. 버섯의 균사는 균사 내부의 압력을 이용해 나무 안으로 침투하고 효소를 분비하여 쓰러진 나무 줄기가 가루와 펄프가 될 때까지 분해한다. 박테리아는 균사의 표면을 따라 밀집해 있으면서 진균에서 분비된 화학물질을 발효시켜 자신의 에너지원으로 활용한다. 눅눅하고 빛이 들지 않는 환경에서 효모가 왕성하게 번식하는 나무를 찾아 여기저기에 굴을 파놓는 딱정벌레, 균사에 구멍을 내 즙을 빨아먹는 선충, 독소를 내뿜거나 끈끈이 함정을 만드는 진균, 이 모든 일이 한 그루의 나무가 완전히 사라질 때까지 반복된다. 썩어가는 나무의 표면에는 선반버섯류나 말굽버섯 같은 다년생 자실체가 단단하게 굳어가며 자리 잡고, 그 주변에 이따금씩 피어나는 살집 좋은 일년생 버섯들은 죽은 나무의 표면뿐만 아니라 내부에서도 분해 과정이 활발히 진행되고 있음을 보여주는 증거가 된다. 이 자실체에서 뿜어져 나온 포자는 새로운 먹이의 원천을 찾아 날아가서 생명과 죽음, 그리고 분해의 사이클을 끊임없이 반복한다.

진균이 동물의 사체를 분해하는 방법은 식물을 분해하는 방법과 다르다. 식물은 사슬처럼 연결되어 셀룰로스를 형성한 당분과 식물의 건조 중량(동식물을 건조시켜 측정한 무게-편집자) 대부분을 차지하는 다당류로 이루어져 있다. 진균은 이런 물질들로부터 당분을 풀어내는 챔피언이다. 동물의 몸은 단백질과 지방으로 이루어져 있고 박테리아가 이들을 분해하는 데 더 효과적이다. 그러나 끈적끈적한 내장 안에서는 효모가 자라고, 사상진균들은 더욱 단단한 조직에서 분해 작업을 시작한다. 바글바글 들끓는 구더기와 힘줄을 쪼아 먹는 딱정벌레, 박테리아와 진균은 죽은 자들의 마이코바이옴, 즉 네크로바이옴necrobiome을 형성해 성찬을 즐기며 죽은 자의 몸을 흙으로 돌려보낸다.[13]

사람의 사체는 부풀어 오르고 본격적인 분해 과정을 거쳐, 이윽고 살이 썩어 없어지고 백골만 남는다. 이 과정이 진행되는 동안 네크로바이옴의 진균도 바뀐다. 사체가 부풀어 오르는 과정에서는 장내 미생물이 소화기 조직을 분해하고 시신이 부풀어 오르게 만드는 기체를 생성하면서 입과 코를 통해 부패액이 흐른다. 이때가 사체에서 가장 다양한 진균이 발견되는 때다. 칸디다 효모를 비롯해 우리에게 익숙한 아스페르길루스, 털곰팡이, 페니실륨 곰팡이까지 볼 수 있다.[14] 활발하게 분해가 이루어지는 시기에는 진균의 다양성이 줄어들고 특별한 곰팡이와 효모가 사체의 피부와 근육, 내장기관을 액체화하는 박테리아, 구더기 등과 함께 분해 과정을 이어간다. 백골화 과정을 거치면 진균의 먹이가 될 만한 것은 거의 남지 않게 된다. 머리카락과 손발톱 정도만 남는데, 이것조차 살아 있을 때 백선을 일으키는 진균에 의해 분해된다.

누구나 결국은 분해 과정을 거쳐 한 줌의 흙으로 돌아간다는 것을 대부분의 사람들이 의식적으로 외면하려 하지만, 이는 엄연한 현실이다. 그러나 우리는 이 거대한 지구라는 서커스에서 맡고 있는 역할을 이해하고 받아들임으로써 더 지혜로워질 수 있다. 독일 철학자 하이데거Heidegger는 우리에게 주어진 시간의 유한함을 인정함으로써 매일의 경험을 초월해 더 큰 삶의 요소들을 추구할 수 있다고 말했다.[15] 어떤 이들은 이러한 생각에서 위안을 얻는다. 생분해성 소재에 진균이 도포되어 있는 수의가 사람이 죽은 후 숲의 생태계를 더욱 풍요롭게 하는 데 기여하는 장례 방식의 일부로 홍보되고 있다.[16]

죽어서 나무의 거름이 되겠다는 생각은 박수를 받아 마땅하지만, '그린 장례식'이라 불리는 모든 방식이 실은 화학약품으로 시신을 방부 처리해서 최대한 생전의 모습을 보여주며 장례식을 치르는 것보다 조금 덜 유해할 뿐이다. 느타리버섯이나 표고버섯의 균사를 섞어 만들었다는 수의는 사람의 시신이 분해되는 데 별로 도움이 되지 않는다. 이런 버섯들은 셀룰로스를 분해하는 백색부후균(목재 조직에 침입하여 백색 부후를 일으키는 균류-편집자)이기 때문이다. 숲속이나 바닷가에 쓰러져 죽은 해적의 몸에 우연히 느타리버섯이나 표고버섯의 포자가 떨어진다 해도 그들이 흔적도 없이 먹어치울 것은 목발뿐, 나머지 부분의 분해에는 별 도움이 되지 못한다.[17]

예술 작품을 삼키고 토양을 되살리는 진균

목발을 비롯해서 우리가 나무를 톱질하고 끌로 다듬고 펄프를 뽑아내 만드는 모든 것은 진균에 의해 쉽게 분해된다. 살아 있는 나무라면 진균에 저항하겠지만, 벌목 후에 보존용 화학 처리도 되지 않은 목재는 공기와 습기가 가해지면 진균에 대한 저항력도 없이 분해 과정이 가속화된다. 파괴의 씨앗은 언제든 기습 공격을 할 준비를 갖춘 채 땅속에도 잠자고 있고 공기 중에도 떠다닌다. 현재까지 남아 있는 가장 오래된 목각 작품은 1만 2,500년 전에 만들어진 시기르 아이돌Shigir Idol로, 1890년에 러시아의 한 이탄 습지에서 발견되었다. 묻혀 있던 땅속에 공기가 부족했기 때문에 끌로 깎아 다듬은 얼굴과 지그재그 모양으로 깎아낸 무늬가 아직도 남아 있다. 전체 길이는 5미터 정도였을 것으로 추정되는 낙엽송 목각으로, 아이스맨 외치(7장)보다 나이가 두 배나 많다.[18] 시기르 아이돌이 습지 속에서 잠자는 사이 여러 문명이 흥했다가 망했고, 스톤헨지 근처의 우드헨지에서 발견된 기둥의 구멍에 박힌 고리 외에 목재의 흔적은 진균에 의해 모두 사라졌다. 이는 유럽의 모든 신석기시대 거주지 유적에서도 마찬가지다.

회화 작품도 진균에 의해 손상되곤 한다. 초기 중석기시대 시베리아인들이 시기르 아이돌을 조각하기 천 년도 전에, 예술가들은 가까운 곳에서 얻은 광석을 갈아 만든 안료로 라스코 동굴벽에 그림을 그렸다. 1940년에 발견되고 나서 불과 몇 년 만에 라스코 동굴 벽화에 부식의 징후가 나타났다. 이 그림을 보려고 몰려든 사람들의 숨과 땀이 동굴 내부의 습도를 높여 축축하게 젖은 바위가 산성화되기 시작했기 때문이다. 천정에 설치한 전기 조명 때문에 녹조류가 생기더니 동굴벽을 따라 번졌고, 군데군데 곰팡이가 자리 잡았다.[19] 라스코 동굴은 결국 1963년 폐쇄 조치가 내려졌지만, 미생물들에 의한 손상은 끈질기게 계속되었다. 동굴 안을 날아다니며 포자를 옮겨놓는 곤충 때문에 문제는 더욱 심각해졌다. 곰팡이의 습격을 받은 동굴의 벽과 천장은 검게 변했다.[20]

미켈란젤로는 시스티나 대성당의 프레스코화를 그리는 동안, 캔버스 역할을 했던 축축한 석회석에서 끊임없이 곰팡이를 제거해야 했으며, 중세시대 유럽 전역의 교회에 그려진 벽화들도 곰팡이 때문에 훼손될 위기에 처해 있었다.[21] 인간의 예술 작품이나 공예품에 대한 진균의 적대감은 무자비했다. 무엇을 만들어놓든 진균은 그것을 녹여버리려고 달려들었다. 필사본과 도서관의 장서는 날씨의 변화에 제대로 대응하지 못하면 금방 곰팡이투성이가 되었고, 영화 필름과 비디오테이프도 진균 때문에 망가지기 일쑤였다. 사진 속 얼굴들은 인화지에 코팅된 젤라틴 층에서 자라는 미세한 균사 때문에 흐릿하게 변해버렸다. 클라우드에 저장된 디지털 이미지만이 안전하다. 진균은 구두에서도 자라고 핸드백에서도 생기며, 가죽으로 만들어진 모든 것이 진균으로부터 안전하지 않다. 제일 아끼는 가죽 재킷에 생긴 조그만 점 하나가 점점 크게 퍼진다. 우리 피부에 생기는 진균증과 똑같다. 아무리 노력하고 애써도 우리는 진균으로부터 완전히 차단될 수 없다.

1665년에 출판된 걸작 『마이크로그라피아*Micrographia*』에서 로버트 후크Robert Hooke는 현미경으로 관찰해야 볼 수 있는 진균을 그림으로 그려냈다. 양피지 소재의 책 표지에서 자라던 털곰팡이였다. 몇백 년이 흐른 지금도 여전히 우리는 유기체들의 우주, 후크의 현미경을 통해 세상에 모습을 드러낸 미생물들과 술래잡기를 하고 있다. 우리가 그들을 보든 보지 못하든, 진균은 어디에나 있다. 물질을 분해하는 중이거나 포자의 형태로 어딘가에 앉아서 기다리는 중이다. 진균은 수억 년 전부터 다른 생명체들이 남겨놓은 폐기물을 청소해서 죽은 식물을 거름으로 만들며, 거름은 흙으로 만들고, 동물의 배설물과 사체의 섬유소를 녹여 없애고 있다.

이들이 부리는 재활용의 재주는 산불이 난 뒤 산림의 재건을 위한 토양 조성에 절대적으로 필요하고, 균근은 목재의 남벌이나 광산의 채굴작업 이후 식물이 흙 속에 뿌리를 내리는 데 없어서는 안 되는 요소다. 사람이 환경에 배출하는 온갖 해로운 오염물질들을 분해하고 화학물질을 재구성해서 독성을 줄이기도 한다.[22] 백색부후균이 목재를 분해할 때 쓰는 효소는 화석연료를 태울 때 발생하는 발암성 탄화수소의 독성을 중화시키는 데 효과적이다. 백색부후균이 이런 역할에 뛰어난 이유는 탄화수소의 고리형 분자구조가 백색부후균의 분해 대상인 나무가 갖고 있는 리그닌의 분자구조와 아주 유사하기 때문이다. 살충제와 제초제를 분해하는 능력이 뛰어난 진균도 있고, 의약 폐기물이나 염료 또는 세제를 분해하는 데 탁월한 진균도 있다. 균사체 또한 균사를 통해 빨아들이는 수분 속에 독성물질을 농축해둠으로써 토양을 깨끗하게 해주기도 한다. 이와 같이 여러 가지 형태의 자연정화 방법을 통해 진균은 심지어 방사능으로 오염된 땅을 복구하는 데도 도움을 줄 수 있다.[23] 이러한 독성 제거 능력을 실험실 밖에서 실제 농경지나 산업현장에 적용하려면 아직도 갈 길이 멀지만, 진균의 놀라운 능력에 대한 연구결과들을 보면 연일 보도되는 지구의 어두운 미래에 대한 뉴스에서 잠시 눈길을 돌려 희망을 가져볼 만하다.

세상을 물들이는 진균과 패션

진균에 대한 과학적인 연구의 핵심 메시지는 대중문화까지 이어져서 버섯이 지구를 되살리고 새로운 생명을 지탱하는 리사이클링의 도구로 받아들여지고 있다. 세계 곳곳의 토착민들이 버섯을 다산의 상징으로 여긴다는 점에서 진균에 대한 사랑은 다시금 확인되고 있다.[24] 그들의 전통적인 믿음에 따르면, 블랙풋 인디언들은 댕구알버섯 또는 카카토시kakató'si가 하늘에서 떨어진 별로부터 만들어졌다고 상상했다. 그들은 원뿔형 천막집 바닥의 가장자리를 따라 하얀 원을 그리며 올라오는 이 버섯의 자실체를 그렸는데, 이는 생명의 탄생을 상징한다.[25] 환경 훼손이 의심할 바 없는 지구 전체의 문제로 대두된 오늘날, 진균은 희망의 상징으로 널리 인식되고 있다. 기이한 연구라는 손가락질과 대중들의 혐오를 한꺼번에 받으면서 3백 년이 지난 지금에 이르러 진균은 뜨거운 관심의 대상이 되었다.[26] 버섯은 영화, 패션, 책, 대중 강연 등에서 아름다움과 반문화의 상징으로 받아들여지고 있다. 진균학적인 테마의 설치미술 작품에 버드나무 가지로 엮어 짠 거대한 버섯이 등장하고, 나무도막에서 자라는 균사체, 빳빳한 털처럼 서 있는 자실체의 군집을 조각하거나 금속 소재를 더해 살아 있는 조각 작품이 만들어진다. 버섯 보석mushroom jewelry 역시 아주 핫한 트렌드가 되었다.

이스라엘의 아티스트인 오페르 그룬발트Ofer Grunwald는 동료들과 함께, 녹인 한천에 아스페르길루스의 포자를 섞어 물방울무늬 그림을 그렸다. 유리판 위에 그려진 물방울무늬에서 포자가 싹을 틔웠고, 곧 물방울무늬 하나하나가 색깔을 가진 작은 균사체가 되면서 눈에 보이는 패턴이 만들어졌다.[27] 호주의 모던 원주민 예술Aboriginal art로부터 영감을 받은 스케치에 진균의 포자가 더해지면서 물방울무늬마다 매우 독특하고 차원이 다른 개성을 갖게 되었다. 구형의 포자가 싹틀 때, 처음 나오는 싹은 포자의 표면 어디서든 나올 수 있다.

이 균사로부터 나온 첫 번째 가지의 위치는 무작위적이고 두 번째 가지의 위치 역시 마찬가지다. 가지에서 또 다른 가지가 뻗어 나오고, 결국 미세한 균사체의 생장이 한 시간 정도 진행되면 물방울무늬마다 독특한 형태를 띠게 된다. 자라고 있는 진균의 전반적인 형태는 꽤 정확하게 예측할 수 있지만, 그 형태를 구성하는 기하학적 세부 요소는 이 세상에 단 한 번, 단 하나만 존재한다. 이들의 군집은 마치 눈송이와 같아서, 정확한 모양은 온 우주에서 단 한 번, 단 한 곳에서만 만들어질 뿐 다시는 같은 모양으로 만들어지지 않는다(생물계의 어떤 곳에서도 똑같이 반복되는 것은 없으니, 이 말도 그리 인상적으로 들리지는 않을지도 모른다. 똑같은 유전자 세포와 배아도 물리적인 세부 요소는 제각각 다르다). 그룬발트는 물방울 모습을 타임 랩스 촬영 기법으로 이삼일 동안 기록하며, 그 형태와 색의 변화를 포착했다. 이 창조적인 영상을 보면 마치 시간의 화살이 거꾸로 날아가는 듯한 느낌이 든다. 예술 작품을 파괴하는 것이 아니라 곰팡이가 젤리에서 에너지를 뽑아내면서 그룬발트의 손에서 예술 작품을 만들어가는 것이다.

진균을 창의적으로 활용하려는 의지는 비건 가죽에서도 표현된다. 비건 가죽은 배양접시에 자라는 균사체의 시트, 곡물이나 우드칩에 기른 균사체 덩어리를 압착해 만든 직물로 제작된다. 이 소재는 유명 디자이너들의 손을 거쳐, 가죽 제품을 대신할 환경친화적 대체제인 핸드백과 옷으로 탄생한다.[28] 비건 가죽은 구두로도 만들어진다. 진균에 의해 구두에 곰팡이가 피는 게 아니라 진균에 의해 구두가 만들어지는 것이다.

규범을 깨는 진균학,
퀴어 마이콜로지

진균학이 진화의 단계에서 새로운 국면을 맞이하고 있지만, 진균에 대한 미신과 오해는 여전히 진균학에 영향을 미치고 있다. 한쪽에서는 진균을 불필요한 존재로, 다른 한편에서는 압도적인 존재로 부각시킨다. 진균에 대한 사람들의 반응은, 모든 진균을 혐오하는 진균 혐오자mycophobes에서부터 진균이 지구를 구할 거라고 믿는 진균 찬양자들까지, 양극단을 잇는 긴 연속선상의 어딘가에 자리한다. 이러한 맥락에서, 패트리샤 카이시안Patricia Kaishian과 하스미크 줄라키안Hasmik Djoulakian은 진균학이 퀴어포비아*queerphobia*의 관점에서나 이해할 수 있는 마이코포비아*mycophobia* 때문에 손해를 보고 있다고 주장했다. "진균학은 본질상 기존의 패러다임에 도전하고 규범을 파괴하는 과학이다. 진균학은 식물 대 동물이라는 이분법적 개념을 뒤흔든다…… 진균은 독성물질, 병의 매개체, 퇴행, 죽음, 마약, 천박함, 그리고 기괴함weird—역사적으로 동성애와 장애인을 비하하는 데 쓰이던 말—의 상징이며, 주변의 환경과 어떠한 긍정적인 상호관계도 맺지 않는다고 여겼다."[29] 진균에 대한 편견이 수백 년 동안 진균학자들의 연구와 진균에 대한 생물학적 이해의 발전에 커다란 장애물이었다는 점은 부정할 수 없는 사실이다. 진균학은 언제나 기존의 질서를 따르지 않는 분야였다. 이 때문에 많은 사람이 진균을 "정식으로 연구할 만한 가치가 없는 비정상적인 대상"이라는 결론을 내렸음에도, 카이시안과 줄라키안은 진균이 묘하게 영감을 불러일으킨다는 것을 발견한 이들도 있다고 주장한다. 이러한 긴장 속에서, 주류 과학 분야에서 소외된 과학자들끼리 뭉친 그룹이 형성되었지만, 진균에 대한 초자연적인 힘을 빙자한 만병통치약을 선전하거나 진균을 환경의 구세주라고 치켜세우는 황당한 주장들도 기승을 부렸다. 과학으로서의 진균학이 이렇게 절반의 진실과 절반의 거짓이 섞인 훼방꾼들을 극복하는 것은 어려울지도 모른다.

진균에 대한 인식은 생물학 전문가들 사이에서 확연히 변화하고 있다. 과거 100년의 세월 동안 생물의 다양성에 대한 과학 논문들은 대개 동물과 식물의 숫자만 추산했을 뿐 진균은 포함하지 않았다. 식물 생태학자들은 마치 진균은 존재하지도 않는 것처럼 무시하거나 세미나에서 균근을 언급하는 것이 대단한 자비인 양 행동했다. 동물학에서도 진균학의 자리는 없었다. 그러나 오늘날 진균은 생태계의 종 피라미드에서 확고한 위치를 차지하고 있으며, 종종 그 옆에 알광대버섯의 그림이 함께 표시되곤 한다. 균근은 생물학 개론서에 등장하고, 모든 동물의 장내 마이코바이옴은 아주 자세하게 연구되고 있다. 내가 연구자로서 커리어를 시작하던 시절의 진균학은 이 정도로 중요한 분야가 아니었다. 배우가 되겠다는 자식을 둔 부모라면 대부분 자식의 커리어를 걱정하듯이, 내가 진균학으로 박사학위에 도전하겠다고 했을 때 아버지도 그랬다. 아버지는 심지어 때마침 우리가 살던 옥스퍼드셔 마을의 은퇴한 진균학자에게 상담까지 했다. 그 사람이 바로 잉골드C. T. Ingold(1905-2010), 20세기 진균학계의 전설적인 인물이자 장장 70년을 진균의 포자 연구에 바친 대학자였다.[30]

잉골드 박사는 아버지에게 진균 연구는 젊은 과학도에게 탁월한 선택이라고 조언했다. 얼마 지나지 않아 많은 대학교에서 제대로 된 진균학 전문 학과들이 생길 거라고도 장담했다. 이는 사실 좀 과장된 표현이긴 하다. 잉골드 박사의 예언과는 달리 진균학을 전문적으로 연구하는 학자의 수는 사실 줄어들고 있고, 진균학 관련 학과는 '가뭄에 콩 나듯'이라는 말이 딱 어울릴 정도로 보기 힘들다.[31] 반면에 진균의학을 전공하는 연구자들과 식물의 질병을 연구하는 학자들은 엄청난 연구비를 끌어모으고 있으며, 진균 연구는 생태 연구의 여러 분야에 포함되어 있다. 스스로를 진균학자라고 칭하지는 않지만, 진균의 한 종류인 효모를 연구하는 유전학자들과 생물공학자들 역시 대부분 대학교에서 활동하고 있다. 진균들에 이름을 붙여주고 분류하던 고전적인 계통분류학자들이 모두 사라지고, 진균학은 이제 그들이 남긴 표본들 속에서 다시 태어나는 중이다. 진균학은 한때 외딴 생물종이나 다루던 학문이었지만, 이제는 다른 종들과의 적극적인 상호작용을 연구하는 학문으로 발전했다.

의식하는 마이코바이옴?
생명과 감각의 경계에서

진균과 인체의 상호작용에 관한 연구는 온갖 가능성으로 넘쳐흐른다. 과학은 아직도 갈 길이 멀고 마이코바이옴은 우리의 의식 속에 새롭게 진입한 생명이기에. 우리는 대개 마이코바이옴의 활약상을 의식하지 못하고 산다. 우리 몸을 구성하고 있는 수조 개의 세포는 저마다 제 할 일을 하느라 바쁘고 진균 역시 제 할 일에 몰두하고 있다. 왜 두피가 가려운지, 곰팡이 핀 화분을 솔로 털어낼 때 왜 재채기가 나는지 궁금할 때도 있지만, 진균은 우리가 일상을 영위하는 데 방해가 될 만큼 귀찮게 하지는 않는다. 사람 두피의 피지를 섭취하고 장기의 내막을 훑고 다니면서 사람의 면역체계와 싸우는 효모나 곰팡이의 행위는 우리가 진균에 대해 보이는 무관심한 반응과 다를 바 없다.[32] 세포 수준에서 보면 인간도 진균과 완전한 동격이다. 진균 세포도 인간의 세포 못지않은 지각과 반응 능력을 갖고 있다.

진균 세포가 감수성을 갖고 있음은 자명하다. 균사는 표면의 굴곡을 감지하고, 장애물을 우회해서 성장하며, 부상이 발생하면 더 많은 균사의 무리를 보내 치유한다. 속박에도 반응해서, 더 얇아지거나 가지를 덜 치는 방식으로 성장 속도를 조절한다. 이렇게 토양과 식물, 동물 조직의 성질과 형태에 적응하면서 먹이를 찾아 앞으로 나아간다. 실험을 통해 진균이 학습 능력과 기억력을 갖고 있다는 사실도 밝혀졌다. 진균은 고온 처리를 경험한 후에는 고온 스트레스에 훨씬 효율적으로 반응하며, 과거에 먹이를 발견했던 방향으로 균사를 뻗어간다(4장). 뇌를 가진 동물의 '생각한다'는 의미로 보자면 진균은 생각하지 않는다. 그러나 균사가 정보를 처리하는 기본적인 메커니즘은 우리 몸의 반응 과정과 똑같다. 평생토록 이어지는 우리의 사고 과정은 수십억 개의 뇌세포에 의해 처리되고 우리 몸의 단백질과 분자 사이에서 다양한 반응을 이끌어낸다. 환경에 대한 균사의 반응은 제각각 신호를 발신하는 분자의 분출과 관련되어 있다. 사고와 반응의 차이는 본질적인 것이 아니라 규모scale의 문제다. 모든 생명체가 세포로 이루어져 있는데 달리 어디서 그 차이를 찾겠는가?

풀밭의 흙을 떠서 균사의 밀도를 추정해보면, 흙 1세제곱미터당 100억 개에서 1조 개의 균사가 들어 있다고 한다. 그리고 같은 부피의 밀짚이나 톱밥 안에는 균사 말단이 약 130조 개나 들어 있을 것이라고 한다. 이 숫자들은 사람의 뇌에 들어 있는 뉴런의 밀도와 비교해볼 수 있다. 다만 사람의 신경세포는 각각의 세포가 수천 개의 이웃 세포와 연결될 수 있도록 시냅스를 형성함으로써 처리 능력을 증폭시킨다는 점이 다르다. 상상조차 하기 힘들 정도로 많은 수의 균사를 가지고 있음에도 불구하고, 화학적 신호의 전달 속도는 매우 느리기 때문에 소통의 잠재력은 크지 않다. 진균이 소통할 수 있는 메시지는 기껏해야 "배고파", "방금 먹이를 찾았어", "나랑 짝 할래?" 정도에 불과할 것이다. 물론 이 정도의 메시지면 사람 사이의 의사소통에도 무리는 없지만 핵심은 그게 아니다. 진균은 꿈을 꾸거나 공포를 느끼지 않는다.

진균이 의식을 가지고 있다고 주장하는 것은 위험하다. 진균에 대한 환상적인 스토리를 열성적으로 기대하는 사람들이 있다. 특히 극소수의 과학적인 관찰을 확대 해석해서 만든 이야기들이 있다. 버섯이 소리 없이 대화를 나눌 수 있다는 주장은 균사 블록에 전극을 꽂아 전극에 흐르는 전기신호를 기록하고 분석한 연구결과를 아전인수 격으로 해석한 얼토당토않은 헛소리다.[33] 이런 주장을 내놓은 장본인들은 프랑스어가 유럽 언어 중에서 가장 세련되지 못한 언어라는 결과가 나온 언어 척도를 바탕으로, "진균의 언어는 인간의 언어보다 훨씬 더 복잡하다"는 결론을 내렸다. 진균학적 사고에는 열정과 자아가 실험의 증거를 초월할 때 만나게 되는 사건의 지평선event horizon이 존재한다. 어쩌면 그들은 감자에 꽂힌 전극에서 전기가 흘러 LED 등을 밝히는 것을 보면 감자도 인간과는 차원이 다른 언어 구조를 갖고 있다고 생각하지 않을까?

달에도 진균이 살까?
우주로 뻗어가는 마이코바이옴

화성 탐사선 오퍼튜니티Opportunity호가 보내온 화성 표면 사진에서 얼룩덜룩한 점처럼 보이는 것들을 두고 댕구알버섯이니 무슨

버섯이니 하고 해석하는 것도 상상의 비약이다.[34] 테렌스 매케나가 이 사진을 보았다면 진균의 포자는 외계에서 온 생명체라는 자신의 주장이 확인되었다고 좋아했을 텐데(9장), 사진이 너무 늦게 도착해서 아쉽다. 매케나가 진균의 우주 유입설을 주장할 무렵, NASA는 지구의 진균 중 일부를 우주로 보내는 정반대의 실험을 준비하고 있었다. 아폴로의 임무에는 지구인의 마이코바이옴을 달까지 가져가는 것도 포함되어 있었고, 십여 명의 우주인들이 진균과 함께 달 표면을 걸었으며, 소변과 우주식 포장지로 장내 마이코바이옴의 샘플을 남겼다. 아폴로 11호 임무 도중 닐 암스트롱Neil Armstrong이 찍은 사진에 착륙선에서 떨어뜨린 하얀 봉지들 중 하나가 보인다. 물이 끓을 정도의 고온과, 반대로 물이 꽁꽁 얼어붙을 정도의 저온이 공존하는 달 표면에서, 봉지 안에 든 미생물들은 모두 죽었겠지만 어쩌면 미래의 방문객들이 달에 도착하면 아폴로 우주인들이 남긴 쓰레기에서 DNA를 읽어낼지도 모른다.[35]

'마이크로바이옴'이나 '마이코바이옴' 같은 용어가 생겨나기 수십 년 전부터 NASA의 과학자들은 아폴로 14호와 15호 우주인들에게서 포착된 '정상 진균총fungal autoflora'의 변화를 연구하기 시작했다. 인체에 깃들어 있는 미생물에 대한 그들의 관심은 선견지명이 있었다. 박테리아와 진균을 DNA로 식별해내는 방법은 1970년대 말 이후에야 개발되었으므로, 우주인의 피부를 면봉으로 긁어내거나 배설물에서 채취한 샘플로 마이코바이옴을 분석하고 진균까지 식별해내기는 어려웠다. 사상균과 효모는 피부에서 채취하고, 칸디다 효모는 우주 임무 전과 후, 그리고 임무 도중에 수거된 배설물 샘플에서 뽑아내 배양했다.[36] 가장 흥미로운 관찰 내용은 우주비행 도중과 달 표면에서 진균이 감소한다는 것이었다. 우주에서 균종이 감소하는 것은 우주인들이 멸균된 우주식을 먹는 데다 우주에는 우주인들의 몸속에 살아 있는 마이코바이옴을 더욱 강화시켜줄 만한 진균이 없기 때문이다.

NASA는 항상 지구인의 몸에 살고 있는 미생물이 지구 바깥의 태양계를 오염시킬까 봐 염려했다. 그러나 지구인의 미생물은 우주선 밖으로 나갈 수가 없다. 문제는 멸균실에서 우주선을 조립하는 과정에서 시작된다.[37] 유입되는 공기와 멸균실 안으로 들어오는 물질들을 아무리 철저하게 멸균한다고 해도 박테리아와 진균이 침입하는 것을 인간은 막을 수 없다. 그곳에서 일하는 엔지니어들의 마이코바이옴도 새로운 오염원 중 하나다. 멸균실에서 발견된 아스페르길루스와 다른 곰팡이들의 포자는 공기 필터를 통과하지 않고 어디론가 우회해서 들어왔을 것이 틀림없고, 여러 물체의 표면에서 발견된 말라세지아와 칸디다 효모는 아마도 노동자들에게서 나왔을 것이다. 궤도를 도는 국제우주정거장ISS에서도 흔치 않은 진균들의 혼합체가 발견되며, 그중 일부는 지구에서라면 주변에 들끓었을 경쟁자들이 전무한 밀폐된 환경에서 빠르게 증식했을 수도 있다.[38] 실험을 통해 진균은 고용량의 자외선에 노출되어도 살아남을 수 있다는 것이 증명되었지만, 모든 것을 완전히 건조시켜버리는 우주의 진공 상태와 DNA를 흔적도 없이 제거해버리는 우주방사선cosmic ray 때문에 우주선 밖에서는 어떤 생명체도 살아남을 수 없다. 화성에는 버섯이 없다(오퍼튜니티호가 포착한 것은 버섯이 아니다).

ISS에 체류하는 우주비행사들의 피부와 장에서도 진균은 자라지만, 그들이 임무를 수행하는 도중에 변화가 생겨서 우주비행사들의 피부에 말라세지아가 크게 증가한다. 아마도 우주에 체류하는 동안 우주비행사의 몸에서 분비되는 피지의 양에 변화가 생기기 때문인 것으로 보인다.[39] 우주에서 체류하는 기간이 1년 이상으로 길어지면, 우주인의 체내에 원래부터 있던 미생물 군집은 사라지기 시작한다. 병원균을 경계하고 감시하던 균종들이 사라지면서 병원균이 활개를 칠 수도 있다. 이러한 비정상적인 상태는 우주인의 면역체계에 변화가 생기면 더 심각해질 수 있다.

우주방사선, 무중력 상태로 인한 골밀도 감소, 근쇠약, 심리적인 스트레스에 체내의 진균들까지 붕괴되면 인간의 우주 탐험은 불가능해질 수도 있다.[40] 그나마 희소식이 있다면, 인간이 지구에서 생존하기 위해 로켓 과학까지 동원할 필요는 없다는 것이다. 우리는 생물학적으로 필요한 것을 모두 갖추고 있다. 인간 본성의 지독한 이기주의를 극복할 의지가 있는가가 문제일 뿐이다. 진균에게 감사하는 것도 지구에서 우리가 수행해야 할 임무의 일부다. 그저 자연이 보여주는 독특한 아름다움 중 하나인 버섯을 자세히 들여다보거나, 썩어가는 솔잎의 신비로운 향기에 잠시 취해보는 것이 그 출발점이다. 부패한 성찬에는 무궁한 아름다움이 깃들어 있다.

• • •

마이코바이옴의 세상을 들여다보면서 우리는 피부에 모여 사는 효모와 소화계에 뿌리를 내리고 사는 진균의 군집을 만났다. 살아 있는 한 이어질 수밖에 없는 인간-진균의 공생관계에는 알레르기를 일으키는 포자와 치명적인 감염을 일으키는 병원균의 침입이 부록처럼 붙어 있다. 지금까지 살펴보았듯이, 우리는 수천 년 동안 사람에게 밥이 되거나 독이 되었던 버섯, 뿌리 깊은 미신과 독실한 종교의 도구였던 환각버섯과도 상호작용함으로써 우리 몸속의 마이코바이옴을 확장시켰다고 생각할 수도 있다. 그 외에도 우리는 효모를 이용해 술을 빚고 빵을 구웠으며 사상균을 이용해 우유를 발효시키고 치즈를 만들면서 진균과의 문화적인 관계를 발전시켜왔다. 작물을 망치는 녹병과 깜부기, 저장된 곡물과 가정의 물건들을 망가뜨리는 곰팡이 역시 이 이야기의 일부였다. 이 이야기들은 인간의 역사가 시작된 이래 지금까지 인간이 진균과 파트너였거나 경쟁자였던 사례이며 효모와 곰팡이를 이용해 생명을 구하는 의약을 개발한 현대의 생명공학과도 연결된다.

이는 우리 곁에 가까이 또는 멀리에 존재하면서 식물과 균근관계를 형성하고 생물 폐기물을 처리하는 한편 토양을 기름지게 하고 물을 맑게 정수해줌으로써 건강한 생태계를 지켜주는 진균에 대한 이야기였다. 진균 없이 생명은 존재할 수 없다. 사람의 몸속에는 은하수의 별만큼 많은 수의 진균이 살고 있다. 그보다 중요한 것은, 그 진균들이 은하에서 활활 타고 있는 별보다 우리에게 훨씬 더 심대한 영향을 끼치는 존재라는 점이다. 진균은 어디에나 있으며 인간보다 더 오래, 영원히 살아남을 것이다. *in myco speramus*, 곰팡이가 우리의 희망이다.

부록

진짜 진균과 유령 진균

Ghost Gut Fungi

마이코바이옴 연구는 대단히 어렵다. 이미 출판된 논문에도 오류가 많다. 그 원인은 이 분야 연구의 실험이 간접적으로 이루어진다는 데 있다. 진균이 사람의 장내에서 어떻게 살고 있는지를 직접 볼 수는 없다. 그 진균들 대부분이 배설물에서 채취해 배양접시에서 기를 수 없는 것들이다. 우리 몸속 진균을 연구하는 유일한 방법은 DNA 특징을 분석해서 각 진균을 구분해내는 것이다. 이렇게 생성된 리스트를 기준으로 장내 진균의 활동을 유추할 수 있다. 우리는 이미 어떤 진균이 지방을 소화하고 어떤 진균이 당분을 소비하는지 알고 있기 때문이다. 또한 이 효모는 산소가 부족해도 견딜 수 있고 그 친척은 박테리아의 성장을 방해한다는 것도 알고 있다. 바이러스를 식별할 때 이용되는 중합효소연쇄반응polymerase chain reaction, PCR 기법이 보편적으로 활용되기 시작하자, 진균을 DNA로 식별하는 것도 그리 어렵지 않아 보였다. 하지만 진균의 게놈은 바이러스의 게놈보다 수천 배나 크므로 기술적인 어려움이 따른다. 게다가 '진짜' 장내 진균과 장내 '유령' 진균을 구별하는 것도 또 하나의 문제다. 진짜 장내 진균은 사람의 장속에서 진짜로 살고 있거나 음식을 통해 장속으로 유입되는 진균이다. 장내 유령 진균은 식별 과정의 오류로 인해 진짜 존재하는 진균인 것처럼 간주되는 진균이다.

A, T, G, C가 연결된 긴 끈의 의미를 해석하려면 배설물에서 채취한 샘플을 증폭시킨 뒤에 이 시퀀스를 온라인 데이터베이스에 등재되어 있는 각 진균의 DNA 레퍼런스와 비교해야 한다. 이 과정을 서열 정렬sequence alignment이라고 한다. 장내 유령 진균은 샘플을 시퀀싱하는 과정에서 A, T, G, C의 끈이 잘못 생성되었거나 정확히 비교하기에는 끈의 길이가 너무 짧아 잘못 해석되었기 때문에 생겨난다. 여기에 데이터베이스에 등재된 DNA 레퍼런스 중 10퍼센트가량의 종명이 잘못 기재되어 있다는 문제도 있다.[1] 이런 이유로 엄격하게 연구를 진행하는 연구자들은 DNA 시퀀스의 길이가 충분히 길지 않거나 동일한 샘플에서 같은 시퀀스가 충분한 횟수만큼 반복적으로 나오지 않으면 해당 진균의 식별 결과를 확신하지 않는다.[2]

마이코바이옴을 관찰하는 과학자들의 진균학적 훈련이 부족하면 위와 같은 기술적 오류가 더 심해진다. 이런 오류들 때문에 흰개미집 위에서 자라는 독버섯, 유칼립투스 나무 속에서 발견되는 진균, 아르헨티나의 호수 수면 아래 사는 아주 작은 버섯까지, 사람의 배설물에서는 발견될 수 없는 진균들이 정식 출판물에서조차 장내 진균으로 버젓이 제시되는 웃지 못할 해프닝이 벌어지곤 한다.[3] 이러한 유령 진균은 배설물 샘플에서 증폭시켜 얻은 진균의 DNA 시퀀스와 혼동을 일으킬 정도로 유사한 DNA 시퀀스를 가진 자연 속 진짜 진균들의 이름을 따서 붙인다. 나 역시 한 콘퍼런스에서 정말 어이없는 경험을 한 적이 있었다. 유아의 마이코바이옴에 대한 포스터에 말뚝버섯이 들어 있는 것을 보고 그 포스터를 제작한 학생에게 유아의 마이코바이옴에 말뚝버섯의 DNA가 들어 있었을 리가 없다고 지적했지만, 당사자는 내 말을 듣는 척도 하지 않았다. 말뚝버섯은 발기한 남성의 성기처럼 생긴 버섯으로, 미끈미끈한 표면은 썩은 고기를 먹는 파리를 유인하는 역할을 한다. 사람의 몸에 이 진균이 있을 확률은 뉴욕의 도로에서 코뿔소를 만날 확률만큼이나 희박하다. 그 학생은 단순히 컴퓨터에서 얻은 결과를 보고할 뿐이라고 반박했다.[4]

진균의 종명을 정하는 방식의 오래된 문제를 두고 그간 계통분류학자들을 비판해온 만큼, 내 동료들 중에도 나의 이중성을 비난할 친구가 있을지도 모르겠다.[5] 그들의 말도 일리가 있다. 진균의 이름을 지어주는 지금까지의 관행을 버린다면, 마이코바이옴 연구에서 흰개미곰팡이와 말뚝버섯을 구별하는 데 오류가 생겼을 때 누가 그것을 알아볼 수 있겠는가? 이 점은 인정하더라도, 같은 라틴어 학명이 부여됐다고 해서 실제로 같은 종에 속하거나 같은 방식으로 행동할 것이라고 생각하는 것은 금물이다. 같은 '종'에 속한다 하더라도 변종이나 변이종일 경우 인체에 미치는 효과는 다를 수 있으므로 임상연구에서는 성패를 가를 수 있는 문제가 된다. 진균의 다양성은 축복인 동시에 저주다.

배설물 샘플에서 정확하게 식별된 진균의 목록은 우리 몸속에서 한살이를 보낸 장기적인 공생자이거나 최근에 섭취한 음식물에 섞여 들어온 신입 공생자들로 이루어져 있다. 대부분의 마이코바이옴 연구는 매우 다양하고 풍부한 미생물들이 우리 몸속에 존재하고 있음을 보여준다. 파이 차트는 이런 결과를 이해하기 쉽게 보여주는 좋은 방법이다. 칸디다 알비칸스가 파이의 70퍼센트를 차지하고 있다면, 그 샘플에서 나온 진균 DNA 열 종류 중 일곱 종류는 칸디다 알비칸스 종에 속하는 진균이라는 뜻이다. 이렇게 가설적인 분석을 계속해보면, 파이의 20퍼센트는 말라세지아 레스트릭타*Malassezia restricta*(두피에서 살기도 한다)일 가능성이 있으며, 나머지 10퍼센트는 열두어 가지의 희귀한 균종일 것이다. 이 파이 차트는 흥미롭게도 대개 마이코바이옴은 두 종류의 진균이 대부분을 점유하고 있음을 보여준다. 하지만 이 차트로 세포의 숫자까지 알 수는 없다. 마이코바이옴이 고갈되어서 진균의 세포 수가 1억 개 정도에 불과한 경우, 앞선 사례에서 추정되는 상대적인 종수도種數度(하나의 생물 군집 속에서 관찰되는 생물 다양성에 대한 양적 지수-편집자)는 약 7천만 개의 칸디다균 세포가 장에 살아 있다는 뜻이 된다. 400억 개 이상의 세포가 넘실거리는 마이코바이옴이라면 300억 개에 가까운 칸디다균 세포가 존재한다고 볼 수 있다. 상대적인 종수도를 보여주는 파이 차트도 똑같은 의미를 지닌 것처럼 보일 수 있지만, 생략된 실제 세포 수에 대한 정보가 인체의 건강에 매우 중요한 정보일 수도 있다. 최근까지도 많은 연구가 이러한 부적합성을 무시하고 단순히 상대적인 종수도만 보고해왔다. 그러나 점점 더 많은 연구자가 한 단계 더 나아가 실시간 PCR 또는 qPCR—여기서 q는 '정량적인quantitative'을 의미한다—을 이용하여 세포의 수를 측정하고 있다.

전통적인 또는 구식 PCR은 PCR 반응이 끝났을 때 증폭된 DNA의 양을 측정한다. 앞선 사례에서 칸디다 진균의 수치는 PCR 반응이 끝난 후 남은 DNA의 70퍼센트가 이 진균에서 유래했음을 보여준다. qPCR에서는 PCR 반응의 사이클이 진행되는 동안 매 사이클마다 DNA의 증가량이 측정된다.[6] 이는 사이클이 시작되는 초기 시점에서 칸디다의 시그널이 빠르게 증가하리라는 것을 의미한다. 칸디다 DNA를 가지고 있는 칸디다 세포가 시작 시점에 많기 때문이다. 세포 수가 적은 진균의 시그널은 더욱 천천히 증가하는데, 그 이유는 출발 물질이 적기 때문이다. qPCR에서는 표적 생물종의 DNA와 결합하는 형광 염료로 DNA의 증폭을 모니터링한다. 형광성의 강도와 세포 수를 연결 짓기 위해, 먼저 배양접시에서 길러 세포 수가 이미 확인된 진균을 포함한 샘플로 똑같은 qPCR 반응을 실시한다.

감사의 글

이 책이 세상에 나올 수 있도록 도움을 준 나의 에이전트 드보라 그로스베너와 편집자 앨리슨 칼렛에게 고마움을 전한다. 앤도 키스는 유령 같은 장내 균에 대한 연구에 실마리를 제공했고, 마이클 클라분데는 라틴어와 관련해 도움을 주었으며, 아내 다이애나 데이비스는 원고를 수정하는 과정에서 꼼꼼하게 검토해주었다.

주

1장 상호작용하다

1. Nicholas P. Money, *Fungi: A Very Short Introduction*(Oxford: Oxford University Press, 2016). 균계와 동물계는 과거로 거슬러 올라가면 현대 생물학에서 후편모생물(*opisthokonts*)이라 부르는 생명체에서 만나게 된다. 썩 반갑게 들리지 않는 이 이름은 섬모(cilia)라는 공통적인 세포 구조를 떠올리게 하지만 이보다는 점잖은 마이코조아(*mycozoans*)라는 이름이 더 잘 어울린다.
2. 칸디다(*Candida*)는 200종의 효모가 속해 있는 진균 집단의 라틴어 속명이다. '희다'라는 뜻을 가진 *candidus*에서 온 이름으로, 배양 접시에서 흰색 얼룩처럼 자라기 때문에 이런 이름이 붙었다. 칸디다 속의 균종들은 플로리다의 비스케인만, 바하마 제도 옥색 바다의 깊은 바닥, 브라질의 호수와 강 그리고 초원과 농경지에서도 발견된다. 칸디다균은 식물에서도, 곤충의 몸속에서도, 새와 네 발 짐승들의 내장에서도 자란다. 칸디다균에 대해서라면 어디에서 발견되는지를 찾는 것보다는 어디에서 발견되지 않는지를 찾는 것이 훨씬 빠르다. 인간의 마이코바이옴에도 여섯 종 이상의 칸디다균이 산

다. 칸디다 알비칸스는 가장 지배적인 질 효모이며 장은 물론이고 우리 몸의 모든 곳에서 가장 자주 발견되는 균이다.

3. 모든 생태계에서 진균과 박테리아의 상호작용은 점점 주목받고 있는 연구 분야다. Aaron Robinson, Michal Babinski, Yan Xu, Julia Kelliher, Reid Longley, Patrick Chain, "박테리아-균의 상호작용 연구를 위한 자료의 집중화(A Centralized Resource for Bacterial-Fungal Interactions Research)," *Fungal Biology* 127, no. 5(2023): 1005–1009.
4. Patrick M. Gillevet, Masoumeh Sikaroodi, and Albert P. Torzilli, "염습지의 균 다양성 분석: ARISA 지문 분석과 클론 시퀀싱, 파이로시퀀싱의 비교(Analyzing Salt-Marsh Fungal Diversity: Comparing ARISA Fingerprinting with Clone Sequencing and Pyrosequencing)," *Fungal Ecology* 2, no. 4(2009): 160–167.
5. Maonon Vignassa, Jean-Christophe Melle, Frédéric Chiroleu, Christian Soria, Charléne Leneveu-Jenvrin, Sabine Schorr-Galindo, and Marc Chillet, "과실 핵부에서 발생하는 부패 및 균종의 분산 패턴의 영향과 관련된 파인애플의 마이코바이옴(Pineapple Mycobiome Related to Fruitlet Core Rot Occurrence and the Influence of Fungal Species Dispersion Patterns)," *Journal of Fungi* 7, no. 3(2021): 175; Golam Rabbani, Danwei Huang과 Benjamin J. Wainwright, "싱가포르 포실로포라 아쿠타의 마이코바이옴(The Mycobiome of *Pocillopora acuta* in Singapore)," *Coral Reefs*(2021), https://doi.org/10.1007/s00338-021-02152-4; Luigimaria Borruso, Alice Checcucci, Valeria Torti, Federico Correa, Camillo Sandri, Daine Luise, Luciano Cavani, et al., "나는 당신이 먹는 것들이 좋아요: 여우원숭이의 장내 마이코바이옴과 토식증(I Like the Way You Eat It): Lemur(Indri indri) Gut Mycobiome and Geophagy," *Microbial Ecology* 82(2021): 215–223.
6. Ibrahim Hamad, Mamadou B. Keita, Martine Peeters, Eric Delaporte, Didier Raoul와 Fadi Bittar, "분자연구로 드러난 서부로랜드고릴라의 장내 병원성 진핵생물(Pathogenic Eukaryotes in Gut Microbiota of Western Lowland Gorillas as Revealed by Molecular Survey)," *Scientific Reports* 4(2014): 6417; Alison E. Mann, Florent Mazel, Matthew A. Lemay, Evan Morien, Vincent Billy, Martin Kowalewski, Anthiny Di Fiore, et al., "야생 비인간 영장류의 장속 원생생물과 선충의 생물다양성(Biodiversity of Protists and Nematodes in the Wild Nonhuman Primate Gut)," *ISME Journal* 14, no. 2(2020): 609–622; Ashok K. Sharma, Sam Davison, Barbora Pafčo, Jonathan B.

Clayton, Jessica M. Rothman, Matthew R. McLennan, Marie Cibot, et al., "영장류의 장내 마이코바이옴-박테리옴 상호작용은 환경과 먹이습관의 영향을 받는다(The Primate Gut Mycobiome-Bacteriome Interface Is Impacted by Environmental and Subsistence Factors)," *NPJ Biofilms and Microbiomes* 8(2022): 12.

7. James Cole, "구석기 시대 식인 풍습의 열량적 중요성(Assessing the Calorific Significance of Episodes of Human Cannibalism in the Palaeolithic)," *Scientific Reports* 7(2017): 44707. 몸무게 66킬로그램인 성인 남성의 몸에는 약 144,000칼로리가 들어 있다.
8. Ghee C. Lai, Tze G. Tan과 Norman Pavelka, "포유동물의 마이코바이옴: 숙주와의 동적인 관계에 있어서의 복잡한 시스템(The Mammalian Mycobiome: A Complex System in a Dynamic Relationship with the Host)," *WIREs Systems Biology and Medicine* 11, no. 1(2019): e1438.
9. Lawrence A. David, Corinne F. Maurice, Rachel N. Carmody, David B. Gootenberg, Julie E. Button, Benjamin E. Wolfe, Alisha V. Ling, et al., "식습관은 인간의 장내 마이코바이옴을 빠르고 재생 가능하게 변화시킨다." *Nature* 505, no. 7484(2014): 559–563.
10. 장내 마이크로바이옴의 박테리아 개체수의 출처: Ron Sender, Shai Fuchs, and Ron Milo, "인체 내 인간 세포와 박테리아 세포 수에 대한 수정 추정치(Revised Estimates for the Number of Human and Bacteria Cells in the Body)," *PLoS Biology* 14, no. 8(2016): e1002533. 배설물 샘플의 메타게놈 분석은 DNA 시퀀스의 99퍼센트 이상이 박테리아에서 나온 것이며 나머지 시퀀스는 고세균, 바이러스와 진핵생물에서 나온 것임을 보여준다. 진균은 장내에서 종수와 개체수가 가장 많은 진핵생물이며 우리는 이로써 시퀀스의 상대적인 종수로부터 세포의 수를 대략 전체의 0.03~0.1퍼센트로 추정할 수 있게 된다. 세포 수로 계산해보면 110억~380억 개가 된다. 텍스트에서는 이 추정치를 400억 개로 언급했다. 세포에 대한 총질량, 누적 길이와 표면적은 각각 지름 1μm와 4μm인 구형 박테리아와 균을 기준으로 계산했다. 상당히 폭넓게 해석한 수치지만, 마이코바이옴의 대략적인 규모를 파악하는 데는 유용하다. 박테리아와 균의 수가 1000:1(0.1퍼센트)이라는 수치는 다음과 같은 논문을 포함한 여러 연구에서 볼 수 있다: Tonya L. Ward, Dan Knights, and Cheryl A. Gale, "유아의 몸에 사는 균 집단: 지금까지의 정보와 앞으로의 연구 기회(Infant Fungal Communities: Current Knowledge and Research Opportunities)," *BMC Medicine*

15(2017): 30. 균의 종수도를 0.03퍼센트로 본 자료는 다음의 연구에서 온 것이다. Stephen J. Ott, Tanja Kühbacher, Meike Musfeldt, Philip Rosenstiel, Stephan Hellmig, Ateequr Rehman, Oliver Drews, et al., "균과 염증성 장 질환: 구성과 다양성의 변화(Fungi and Inflammatory Bowel Diseases: Alterations of Composition and Diversity)," *Scandinavian Journal of Gastroenterology* 43, no. 7(2008): 831–841. 장의 표면적 계산도 같은 저널에 게재되었다. Herbert F. Helander and Lars Fändriks, "소화관의 표면적-재검토(Surface Area of the Digestive Tract—Revisited)," *Scandinavian Journal of Gastroenterology* 49, no. 6(2014): 681–689.

11. 진균은 장내 마이크로바이옴에서 상대적으로 작은 역할을 할 뿐이라는 지적은 빵 속의 효모와 같이 음식을 통해 체내에 들어오는 균종이 장내 마이코바이옴을 독점하고 있기 때문에 진정한 군집 형성체로 분류해서는 안 된다는 연구결과로부터 나온 것이다: Thomas A. Auchtung, Tatiana Y. Fofanova, Christopher J. Stewart, Andrea K. Nash, Matthew C. Wong, Jonathan R. Gesell, Jennifer M. Auchtung, et al., "건강한 성인 소화관에서 균의 군체형성 연구(Investigating Colonization of the Healthy Adult Gastrointestinal Tract by Fungi)," *mSphere* 3, no. 2(2018): e00092-18. 토머스 아우흐퉁(Thomas Auchtung)과 연구진은 양치질을 자주 하는 사람은 장내 칸디다 알비칸스의 수치가 감소한다는 사실도 발견했다. 추정하건대 효모가 삼켜지기 전에 양치질로 제거되기 때문인 것 같다. 반면에 양치질을 자주 하지 않는 사람은 소화계에 칸디다균 수치가 훨씬 높을 것으로 보인다. 이보다 먼저 이루어진 연구에서, 장내 균의 메타게놈 데이터를 분석하는 데 주의를 기울여야 한다는 지적이 있었다. 이 분석 기술이 매우 강력해서, 그 생물학적 효과를 응당 무시해야 할 정도로 수가 적은 균까지 세세하게 구별하기 때문이다. Mallory J. Suhr, Heather E. Hallen-Adams, "인간의 장내 마이코바이옴: 함정과 가능성-어느 균학자의 전망(The Human Gut Mycobiome: Pitfalls and Potentials—A Mycologist's Perspective)," *Mycologia* 107, no. 6(2015): 1057–1073.
12. Katarzyna B. Hooks, and Maureen A. O'Malley, "두 전략의 비교: 인간 진핵생물 대 박테리아 마이코바이옴 연구(Contrasting Strategies: Human Eukaryotic versus Bacterial Microbiome Research)," *Journal of Eukaryotic Microbiology* 67, no. 2(2020): 279–295.
13. 세계보건기구, WHO 연구 개발 및 공중보건조치를 위한 중요 병원균 리스트(*Fungal Priority Pathogens List to Guide Research, Development and Public Health Action*) (Geneva: World Health Organization, 2022), https://www.who.int/publications/i/

item/9789240060241.
14. Daniel B. DiGiulio, "양수 속 미생물의 다양성(Diversity of Microbes in Amniotic Fluid)," Seminars in Fetal and Neonatal Medicine 17, no. 1(2012): 2–11.
15. Kent A. Willis, John H. Purvis, Erin D. Myers, Michael M. Aziz, Ibrahim Karabayir, Charles K. Gomes, Brian M. Peters, et al., "임신기간 중 발달하는 원시 인간의 장에서 계간 미생물 군집을 형성하는 진균(Fungi Form Interkingdom Microbial Communities in the Primordial Human Gut That Develop with Gestational Age)," *FASEB Journal* 33(2019): 12825–12837; Linda Wampach, Anna Heintz-Buschart, Angela Hogan, Emilie E. L. Muller, Shaman Narayanasamy, Cedric C. Laczny, Luisa W. Hugerth, et al., "생후 첫 1년간 인간의 장 마이크로바이옴에서 고세균, 박테리아, 진핵미생물의 군체 형성과 천이(Colonization and Succession within the Human Gut Microbiome by Archaea, Bacteria, and Microeukaryotes during the First Year of Life)," *Frontiers in Microbiology* 8(2017): 738.
16. Matthew S. Payne, and Sara Bayatibojakhi, "다균성 질병으로서의 조산 탐구: 자궁 내 마이크로바이옴 개관(Exploring Preterm Birth as a Polymicrobial Disease: An Overview of the Uterine Microbiome)," *Frontiers in Immunology* 5(2014): 595. 몇몇 연구에서는 자궁 내 장치(IUD)에 칸디다 생물막이 형성되는 데 대한 우려를 제기했다. Francieli Chassot, Melyssa F. N. Negri, Arthur E. Svidzinski, Lucélia Donatti, Rosane M. Peralta, Terezinha I. E. Svidszinski와 Marcia E. Consalro, "자궁 내 피임기구는 칸디다 알비칸스의 온실이 될 수 있는가?(Can Intrauterine Contraceptive Devices Be a *Candida albicans* Reservoir?)" *Contraception* 77, no. 5(2008): 355–359. 임신기간 내 내 자궁 내에 어떤 장치가 존재하고 있을 경우 양수에 균의 개체수가 큰 폭으로 증가할 수 있다는 몇 가지 증거가 있다. 드문 경우이기는 하지만, 양수검사도 양막 안에 균과 기타 미생물을 끌어들일 가능성이 있다: Yohei Maki, Midori Fujisaki, Yuichiro Sato와 Hiroshi Sameshima, "칸디다 양막염은 조산의 원인이 되거나 태아-신생아 위험요인이 될 수 있다(*Candida* Chorioamnionitis Leads to Preterm Birth and Adverse Fetal-Neonatal Outcome)," *Infectious Diseases in Obstetrics and Gynecology* 2017(2017): 9060138.
17. 생후 1개월부터 6개월 사이의 신생아는 하루 평균 750ml의 모유를 먹는다. 모유 1ml에는 평균 350,000개의 진균 세포가 들어 있다: Alba Boix-Amorós, Cecilia Martínez-

Costa, Amparo Querol, Maria C. Collado, and Alex Mira, "건강한 산모의 모유에 존재하는 균을 검출하는 다양한 방법(Multiple Approaches Detect the Presence of Fungi in Human Breastmilk Samples from Healthy Mothers)," *Scientific Reports* 7(2017): 13016. 이는 사람이 태어나 첫 한 달 동안 2억 개의 진균 세포를 들이마신다는 뜻이다. 이 연구보다 앞서 진행되었던 한 연구의 모유 샘플에서도 이와 비슷한 개체수의 박테리아가 검출되었다. Alba Boix-Amorós, Maria C. Collado, and Alex Mira, "수유기의 모유 속 미생물 군집, 박테리아 총량과 거대영양소, 인간 세포의 관계(Relationship between Milk Microbiota, Bacterial Load, Macronutrients, and Human Cells during Lactation)," *Frontiers in Microbiology* 7(2016): 492.

18. Lisa J. Funkhouser and Seth R. Bordenstein, "엄마가 가장 잘 안다: 엄마로부터 미생물이 전이되는 현상의 보편성(Mom Knows Best: The Universality of Maternal Microbial Transmission)," *PLoS Biology* 11, no. 8(2013): e1001631.
19. Michael Obladen, "구내염-파운들링 병원의 악몽(Thrush—Nightmare of the Foundling Hospitals)." *Neonatology* 101, no. 3(2012): 159–165; Thomas J. Walsh, Aspasia Katragkou, Tempe Chen, Christine M. Salvatore, and Emmanuel Roilides, "유아와 아동의 침습성 칸디다증: 최신 역학, 진단과 치료("Invasive Candidiasis in Infants and Children: Recent Advances in Epidemiology, Diagnosis, and Treatment)." *Journal of Fungi* 5, no. 1(2019): 11.
20. "제왕절개의 수술 건수는 증가하지만 접근의 불평등성도 증가하고 있다(Caesarean Section Rates Continue to Rise, amid Growing Inequalities in Access)," 세계보건기구 June 16, 2021, https://www.who.int/news/item/16-06-2021-caesarean-section-rates-continue-to-rise-amid-growing-inequalities-in-access-who. 제왕절개에 의한 출산 비율은 나라마다 크게 다르다. 이스라엘은 20퍼센트 미만이지만 한국은 45퍼센트에 이르고 튀르키예는 50퍼센트가 넘는다.
21. "유아와 아동의 영양섭취(Infant and Young Child Feeding)," UNICEF, last updated December 2022, https://data.unicef.org/topic/nutrition/infant-and-young-child-feeding/#; "모유 수유(Breastfeeding)," 질병예방통제센터의 2023년 7월 25일 자료, https://www.cdc.gov/breastfeeding/index.htm. 미국의 경우 주마다 모유 수유 비율이 큰 차이를 보인다. 어떤 주에서는 3분의 2 이상의 유아에게 최소한 6개월 이상 모유를 수유하지만 미시시피와 앨라배마에서는 그 비율이 40퍼센트 이하로 떨어진다.

22. Thomas A. Auchtung, Christopher J. Stewart, Daniel P. Smith, Eric W. Triplett, Daniel Agardh, William A. Hagopian, Anette G. Ziegler, et al., "위장 내 균의 일시적인 변화와 초기 아동기 자가면역 질환의 위험: TEDDY 연구(Temporal Changes in Gastrointestinal Fungi and the Risk of Autoimmunity during Early Childhood: The TEDDY Study)," *Nature Communications* 13(2022): 3151.1
23. Lene Lange, Yuhong Huang, Peter K. Busk, "자연 속에서 미생물에 의한 케라틴의 분해-산업과 관련한 새로운 가설(Microbial Decomposition of Keratin in Nature—A New Hypothesis of Industrial Relevance)," *Applied Microbiology and Biotechnology* 100, no. 5(2016): 2083–2096; Hermann Piepenbrink, "사체 뼈의 생물기원 분해의 두 사례와 그들의 화석화 과정에 대한 해석의 결과(Two Examples of Biogenous Dead Bone Decomposition and Their Consequences for Taphonomic Interpretation)," *Journal of Archaeological Science* 13, no. 5(1986): 417–430.

2장 만지다

1. Katarzyna Polak-Witka, Lidia Rudnicka, Ulrike Blume-Peytavi, and Annika Vogt,"두피 모낭의 생물학에 있어서 마이크로바이옴의 역할과 질병(The Role of the Microbiome in Scalp Hair Follicle Biology and Disease)," *Experimental Dermatology* 29, no. 3(2020): 286–294; Dong H. Park, Joo W. Kim, Hi-Joon Park, and Dae-Hyan Hahm, "아토피성 피부염에 있어서 장-피부 축 마이크로바이옴의 비교분석(Comparative Analysis of the Microbiome across the Gut-Skin Axis in Atopic Dermatitis)," *International Journal of Molecular Sciences* 22(2021): 4228.
2. 이 사고 실험은 효모와 인간의 크기 비교에서 시작되었다. 지름이 4×10^{-6}m(4μm)인 효모 세포의 단면적은 1.3×10-11m^2이다. 평균적인 체구의 사람 한 명이 양쪽 팔 부근에 약간의 여유 공간을 두고 서 있을 수 있는 바닥 면적은 0.1m^2, 효모 하나의 크기의 130억 배에 달한다. 1cm^2의 표면적에 백만 개의 효모를 기르면 1cm^2의 면적 중에서 약 13퍼센트를 채울 수 있다. 사람이 효모처럼 밀집할 경우, 현재 지구상의 인구 전체가 1/0.13×8×109×0.1m^2=6.2×109m^2=6,200km^2 안에 모두 들어갈 수 있다. LA와 맞닿아 있는 도시화된 지역까지 합한 면적과 비슷한 면적이다. 이 정도 밀도는

현재 LA 인구를 500배 증가시킨 것과 비슷하다.

3. Robert L. Gallo, "인간의 피부는 미생물과 상호작용하는 가장 큰 상피조직의 표면이다(Human Skin Is the Largest Epithelial Surface for Interaction with Microbes)," *Journal of Investigative Dermatology* 137, no. 6(2017): 1213–1214. 갈로의 수치는 가장 널리 받아들여지고 있는 데이터, 즉 피부 면적 2m^2, 장의 면적 30m^2, 폐의 면적 50m^{2}로 계산한 것이다. 모낭, 땀샘, 피지샘에 함입된 면적까지 모두 계산한다면 피부의 상피면적은 최소한 30m^{2}에 달한다. 가로 140cm, 세로 70cm인 수건 한 장의 면적이 1m^{2}이다.
4. 사람의 피부에 사는 박테리아와 균의 개체수로 가장 근사한 수치는 약 1억 개다. 이에 비해 장내 마이크로바이옴에는 40조 개의 박테리아와 균이 산다.
5. 장벽 가까운 곳에서는 산소 수치가 높다. 혈관이 많아 산소 공급이 원활하기 때문이다. 마이크로바이옴이 이 산소의 대부분을 소비하면서 독자적으로 화학반응을 일으켜 장강(腸腔)을 산소가 없는 환경으로 만든다: Elliot S. Friedman, Kyle Bittinger, Tatiana V. Esipova, Likai Hou, Lillian Chau, Jack Jiang, Clementina Mesaros, et al., "혐기성 장강의 기원에 있어서 미생물과 화학의 역할(Microbes vs. Chemistry in the Origin of the Anaerobic Gut Lumen)," *Proceedings of the National Academy of Sciences USA* 115, no. 16(2018): 4170–4175. 박테리아 중에는 산소가 없어도 살 수 있는 것이 있다. 이런 생물체를 선택적 혐기성 생물(facultative anaerobes)이라고 한다. 균 중에는 이런 유연성을 가진 것이 거의 없다. 따라서 장내 균은 장벽과 가까운 곳에서만 성장할 수 있다.
6. Hye K. Keum, Hanbyul Kim, Hye-Jin Kim, Taehun Park, Seoyung Kim, Susun An, and Woo J. Sul, "피부의 민감도에 따른 피부 마이크로바이옴과 마이코바이옴의 구조(Structures of the Skin Microbiome and Mycobiome Depending on Skin Sensitivity)," *Microorganisms* 8, no. 7(2020): 1032.
7. Zuzana Stehlikova, Martin Kostovcik, Klara Kostovcikova, Miloslav Kverka, Katernia Juzlova, Filip Rob, Jana Hercogova, et al., "건선 환자의 피부 미생물상 불균형: 균 군체와 박테리아 군체의 동시발생(Dysbiosis of Skin Microbiota in Psoriatic Patients: Co-occurrence of Fungal and Bacterial Communities)," *Frontiers in Microbiology* 10(2019): 438. 잘 정착되었던 균의 군집도 민감성 피부증후군이나 건선이 발병하면 환자에 따라 서로 다른 군집으로 대체된다. 생물학판 안나 카레니나의 원칙(Anna Karenina

principle), 또는 AKP라고 할 수 있다. 즉 행복한 마이코바이옴은 모두 비슷비슷하지만, 불행한 마이코바이옴은 제각각 불행의 이유가 다르다는 뜻이다. AKP는 과학, 정치학, 경제학에도 작용되지만, 안정적이거나 기능이 양호한 케이스보다는 불안정하거나 기능부전인 케이스에 더 잘 들어맞는 말인 것 같다. 미생물학자들은 미생물 군집의 변화로 인한 질병의 절반 정도가 AKP의 원리에 맞아 떨어진다는 결론을 내렸다: Jesse R. Zaneveld, Ryan McMinds, and Rebecca Vega Thurber, "스트레스와 안정성: 동물 마이크로바이옴에 적용된 안나 카레니나의 원칙(Stress and Stability: Applying the Anna Karenina Principle to Animal Microbiomes)," *Nature Microbiology* 2(2017): 17121; Zhanshan S. Ma, "사람의 마이코바이옴 관련 질병과 안나 카레니나의 원리(Testing the Anna Karenina Principle in Human Microbiome-Associated Diseases)," *iScience* 23, no. 4(2020): 101007. 어떤 질병의 마이코바이옴에서는 매우 다양한 균이 관련되어 있는 반면 어떤 질병에는 단 하나의 균이 말썽인 이유는 균의 역할이 다르기 때문일 것이다. 이런 추론에 따르면, 균이 질병을 일으키는 원인이었다기보다는 균이 질병에 대한 반응을 보임으로써 여러 균종이 한꺼번에 들고 일어나 조직 손상이 일어난 것이라고 보는 편이 안나 카레니나의 원칙에 더 잘 부합한다. 직장암에 관련된 5장 내용 참고.

8. Geoffrey C. Ainsworth, *Introduction to the History of Medical and Veterinary Mycology*(Cambridge: Cambridge University Press, 1976).
9. Keith Liddell, "고대인들의 피부 질환(Skin Disease in Antiquity)," *Clinical Medicine* 6, no. 1(2006): 81–86.
10. 앤서니 클라인(Anthony Kline)이 번역한 수에토니우스(Suetonius)의 책 『12명의 카이사르*(The Twelve Caesars)*』에는 아우구스투스 황제가 가려움증을 진정시키기 위해 긁개로 매우 심하게 긁어댔다고 설명하고 있다. 이 번역은 표준번역서로 인정받기는 하지만, 긁개를 사용한 것 때문에 피부 반점 또는 색소 침착이 일어났다는 오해를 부를 소지가 있다. 페스터스에 대한 인용은 시인 존 던에게서 가져온 것이다. 그는 1608년에 자살을 옹호하는 내용의 책 『자살론*(Biathanatos)*』(ed. M. Rudnick, M. Pabst Battin, New York: Garland, 1982) 66을 저술하기도 했다. 고전에서 찾을 수 있는 이 이야기의 원전은 로마의 시인 마르티알에게서 찾을 수 있다. 마르티알은 페스터스가 백선으로 고생했다고 딱 잘라 말하지는 않았다. 마르티알의 글은 다음과 같다. "그의 얼굴에 거무스름한 병변이 덮여 있다." Martial, 『경구*(Epigrams)*』 vol. 1, ed. and trans.

David R. Shackleton Bailey, *Loeb Classical Library*(Cambridge, MA: Harvard University Press, 1993), epigram 78, pp. 78–79. 던이 인용한 문장의 원전은 다음 논문에서 검증했다: Don C. Allen, "던의 자살(Donne's Suicides)", *MLN* 56, no. 2(1941): 129–133.

11. ohn Aubrey, *The Natural History of Wiltshire: Written between 1656 and 1691*, ed. J. Britton(London: J. B. Nichols, 1847), 37.
12. Ainsworth, Introduction, 4–5; Richard Owen, "홍학의 해부(On the Anatomy of the Flamingo)(Phaenicopteris ruber, L.)," 런던 동물학협회 의사록*(Proceedings of the Zoological Society of London)* 2(1832): 141–145. 오언이 해부했던 플라멩코는 아스페르길루스의 한 종에 의해 생기는 아스페르길루스증을 앓던 새였다. 사람이 아스페르길루스증에 걸린 것으로 보고된 첫 번째 케이스는 18세기 프랑스의 한 병사였는데, 부비동염으로 발병한 사례였다: M. Plaignaud, "상악동(부비동 중 하나)의 균 관찰(Observation sur un Fongus du Sinus Maxillaire)," *Journal de Chirurgie*(Paris)(1791): 111–116. 몇 번의 수술을 거친 후, 환자는 "캐뉼라를 써서 코로 삽입한 인두로 치료를 받았다……. 균을 뿌리까지 태워버림으로써 균의 성장은 멈추었고 재발도 되지 않았다." 에딘버러에서 일하던 영국의 내과의사 휴스 베넷은 폐 아스페르길루스증에 걸린 환자에게서 채취한 객담 샘플을 분석해 아스페르길루스균을 설명한 바 있다: John H. Bennett, "XVII. 살아 있는 동물에서 발견된 기생 식물 구조에 대하여(On the Parasitic Vegetable Structures Found Growing in Living Animals)," *Transactions of the Royal Society of Edinburgh* 15, no. 2(1844): 277–294. 베넷은 현미경을 통해 "마치 대나무의 마디처럼 분리막 같은 결합부로 이어진" 투명한 관들의 "가장 아름답고 규칙적인 식물 구조"를 관찰했다. 그는 또한 임상 샘플에서 "구슬로 연결된 줄 같은" 포자도 발견했다. 감염을 일으키는 균사에 대해서는 그 전 세기에 윌리엄 아더론(William Arderon)이 설명한 적이 있었다. 그는 꼬리 부분에 필라멘트가 넘실대는 담수 잉어류를 묘사했다: Ainsworth, *Introduction*, 3–4. 이 어류를 감염시킨 것은 균이라기보다는 물곰팡이로 분류되는 미생물이었고, 그 감염증은 사프로레그니아증(saprolegniasis)이었다.
13. Editorial, "로베르트 레마크(Robert Remak)(1815–1865)," *Journal of the American Medical Association* 200, no. 6(1967): 550–551; Andrzej Grzybowski, Krzysztif Pietrzak, "Robert Remak(1815–1865): 피부 진균증의 균학적 특징에 대한 발견(Discoverer of the Fungal Character of Dermatophytoses)," *Clinical Dermatology* 31, no. 6(2013):

802–805. 피부 균 감염 연구의 또 다른 개척자로 요하네스 루카스 쇤라인(Johannes Lukas Schönlein)(1793–1864)과 데이비드 그러비(David Gruby)(1810–1898)를 꼽을 수 있다. 쇤라인은 1830년대에 균이 백선증의 원인임을 보여주었던 아고스티노 바시(Agostino Bassi)(1773–1856)로부터 영감을 받았다. 바시는 미생물이 동물에게서 질병을 일으킬 수 있음을 처음으로 밝혀낸 과학자였다.

14. Brian P. Hanley, William Bains, and George Church, "과학적 자가실험 리뷰: 윤리학적 역사, 규제, 시나리오, 윤리위원회와 저명한 과학자들의 시선(Review of Scientific Self-Experimentation: Ethics History, Regulation, Scenarios, and Views among Ethics Committees and Prominent Scientists)," *Rejuvenation Research* 22, no. 1(2019): 31–42. 18세기 영국에서 외과의사로 일했던 존 헌터(John Hunter)는 임질과 매독 실험을 진행했다. 헌터는 자기 자신보다는 환자들에게 감염자의 고름을 접종했던 것으로 추정된다. 오늘날이었다면 비윤리적일 뿐만 아니라 범죄행위로 처벌받았을 것이다: George Qvist, "존 헌터의 위험한 매독 실험(John Hunter's Alleged Syphilis)," *Annals of the Royal College of Surgeons of England* 59, no. 3(1977): 206–209.

15. 사람에게 백선 감염을 일으키는 것은 대부분 트리코파이톤(*Trichophyton*)에 속하는 균종들이다. 이 균종들은 관절피부사상균과에 속하는 자낭균으로 분류된다. 트리코파이톤 루브룸(*Trichophyton rubrum*)은 체부백선(*tinea corporis*)의 가장 흔한 원인균이다. 트리코파이톤 비올라세움(*Trichophyton violaceum*)은 트리코파이톤 루브름과 가까운 친척으로, 모발과 두피백선을 일으킨다. 트리코파이톤 멘타그로파이테스(*Trichophyton mentagrophytes*)라는 또 다른 종은 개, 고양이 등 반려동물로부터 사람에게 감염증을 옮긴다. 사람에게 피부 감염을 일으키는 또 다른 균종인 에피데르모파이톤(Epidermophyton), 미크로스포룸(Microsporum), 나니치아(Nanizzia) 등도 모두 트리코파이톤 속에 속한다. 이들 균의 분류에 관심이 있다면 다음 자료를 추천한다: G. Sybren de Hoog, Karoline Dukik, Michel Monod, Ann Packeu, Dirk Stubbe, Marijke Hendrickx, Christiane Kupsch, et al., "계통발생학적 분류에 있어서 피부사상균의 특이한 다중위치에 관하여(Toward a Novel Multilocus Phylogenetic Taxonomy for the Dermatophytes)," *Mycopathologia* 182, nos. 1–2(2017): 5–31; P. Zhan, K. Dukik, D. Li, J. Sun, J. B. Stielow, B. Gerrits van den Ende, B. Brankovics, et al., "임상학적으로 구별되는 트리코파이톤 루브룸과 T. 비올라세룸의 유전체적 특징 평가를 통한 피부사상균의 계통학(Phylogeny of Dermatophytes with Genomic Character Evaluation

of Clinically Distinct Trichophyton rubrum and T. violaceum)," *Studies in Mycology* 89(2018): 153–175.

16. Brian B. Adams, "검투사의 체부백선증(Tinea Corporis Gladiatorum)," *Journal of the American Academy of Dermatology* 47, no. 2(2002): 286–290; D. M. Poisson, D. Rousseau, D. Defo, and E. Esteve, "프랑스 유도팀의 고단자들 사이에서 발병한, 트리코파이톤 톤수란스 균의 감염으로 인한 피부 질환인 검투사의 체부백선증(Outbreak of Tinea Corporis Gladiatorum, a Fungal Skin Infection Due to *Trichophyton tonsurans*, in a French High Level Judo Team)," *Eurosurveillance* 10, no. 9(2005): 562.
17. Felix Bongomin, Sara Gago, Rita O. Oladele, and David W. Denning, "균 관련 질병의 세계적이고 다국적인 출현-정확한 평가(Prevalence of Tinea Capitis in School Going Children from Mathare, Informal Settlement in Nairobi, Kenya)" *Journal of Fungi* 3(2017): 57.
18. J. N. Moto, J. M. Maingi, and A. K. Nyamache, "케냐 나이로비의 불법 거주지 학령기 아동들에게서 나타난 두피백선증(Prevalence of Tinea Capitis in School Going Children from Mathare, Informal Settlement in Nairobi, Kenya)," *Journal of Pathogens*(2016): 9601717.
19. Josephine Dogo, Seniyat L. Afegbua, and Edward C. Dung, "나이지리아 카두나 주의 녹 커뮤니티 아동들에게서 나타난 두피백선증(Prevalence of Tinea Capitis Among School Children in Nok Community of Kaduna State, Nigeria)," *Journal of Pathogens*(2016): 9601717.
20. A. K. Gupta and R. C. Summerbell, "두피백선증(Tinea Capitis)," *Medical Mycology* 38, no. 4(2000): 255–287.
21. Morris Gleich, "두피백선증 치료에 있어서 아세트산 탈륨 중독: 두 건의 사례보고(Thallium Acetate Poisoning in the Treatment of Ringworm of the Scalp: Report of Two Cases)," *JAMA* 97, no. 12(1931): 851. 글라이히는 자신의 논문에서 스페인 그라나다의 한 고아원에서 사망한 14세 아동을 언급했다. 아이는 1930년에 백선증 치료를 받다가 아세트산 탈륨 남용으로 사망했다. 글라이히의 논문이 발표되고 1년 후, 영국의 한 피부과 의사는 백선증 치료에 쥐약을 쓰는 것이 온당한 처방이라고 주장했다: John T. Ingram, "두피백선증의 아세트산 탈륨 치료(Thallium Acetate in the Treatment of Ringworm of the Scalp)," *British Medical Journal* 1, no. 3704(1932): 8–10. 잉그램

은 "아세트산 탈륨 치료에 대한 심각하고 부정적인 증거는 전혀 없다……. 독성 증상이 가끔 나타날 수는 있지만 심각한 경우는 매우 드물며, 환자는 모두 확실히 회복된다."고 썼다. 그러나 그다지 신빙성 있는 주장은 아니었다.

22. 익명, "X선과 탈모('X' Rays as a Depilatory)," *The Lancet* 147, no. 3793(1896): 1296.
23. S. Cochrane Shanks, "백선의 탈륨 치료(Thallium Treatment of Ringworm)," *British Medical Journal* 1(1932): 121.
24. Rebecca Herzig, "미국의 기술사에 있어서 인종의 문제(The Matter of Race in Histories of American Technology)," in *Technology and the African-American Experience: Needs and Opportunities for Study, ed. Bruce Sinclair*(Cambridge, MA: MIT Press, 2004), 179–180.
25. Liat Hoffer, Shifra Shvarts, and Dorit Segal-Engelchin, "X선으로 두피백선증*(Tinea capitis)*을 치료한 아동들의 종양과 기타 질병," *Health Physics* 85, no. 4(2003): 404–408.
26. Liat Hoffer, Shifra Shvarts, and Dorit Segal-Engelchin, "아동기 X선 두부 백선증 치료와 모발 감소: 여성들의 건강과 사회심리학적 위험(Tumors and Other Diseases Following Childhood X-Ray Treatment for Ringworm of the Scalp)," *Israel Journal of Health Policy Research* 9(2020): 34.
27. Esther Segal and. Daniel Elad, "인수공통 피부진균 감염증: 전염병학적 측면(Human and Zoonotic Dermatophytoses: Epidemiological Aspects)," *Frontiers in Microbiology* 12(2021): 713532. 토양친화성 진균증은 흙이나 썩어가는 식물의 잔해 같은 외부 환경적 요인의 균에 의해 발병한다.
28. Andriana M. Celis Ramírez, Adolfo Amézquita, Juliana E. C. Cardona Jaramillo, Luisa F. Matiz-Cerón, Juan S. Andrade-Martínez, Sergio Triana, Maria J. Mantilla, et al., "종간의 차이와 비정상적 효모 지질의 존재로 드러난 말라세지아의 지질체 분석(Analysis of Malassezia Lipidome Disclosed Differences among the Species and Reveals Presence of Unusual Yeast Lipids)," *Frontiers in Cellular and Infection Microbiology* 10(2020): 338. 다른 곤충의 애벌레에 알을 낳아놓는 기생 말벌도 말라세지아와 똑같은 진화의 경로를 지나왔으며 숙주로부터 지방을 빼앗아 섭취한다.
29. Minji Park, Yong-Joon Cho, Yang W. Lee, and Won H. Jung, "비듬제거제 징크피리치온의 말라세지아 레스트릭타 제거 메커니즘에 대한 이해(Understanding the

Mechanism of Action of the Anti-Dandruff Agent Zinc Pyrithione against Malassezia restricta)," *Scientific Reports* 8(2018): 12086.

30. Hee K. Park, Myung-Ho Ha, Sang-Gue Park, Myeung N. Kim, Beom J. Kim, and W. Kim, "건강한 두피와 비듬이 있는 두피에서 진균군의 특징(Characterization of the Fungal Microbiota(Mycobiome) in Healthy and Dandruff-Afflicted Human Scalps)," *PLoS ONE* 7, no. 2(2012): e32847.
31. Diana M. Proctor, Thelma Dangana, D. Joseph Sexton, Christine Fukuda, Rachel D. Yelin, Mary Stanley, Pamela B. Bell, et al., "전문요양시설에서 칸디다 아우리스의 피부 군집화에 대한 유전체학적, 전염병학적 통합 조사(Integrated Genomic, Epidemiologic Investigation of Candida auris Skin Colonization in a Skilled Nursing Facility)," *Nature Medicine* 27(2021): 1401–1409.
32. Suhail Ahmad and Wadha Alfouzan, "칸디다 아우리스: 전염병학, 진단, 병원론, 항진균 민감성, 의료시설에서의 감염 확대를 막기 위한 감염통제수단(Candida auris: Epidemiology, Diagnosis, Pathogenesis, Antifungal Susceptibility, and Infection Control Measures to Combat the Spread of Infections in Healthcare Facilities)," *Microorganisms* 9(2021): 807
33. Nancy A. Chow, José F. Munoz, Lalitha Gade, Elizabeth L. Berkow, Xiao Li, Rory M. Welsh, Kaitlin Forsberg, et al., "집단 유전체 분석을 통한 칸디다 아우리스의 진화의 역사와 세계적 전파의 추적(Tracing the Evolutionary History and Global Expansion of Candida auris Using Population Genomic Analyses)," *mBio* 11, no. 2(2020): e03364-19.
34. Path Arora, Prerna Singh, Yue Wang, Anamika Yadav, Kalpana Pawar, Ashtosh Singh, Gadi Padmavati, et al., "인도 안다만 제도 해안 습지에서 칸디다 아우리스의 환경적 격리(Environmental Isolation of Candida auris from the Coastal Wetlands of Andaman Islands, India)," *mBio* 12, no. 2(2021): e03181-20.
35. Arturo Casadevall, Dimitrios P. Kontoyiannis, and Vincent Robert, "칸디다 아우리스의 출현에 대하여: 기후변화, 아졸계 항진균제, 늪지와 새(On the Emergence of Candida auris: Climate Change, Azoles, Swamps, and Birds)," *mBio* 10, no. 4(2019): e01397-19; Brendan R. Jackson, Nancy Chow, Kaitlin Forsberg, Anastasia P. Litvintseva, Shawn R. Lockhart, Rory Welsh, Snigdha Vallabhaneni, et al., "종의 기원

에 대하여: 무엇으로 칸디다 아우리스의 등장을 설명할 수 있는가?(On the Origins of a Species: What Might Explain the Rise of Candida auris?)," *Journal of Fungi* 5, no. 3(2019): 58. 진균 감염증의 증가와 기후온난화 사이에 관련이 있다는 추정은 2023년에 방영된 HBO 드라마 *The Last of Us* 덕분에 대중들의 인식 속에 자리 잡았다. 이 TV 드라마는 『뉴욕타임스』의 사설에서도 언급되었다: Neil Vora, "*The Last of Us*는 옳다: 점점 더워지고 있는 우리 행성은 배양 접시가 되었다('The Last of Us' Is Right: Our Warming Planet Is a Petri Dish)," *New York Times*, April 6, 2023. 중온성 세균에 대한 정보가 궁금하다면, 다음의 자료를 추천한다. Sarah C. Watkinson, Lynne Boddy, and Nicholas P. Money, *The Fungi*, 3rd ed.(Amsterdam: Academic Press, 2016), 173–174. 일부 지역에서는 단순한 기온 변화보다는 강수량을 비롯한 기후 패턴의 변화가 미생물의 확산에 더 중요하다: Anil A. Panackal, "지구의 기후변화와 감염성 질병: 침습성 진균증(Global Climate Change and Infectious Diseases: Invasive Mycoses)," *Journal of Earth Science and Climate Change* 1(2011): 108.

36. Ewa Ksiezopolska, Toni Gabaldón, "기회감염성 병원균 칸디다에 대한 약물 내성의 진화론적 등장(Evolutionary Emergence of Drug Resistance in *Candida* Opportunistic Pathogens)," *Genes* 9, no. 9(2018): 461.
37. Lise N. Jorgensen, Thies M. Heick, "농업, 원예, 목재보존을 위한 아졸 사용은 피할 수 없는 것인가?(Azole Use in Agriculture, Horticulture, and Wood Preservation—Is It Indispensable?)," *Frontiers in Cellular and Infection Microbiology* 11(2021): 730297; Paul E. Verweij, Maiken C. Arendrup, Ana Alastruey-Izquierdo, Jeremy A. W. Gold, Shawn R. Lockhart, Tom Chiller, and P. Lewis White, "의약과 농업에서 항진균제의 이중 사용: 인체 병원균체에 있어서 내성 형성을 막을 수 있는 방법은 무엇인가?(Dual Use of Antifungals in Medicine and Agriculture: How Do We Help Prevent Resistance Developing in Human Pathogens?)," *Drug Resistance Updates* 65(2022): 100885.8.
38. Ron Pinhasi, Boris Gasparian, Gregory Areshian, Diana Zardaryan, Alexia Smith, Guy Bar-Oz, and Thomas Higham, "근동 고원에서 나온 최초의 청동기 신발의 직접 증거(First Direct Evidence of Chalcolithic Footwear from the Near Eastern Highlands)," *PLoS ONE* 5, no. 6(2010): e10984.
39. 콘택트렌즈 용액은 범용 소독제인 과산화수소와 특정 항균제 성분이 혼합되어 있다. 균에 의해 오염되지만 않는다면 천연 세정제와 콘택트렌즈 용액은 효과적으로 작

용한다. 2005년과 2006년, 콘택트렌즈 용액 오염으로 미국에서 130명의 진균각막염 환자가 발생한 사례가 있었다. 환자들 중 3분의 1은 각막이식 수술을 받아야 할 정도로 심각한 안구 손상을 입었다. 질병통제센터의 추적 결과 바슈롬사에서 생산한 콘택트렌즈 용액 일부에 오염이 있었던 것으로 밝혀졌고, 바슈롬사에서는 피해자들의 손해에 대해 10억 달러를 배상해야 했다. 피해자들의 안구를 손상시킨 균은 원래 식물에서 자라는 푸사리움 균종이었다. 용액 제조 공정에서 이 균의 포자가 섞여 들어간 것이 틀림없다. 신선하고 깨끗한 세정액으로 렌즈를 꼼꼼하게 관리하지 않는 렌즈 사용자들에게는 진균각막염이 드물지 않게 발생한다. Y. Wang, H. Chen, T. Xia, and Y. Huang, "사람의 정상적인 안구 표면에 존재하는 진균 미소생물상의 특징(Characterization of Fungal Microbiota on Normal Ocular Surface of Humans)," *Clinical Microbiology and Infection* 26, no. 1(2020): 123.e9–123.e13; Sisinthy Shivaji, Rajagopalaboopathi Jayasudha, Gumpili S. Prashanthi, Kotakonda Arunasri와 Taraprasad Das, "사람의 눈에 존재하는 균: 마이코바이옴의 배양(Fungi of the Human Eye: Culture to Mycobiome)," *Experimental Eye Research* 217(2022): 108968; Arthur B. Epstein, "푸사리움 진균각막염의 후유증: 우리는 무엇을 배웠나?(In the Aftermath of the *Fusarium* Keratitis Outbreak: What Have We Learned?)," *Clinical Ophthalmology* 1, no. 4(2007): 355–366.

40. 3000년 전 아타르바베다 인디언의 발에서 발견된 균종에 대한 설명은 사람에게 감염된 진균증의 가장 오래된 기록이다: Ainsworth, *Introduction*, 1–2. 이 질병에 관심 있는 독자가 있다면 카터(Henry Vandyke Carter)가 인도 의료국 소속(Indian Medical Service)으로 봄베이에서 직접 관찰한 것들을 기반으로 쓴 책을 참고하면 좋을 듯하다: *On Mycetoma; Or, the Fungus Disease of India*(London: J. & A. Churchill, 1874). 카터는 해부학 교과서 『그레이 아나토미*(Gray's Anatomy)*』의 일러스트레이터로, 그가 이 책을 위해 진균증에 심하게 감염된 발을 직접 손으로 그린 컬러 도판은 컬렉터들 사이에서 인기가 높은 아이템이다.

41. Kristina Killgrove, Thomas Böni, and Francesco M. Galassi, "고대 로마(Italy, 2nd–3rd Centuries AD)에서 있을 수 있었던 진균증(A Possible Case of Mycetoma in Ancient Rome)," https://doi.org/10.31235/osf.io/2vjxk.

42. Bikash R. Behera, Sanjib Mishra, Manmath K. Dhir, Rabi N. Panda, and Sagarika Samantaray, "'두부 마두로미코시스'-두개 내 마두로진균증의 희귀 사례('Madura

Head'—A Rare Case of Craniocerebral Maduromycosis)," *Indian Journal* of 188 notes to chapter 3 *Neurosurgery* 7(2018): 159–163. 손 마두라병(Madura hand)은 이 진균증의 또 다른 희귀 사례다: K. Rahman, M. Naim, and M. Farooqui, "손 마두라병-특이한 사례(Mycetoma of Hand—An Unusual Presentation)," *Internet Journal of Dermatology* 8, no. 1(2009), https://ispub.com/IJD/8/1/4863.

43. Rosane Orofino-Costa, Priscila M. de Macedo, Anderson M. Rodrigues, and Andréa R. Bernardes-Engemann, "스포로트릭스증: 역학, 병인의학, 실험과 임상치료학 업데이트(Sporotrichosis: An Update on Epidemiology, Etiopathogenesis, Laboratory and Clinical Therapeutics)," *Anais Brasileiros de Dermatologia* 92, no. 5(2017): 606–620. 장미 줄기에 돋아 있는 것은 가시라기보다는 억센 털에 가깝다. 따라서 식물학적으로 올바르게 정의한다면, 스포로트릭스증의 감염 기전은 가시에 찔리는 것이 아니라 억센 털에 찔린 것이라고 할 수 있다. 스포로트릭스증은 사람이 기르는 반려동물로부터 감염되어 확산될 수 있는 인수공통 진균증의 하나다.

44. Yvonne Gräser, Janine Fröhlich, Wolfgang Presber, and Sybren de Hoog, "미세부수체 표지로 드러나는 트리코피톤 루브룸의 지리적 분화(Microsatellite Markers Reveal Geographic Population Differentiation in *Trichophyton rubrum*)," *Journal of Medical Microbiology* 56, no. 8(2007): 1058–1065; P. Zhan, K. Dukik, D. Li, J. Sun, J. B. Stielow, B. Gerrits van den Ende, B. Brankovics, et al., "임상학적으로 구분되는 트리코피톤 루브룸과 T. 바이오라세움의 유전체 특성 평가로 보는 피부진균증의 계통발생론(Phylogeny of Dermatophytes with Genomic Character Evaluation of Clinically Distinct *Trichophyton rubrum* and *T. violaceum*)," *Studies in Mycology* 89(2018): 153–175.

45. "무좀 치료제 시장의 규모는 2027년 말이면 약 17억 달러에 달하게 된다(Athlete's Foot(Tinea Pedis) Treatment Market to Reach US$1.7 Bn by End of 2027)," PharmiWeb.com, April 1, 2021, https://www.pharmiweb.com/press-release/2021-04-01/athlete-s-foot-tinea-pedis-treatment-market-to-reach-us-17-bn-by-end-of-2027.

3장 숨쉬나

1. 실험 균학에 대한 나의 소소한 기여는 불러(A. H. R. Buller, 1874–1944)와 그레고리

(Philip Gregory, 1907–1986)의 개척적인 균 포자 연구의 연장선상에 있다. 불러는 균학계의 아인슈타인이며 그레고리는 현대 대기생물학의 아버지로 알려져 있다. 대기생물학은 포자를 비롯해 공기 중에 떠돌아다니는 생물학적 입자들을 연구하는 학문이다. 불러와 그레고리도 나처럼 천식으로 고생한 사람들이었다. 그레고리의 동료들이 대기 중 포자의 농도를 측정하는 방법을 개발한 덕분에 균이 알레르기의 원인으로 인식될 수 있었다: Philip H. Gregory and John M. Hirst, "담자포자가 공기 중 알레르겐일 가능성(Possible Role of Basidiospores as Air-borne Allergens)," *Nature* 170, 1952: 414. 꼭 천식이 있는 사람들만 수십 년에 걸쳐 포자를 연구한 것은 아니었다. 20세기에 가장 영향력 있는 균학자였던 잉골드(C. T. Ingold, 1905–2010)는 호흡기 관련 질환과는 전혀 상관없는 사람이었지만, 장장 70년에 걸쳐서 포자에 대한 연구논문을 펴냈으며 104세까지 살았다.

2. Alex Sakula, "John Floyer 경의 천식에 대한 논문(Sir John Floyer's *A Treatise of the Asthma*)(1698)," *Thorax* 39, no. 4(1984): 248–254.
3. 직경 4μm인 구형 포자의 부피는 $3.4\times10^{-17}m^2$, 즉 $3.4\times10^{-12}m^2$의 공간에 10만 개의 포자가 들어 있다. 이 포자들이 1세제곱미터의 공기 중에 균일하게 퍼져 있다면, 각각의 포자는 자신보다 천억 배 큰 부피의 공기 속을 떠돌아다니는 셈이다.
4. 79년의 생애 동안 1세제곱미터당 포자 농도 5천 개인 공기를 시간당 400리터($0.4m^2$)씩 들이마신다면, 1인당 평균 14억 개의 포자에 노출된다는 계산이 나온다: $5{,}000m^3 \times 0.4m^2 \times 24 \times 365 \times 79 = 1.4 \times 10^9$개의 포자. 포자 한 개의 부피(주석 3번에서 계산된)를 바탕으로, 1.4×109개의 포자가 차지하는 총 부피를 계산해보면 1.4×109×3.4×10-17m^2=4.8×10-8m^3=4.8×10-5L=0.05mL다. 포자의 밀도는 물과 거의 비슷하다. 따라서 79년 일생 동안 흡입하는 포자를 질량으로 환산하면 0.05g 또는 50밀리그램이 된다. 말린 완두콩 한 알보다 약간 더 무겁다.
5. 옥스퍼드대학교의 면역학자 폴 클레너먼(Paul Klenerman)은 면역학에 대한 훌륭한 개론서를 저술했다: *The Immune System: A Very Short Introduction*(Oxford: Oxford University Press, 2018). 알레르기에 대해서는 두 권으로 엮인 묵직하고 권위 있는 책이 있다: A. Wesley Burks, Stephen T. Holgate, Robyn E. O'Hehir, David H. Broide, Leonard B. Bacharier, Gurjit K. Khurana Hershey, and R. Stokes Peebles, *Middleton's Allergy: Principles and Practice,* 9th ed.(Amsterdam: Elsevier, 2020).
6. 면역 글로불린 E(IgE)는 천식을 비롯한 알레르기성 질환에서 발견되는 타입 I 과민 반

응에서 결정적인 역할을 하는 항체다. 또한 IgE는 기생충에 대항하는 면역 반응의 한 요소다. 타고난 면역체계도 천식과 관련이 있음을 보여주는 증거가 점점 많아지고 있다: Stephen T. Holgate, "천식에 있어서 선천성 면역 반응과 후천성 면역 반응(Innate and Adaptive Immune Responses in Asthma)," *Nature Medicine* 18(2012): 673–683.

7. William E. Steavenson, *Spasmodic Asthma: A Thesis for the M.B. Degree of the University of Cambridge*(Cambridge: Deighton, Bell & Co., 1879).
8. Anon., "부고(Obituary): William Edward Steavenson, M.D. Cantab., M.R.C.P.," *British Medical Journal*(June 6, 1891): 1261–1262. 그는 독감과 기관지염으로 사망했다. 기관지염은 독감의 가장 흔한 합병증이다. 천식과 비슷한 염증성 질환으로, IgE를 포함해서 똑같은 타입의 항체 반응을 보인다: Christopher E. Brightling, "비천식성 호산성 기관지염으로 인한 만성 기침: ACCP 증거를 기반으로 한 임상 실전 가이드(Chronic Cough Due to Nonasthmatic Eosinophilic Bronchitis: ACCP Evidence-Based Clinical Practice Guidelines)," *Chest* 129, no. 1 suppl.(2006): 116S–121S.
9. Kathryn J. Waite, "19세기 문명의 질병이었던 건초열의 발생과 블랙클리(Blackley and the Development of Hay Fever as a Disease of Civilization in the Nineteenth Century)," *Medical History* 39, no. 2(1995): 186–196.
10. David W. Denning, B. Ronan O'Driscoll, Cory M. Hogaboam, Paul Bowyer, and Robert M. Niven, "균과 심각한 천식 사이의 연결고리: 증거 요약(The Link between Fungi and Severe Asthma: A Summary of the Evidence)," *European Respiratory Journal* 27, no. 2(2006): 615–626; Gavin Dabrera, Virginia Murray, Jean Emberlin, Jonathan G. Ayres, Christopher Collier, Yoland Clewlow, and Patrick Sachon, "천둥번개 천식: 증거와 공중보건을 바탕으로 한 개관(Thunderstorm Asthma: An Overview of the Evidence Base and Implications for Public Health Advice)," *Quarterly Journal of Medicine* 106, no. 3(2013): 207–217. 균으로부터 생기는 천둥번개 천식 현상은 1983년에 이르러서야 알려졌다. 이해에 버밍햄에서 유행병처럼 번졌던 천식은 폭풍과 함께 몰려온 엄청난 양의 포자와 관련이 있었다: G. E. Packe, P. S. Archer, and Jon G. Ayres, "천식과 날씨(Asthma and the Weather)," *The Lancet* 322, no. 8344(1983): 281; H. Morrow Brown와 Felicity Jackson, "천식과 날씨(Asthma and the Weather)," *The Lancet* 322, no. 8350(1983): 630.
11. 성장과 비산에 의한 확산 모델(The grow and blow model)은 원래 콕시디오이데스균

의 확산을 설명하기 위해 제기된 것이었으나, 다른 종에도 적용될 수 있을 것으로 보인다: James D. Tamerius and Andrew C. Comrie, "계절적 강우에 의해 예견된 애리조나의 콕시디오이데스증 사태(Coccidioidomycosis Incidence in Arizona Predicted by Seasonal Precipitation)," *PLoS ONE* 6, no. 6(2011): e21009.

12. Agnieszka Grinn-Gofroń, and Agnieszka Strzelczak, "여름 폭풍기 알테르나리아와 클라도스포륨의 농도 변화(Changes in Concentration of *Alternaria* and *Cladosporium* Spores during Summer Storms)," *International Journal of Biometeorology* 57, no. 5(2013): 759–768; Ajay Kevat, "천둥번개 천식: 회상과 예상(Thunderstorm Asthma: Looking Back and Looking forward)," *Journal of Asthma and Allergy* 13(2020): 293–299; Nur S. Idrose, Shyamali C. Dharmage, Adrian J. Lowe, Katrina A. Lambert, Caroline J. Lodge, Michael J. Abramson, Jo A. Douglass, et al., "천둥번개 천식에 있어서 잔디 꽃가루와 균의 역할에 대한 체계적 개관(A Systematic Review of the Role of Grass Pollen and Fungi in Thunderstorm Asthma)," *Environmental Research* 181(2020): 108911.
13. Mark Jackson, *Asthma: The Biography*(Oxford: Oxford University Press, 2009). 잭슨은 천식에 대해 과학적인 측면보다는 천식의 사회적 역사에 더 관심이 있었다. 그러나 균의 포자에 대한 언급은 부적절했다고 볼 수 없다.
14. Morell Mackensie, *Hay Fever and Paroxysmal Sneezing*, 4th ed.(London: J. & A. Churchill, 1887), 10.
15. Erich Wittkower and M. D. Berlin, "건초열 환자(알레르기를 가진 사람) 연구(Studies in Hay-Fever Patients(the Allergic Personality))," *Journal of Mental Science* 84(1938): 352–369. 이 논문은 건초열을 계절적인 알레르기로 특정했지만, 더 넓은 개념인 '알레르기를 가진 사람'에 대해서는 천식 환자의 심리학적 특성까지 아우르고 있다.
16. Renee D. Goodwin, "정신건강, 폐기능 그리고 천식 진단의 연쇄에 대한 우리의 이해를 개선하기 위하여. 천식 진단의 난점(Toward Improving Our Understanding of the Link between Mental Health, Lung Function, and Asthma Diagnosis. The Challenge of Asthma Measurement)," *American Journal of Respiratory and Critical Care Medicine* 194, no. 11(2016): 1313–1315.
17. Nicholas P. Money, *Carpet Monsters and Killer Spores: A Natural History of Toxic Mold*(New York: Oxford University Press, 2004).

18. Cornelia Witthauer, Andrew T. Gloster, Andrea H. Meyer, and Roselind Lieb, "강박 증상 및 강박 장애를 가진 사람의 신체적 질병: 일반 대중을 상대로 한 연구(Physical Diseases among Persons with Obsessive Compulsive Symptoms and Disorder: A General Population Study)," *Social Psychiatry and Psychiatric Epidemiology* 49, no. 12(2014): 2013–2022.
19. O. P. Sharma, "마르셀 프루스트: 그의 천식과 다른 질병에 대한 재평가(Marcel Proust(1871–1922): Reassessment of His Asthma and Other Maladies)," *European Respiratory Journal* 15, no. 5(2000): 958–960. 프루스트는 『잃어버린 시간을 찾아서*(In Search of Lost Time)*』의 대부분을 코르크로 내벽을 마감한 파리의 침실에서 썼다. 눈에 보이지 않는 공기 중의 적들을 피하기 위해서였다.
20. Paul Bowyer, Marcin Fraczek, and David W. Denning, "균 알레르겐과 항원결정소의 비교유전체학은 밀접 연관 알레르겐과 항원결정소 상동체의 넓은 분포를 보여준다(Comparative Genomics of Fungal Allergens and Epitopes Shows Widespread Distribution of Closely Related Allergen and Epitope Orthologues)," *BMC Genomics* 7(2006): 251; Viswanath P. Kurup, and Banani Banerjee, "균 알레르겐과 펩타이드 상동체(Fungal Allergens and Peptide Epitopes)," *Peptides* 21, no. 4(2000): 589–599.
21. Noah W. Palm, Rachel K. Rosenstein, and Ruslan Medzhitov, "알레르기 숙주의 방어기전(Allergic Host Defences)," *Nature* 484(2012): 465–472; Michael Gross, "왜 진화는 우리에게 알레르기를 주었나?"("Why Did Evolution Give Us Allergies?"), *Current Biology* 25, no. 2(2015): R53–55; Alvaro Daschner, and Juan González Fernández, "진화의 틀에서 본 알레르기(Allergy in an Evolutionary Framework)," *Journal of Molecular Evolution* 88, no. 1(2020): 66–76.
22. 곰팡이 핀 보리로 가득 찬 곡물 저장고는 보리를 반출할 때 높은 밀도의 포자 구름을 일으킨다. 한 연구에 따르면, 최고 농도가 1세제곱미터당 포자 10억 개에 이른다: John Lacey, "밀폐되지 않은 습한 보리 저장고의 미생물학(The Microbiology of Moist Barley Storage in Unsealed Silos)," *Annals of Applied Biology* 69, no. 3 (1971): 187–212. 1970년대 링컨셔의 곡물 수확기에서 포집한 공기 중 먼지 표본을 보면 1세제곱미터당 최고 2억 개의 포자 농도를 보여준다: C. S. Darke, J. Knowelden, J. Lacey, and A. Milford Ward, "곡물 수확 노동자들의 호흡기 질환(Respiratory Disease of Workers Harvesting Grain)," *Thorax* 31, no. 2(1976): 294–302. 이 연구 대상자 중 23퍼센트에

해당하는 농장 노동자들은 쌕쌕거리는 숨소리를 내면서 여러 가지로 호흡기 불편감을 호소했다. 그러나 나머지 77퍼센트의 노동자들은 아무런 증상도 보이지 않았다. 연료용 우드칩을 저장하는 스웨덴의 한 저장고에서도 이와 비슷한 포자 밀도를 기록했다: Göran Blomquist, Gunnar Ström, and Lars-Helge Strömquist, "공기 중 고농도 균 샘플링(Sampling of High Concentrations of Airborne Fungi)," 고농도 포자에 대한 또 다른 기록으로는 포르투갈의 한 코르크 공장에서 1세제곱미터당 포자 1억 2,800만 개의 농도 기록이 있고, 핀란드의 소 축사에서 1세제곱미터당 포자 4천만 개, 노르웨이의 제재소에서 1세제곱미터당 포자 2천만 개의 농도 기록이 있다: John Lacey, "포르투갈 코르크 공장의 공기 중 포자 농도(The Air Spora of a Portuguese Cork Factory)," *Annals of Occupational Hygiene* 16, no. 3(1973): 223–230; Rauno Hanhela, Kyösti Louhelainen, and Anna-Liisa Pasanen, "핀란드 소 축사의 미세곰팡이 그리고 월레미아 세비와 푸사리아의 몇 가지 측면(Prevalence of Microfungi in Finnish Cow Barns and Some Aspects of the Occurrence of *Wallemia sebi* and *Fusaria*)," *Scandinavian Journal of Work, Environment, and Health* 21, no. 3(1994): 223–228; Wijnand Eduard, Per Sandven, and Finn Levy, "목공 절단기의 곰팡이 포자에 대한 노출과 IgG 항체: 호흡기 증상의 노출-반응 관계(Exposure and IgG Antibodies to Mold Spores in Wood Trimmers: Exposure–Response Relationships with Respiratory Symptoms)," *Applied Occupational and Environmental Hygiene* 9, no. 1(1995): 44–48. 노르웨이의 제재소에서 기록적인 수준의 포자에 노출되었던 노동자들을 대상으로 10년에 걸쳐 추적관찰한 결과 장기적으로 건강에 영향을 미친다는 증거는 발견하지 못했다: Karl Farden, May B. Lund, Trond M. Aalokken, Wijnand Eduard, Per Sostrand, Sverre Langard, and Johny Kongerud, "제재소 노동자 집단의 과민성 폐렴: 노출, 증상, 폐 기능에 대한 10년 관찰추적 연구(Hypersensitivity Pneumonitis in a Cluster of Sawmill Workers: A 10-Year Follow-Up of Exposure, Symptoms, and Lung Function)," *International Journal of Occupational and Environmental Health* 20, no. 2(2014): 167–173. 최초의 제재소 연구 이후 방진마스크 착용이 일반화되었다. 기네스북에 기록된 최고의 포자 농도는 웨일즈에서 기록된 1세제곱미터당 1억 9,400만 개인데, 이 측정치의 출처에 대해서는 확실하게 추적할 수 없었다: https://www.guinnessworldrecords.com/world-records/450409-largest-fungal-spore-count.

23. Lisa A. Reynolds, and B. Brett Finlay, "알레르기 발현에 영향을 주는 생애 초기 요인

들(Early Life Factors That Affect Allergy Development)," *Nature Reviews Immunology* 17, no. 8(2017): 518–528; B. Campbell, C. Raherison, C. J. Lodge, A. J. Lowe, T. Gislason, J. Heinrich, J. Sunyer, et al., "농장에서의 성장이 성인기 폐 기능과 알레르기 표현형에 미치는 효과: 인구를 기반으로 한 국제적 연구(The Effects of Growing Up on a Farm on Adult Lung Function and Allergic Phenotypes: An International Population-Based Study)," *Thorax* 72, no. 3(2017): 236–244.

24. Andrew H. Liu, "알레르기와 천식에 대한 위생 가설을 다시 돌아보다(Revisiting the Hygiene Hypothesis for Allergy and Asthma)," *Journal of Allergy and Clinical Immunology* 136, no. 4(2015): 860–865.
25. Money, *Carpet Monsters.*
26. 실내 곰팡이는 박테리아가 제거되고 남은 빈자리에서 번성하는 경향이 있다: Laura-Isobel McCall, Chris Callewaert, Qiyun Zhu, Se J. Song, Amina Bouslimani, Jeremiah J. Minich, Madeline Ernst, et al., "도시화에 따른 가정 내에서의 화학적 미생물학적 천이(Home Chemical and Microbial Transitions across Urbanization)," *Nature Microbiology* 5, no. 1(2020): 108–115.
27. 부모님들도 나에게 이 치료법을 시도해보았지만, 효과가 없었다. 앤디 셰비녜(Andy Chevigné)와 알랭 자케(Alain Jacquet)는 다음 논문에서 집먼지 진드기 알레르기에 대해 설명했다: "집먼지 진드기에 의해 유발된 기도 염증에 있어서 프로테아제 알레르겐 Der p 1의 역할(Emerging Roles of the Protease Allergen Der p 1 in House Dust Mite–Induced Airway Inflammation)," *Journal of Allergy and Clinical Immunology* 142, no. 2(2018): 398–400. 릭(E. M. Rick), 울너(K. Woolnough), 패슐리(C. H. Pashley)와 워들로(A. J. Wardlaw)는 천식 치료법으로 알레르겐을 피할 것을 주장했다. "알레르기를 일으키는 균에 의한 기도 질환(Allergic Fungal Airway Disease)," *Journal of Investigational Allergology and Clinical Immunology* 26, no. 6(2016): 344–354.
28. Keigo Kainuma, Akihiko Terada, Reiko Tokuda, Mizhuo Nagao, Nobuo Kubo, and Takao Fujisawa, "어린이의 천식 관리에 도움이 되는 취침 시 마스크 착용(Wearing a Mask during Sleep Improved Asthma Control in hildren)," *Journal of Allergy and Clinical Immunology* 131(2013): AB4; Barbara J. Polivka, amal Eldeirawi, Luz Huntington-Moskos, and Sharmilee M. Nyenhuis, "마스크 사용 경험, COVID-19, 그리고 성인의 천식: 여러 방법을 혼합한 접근(Mask Use Experiences, COVID-19, and

Adults with Asthma: A Mixed-Methods Approach)," *Journal of Allergy and Clinical Immunology: In Practice* 10, no. 1(2022): 116–123. 안면 마스크 착용은 알레르기성 비염의 증상 완화에 효과가 있는 것으로 나타났다: Erdem Mengi, Cüneyt Orhan Kara, Uğur Alptürk, and Bülent Topuz, "Covid-19 팬데믹 시기에 꽃가루 알레르기가 있는 환자의 알레르기성 비염 증상에 있어서 안면 마스크 착용의 효과(The Effect of Face Mask Usage on the Allergic Rhinitis Symptoms in Patients with Pollen Allergy during the Covid-19 Pandemic)," *American Journal of Otolaryngology* 43, no. 1(2022): 103206.

29. Eric K. Chu and Jeffrey M. Drazen, "천식: 과거 100년과 향후의 치료법(Asthma: One Hundred Years of Treatment and Onward)," *American Journal of Respiratory and Critical Care Medicine* 171, no. 11(2005): 1202–1208.

30. Sheldon G. Cohen, "유명인들의 천식: 영국의 의사와 약사들(Asthma among the Famous: Roger E. C. Altounyan(1922–1987) British Physician and Pharmacologist)," *Allergy and Asthma Proceedings* 19, no. 5(1998): 328–332; Jack Howell, "로저 알투냔과 크로몰린 나트륨의 발견(Roger Altounyan and the Discovery of Cromolyn(Sodium Cromoglycate))," *Journal of Allergy and Clinical Immunology* 115, no. 4(2005): 882–885.

31. Teresa To, Sanja Stanojevic, Ginette Moores, Andrea S. Gershon, Eric D. Bateman, Alvaro A. Cruz와 Louis-Phillipe Boulet, "성인 천식의 세계적 유행: 횡단면 건강 조사에서 발견된 것들(Global Asthma Prevalence in Adults: Findings from the Cross-Sectional World Health Survey)," *BMC Public Health* 12(2012): 204; I. Asher와 N. Pearce, "어린이 천식의 세계적 부담(Global Burden of Asthma among Children)," *International Journal of Tuberculosis and Lung Disease* 18, no. 11(2014): 1269–1278.

32. Elizabeth H. Tham, Evelyn X. L. Loo, Yanan Zhu와 Lynette P.-C. Shek, "알레르기성 질환의 이주 효과(Effects of Migration on Allergic Diseases)," *International Archives of Allergy and Immunology* 178(2019): 128–140. 버밍햄에서 태어난 불러(A. H. R. Buller, 위의 주석 1번 참조)는 1904년 마니토바대학교에서 식물학과를 개설하는 작업에 참여하기 위해 위니펙으로 이주하고 캐나다의 초원을 접하면서 천식으로부터 벗어날 수 있었다. 그는 "미생물의 수에 관한 한, 겨울철 캐나다 중앙의 기후만큼 좋은 곳은 문명세계의 어디서도 발견할 수 없다"고 썼다: Arthur H. R. Buller and Charles W. Lowe, "위니펙의 야외에서 서식하는 미생물의 수에 관하여(Upon the Number of

Micro-organisms in the Air of Winnipeg)," *Transactions of the Royal Society of Canada*, ser. 3, 4(1910): 41–58.

33. Daniel L. Hamilos, "알레르기성 균으로 인한 비염과 비부비동염(Allergic Fungal Rhinitis and Rhinosinusitis)," *Proceedings of the American Thoracic Society* 7, no. 3(2010): 245–252; Peter Small, Paul K. Keith와 Harold Kim, "알레르기성 비염(Allergic Rhinitis)," *Allergy, Asthma, and Clinical Immunology* 14, suppl. 2(2018): 51.
34. Ulrich Costabel, Yasunari Miyazaki, Annie Pardo, Dirk Koschel, Francesco Bonella, Paolo Spagnolo, Josune Guzman, et al., "과민성 폐렴(Hypersensitivity Pneumonitis)," *Nature Reviews Disease Primers* 6, no. 1(2020): 65; J. Davidson, J. McErlane, K. Aljboor, S. L. Barratt, A. Jeyabalan, A. R. L. Medford, A. M. Borman, and H. Adamali, "악기, 균 포자와 과민성 폐렴(Musical Instruments, Fungal Spores and Hypersensitivity Pneumonitis)," *QJM* 112, no. 4(2019): 287–289.
35. Bibek Paudel, Theodore Chu, Meng Chen, Vanitha Sampath, Mary Prunicki와 Kari C. Nadeau, "꽃가루와 곰팡이에 대한 노출 기간이 길어진 것은 기후변화와 관련이 있다(Increased Duration of Pollen and Mold Exposure Are Linked to Climate Change)," *Scientific Reports* 11(2021): 12816.
36. Michael R. Knowles와 Richard C. Boucher, "포유류 기도의 주요 선천적 방어 메커니즘으로서의 점액 배출(Mucus Clearance as a Primary Innate Defense Mechanism for Mammalian Airways)," *Journal of Clinical Investigation* 109, no. 5(2002): 571–577; Ximena Bustamante-Marin and Lawrence E. Ostrowski, "섬모와 섬모 운동을 통한 점액 배출(Cilia and Mucociliary Clearance)," *Cold Spring Harbor Perspectives in Biology* 9, no. 4(2017): a028241.
37. Avani R. Patel, Amar R. Patel, Shivank Singh, Shantanu Singh과 Imran Khawaja, "알레르기성 아스페르길루스 기관지 폐렴의 치료: 리뷰(Treating Allergic Bronchopulmonary Aspergillosis: A Review)," *Cureus* 11, no. 4(2019): e4538; Avani R. Patel, Amar R. Patel, Shivank Singh, Shantanu Singh, Imran Khawaja, "알레르기성 아스페르길루스 기관지 폐렴의 진단: 리뷰(Diagnosing Allergic Bronchopulmonary Aspergillosis: A Review)," *Cureus* 11, no. 4(2019): e4550.
38. Aaron S. Miller and Robert W. Wilmott, "폐진균증(The Pulmonary Mycoses)," in *Kendig's Disorders of the Respiratory Tract in Children*, 9th ed., ed. Robert W. Wilmott,

Andrew Bush, Robin R. Deterding, Felix Ratjen, Peter Sly, Heather J. Zar, Albert P. Li(Philadelphia: Elsevier, 2019), 507–527e3.

39. Pamela P. Lee and Yu-Lung Lau, "침습성 균감염 기저의 세포와 분자 결함–풍토성 진균증으로부터 밝혀진 것들(Cellular and Molecular Defects Underlying Invasive Fungal Infections—Revelations from Endemic Mycoses)," *Frontiers in Immunology* 8(2017): 735.

40. Russell E. Lewis, and Dimitrios P. Kontoyiannis, "글루코코르티코이드로 치료받은 환자들의 침습성 아스페르길루스증(Invasive Aspergillosis in Glucocorticoid-Treated Patients)," *Medical Mycology* 47, suppl. 1(2009): S271–S281.

41. Tobias Lahmer, Silja Kriescher, Alexander Herner, Kathrin Rothe, Christoph D. Spinner, Jochen Schneider, Ulrich Mayer, et al., "중증 COVID-19 폐렴 중환자의 침습성 폐 아스페르길루스증: 전향적 AspCOVID-19 연구의 결과(Invasive Pulmonary Aspergillosis in Critically Ill Patients with Severe COVID-19 Pneumonia: Results from the Prospective AspCOVID-19 Study)," *PLoS ONE* 16, no. 3(2021): e0238825.

42. Shawn R. Lockhart, Mitsuru Toda, Kaitlin Benedict, Diego H. Caceres와 Anastasia P. Litvintseva, "미국의 풍토성 및 기타 이형성 진균증(Endemic and Other Dimorphic Mycoses in the Americas)," *Journal of Fungi* 7(2021): 151.

43. L. F. Shubitz, C. D. Butkiewicz, S. M. Dial과 C. P. Lindan, "콕시디오이데스균 풍토성 지역 개들에서의 콕시디오이데스균 감염 발생률(Incidence of *Coccidioides* Infection among Dogs Residing in a Region in Which the Organism Is Endemic)," *Journal of the American Veterinary Medical Association* 226, no. 11(2005): 1846–1850.

44. 수치 데이터는 다음 자료를 참고하라: Felix Bongomin, Sara Gago, Rita O. Oladele, and David W. Denning의 "균으로 인한 질병의 국제적, 다국적 유행-추정 정밀도(Global and Multi-National Prevalence of Fungal Diseases—Estimate Precision)," *Journal of Fungi* 3(2017): 57, which also serves as a useful source of data for other chapters.

45. "진균 질환: 블라스토미세스증(Fungal Diseases: Blastomycosis)," CDC, accessed July 15, 2023, https://www.cdc.gov/fungal/diseases/blastomycosis/index.html; Katrina Thompson, Alana K. Sterkel, and Erin G. Brooks, "위스콘신의 블라스토미세스증: 발병 이후(Blastomycosis in Wisconsin: Beyond the Outbreaks)," *Academic Forensic Pathology* 7, no. 1(2017): 119–129; Keith Matheny, "Fungal Infection Outbreak Affects

90+ Workers at Escanaba Paper Mill," *Detroit Free Press*, April 8, 2023.

46. P. Lewis White, Jessica S. Price와 Matthijs Backx, "폐포자충 폐렴: 역학, 임상 증상 및 진단(*Pneumocystis jirovecii* Pneumonia: Epidemiology, Clinical Manifestation and Diagnosis)," *Current Fungal Infection Reports* 13(2019): 260–273; Gilles Nevez, Philippe M. Hauser, and Solene Le Gal, "폐포자충*(Pneumocystis jirovecii)*," *Trends in Microbiology* 28, no. 12(2020): 1034–1035; R. Benson Weyant, Dima Kabbani, Karen Doucette, Cecilia Lau, and Carlos Cervera, "폐포자충: 예방과 치료를 중심으로 한 리뷰(*Pneumocystis jirovecii:* A Review with a Focus on Prevention and Treatment)," *Expert Opinion on Pharmacotherapy* 22, no. 12(2021): 1579–1592.

4장 퍼져나가다

1. Alon Tal, *Pollution in a Promised Land: An Environmental History of Israel*(Berkeley: University of California Press, 2002), 1–4.
2. Sandra C. Signore, Christoph P. Dohm, Gunter Schütze, Mathias Bähr, and Pawel Kermer, "익사 위기를 경험한 환자의 스케도스포륨 아피오스페르뭄에 의한 뇌농양-10년 추적 관찰 사례보고 및 문헌 리뷰(*Scedosporium apiospermum* Brain Abscesses in a Patient after Near-Drowning—A Case Report with 10-Year Follow-Up and a Review of the Literature)," *Medical Mycology Case Reports* 17(2017): 17–19.
3. P. Hartmann, A. Ramseier, F. Gudat, M. J. Mihatsch, W. Polasek, and C. Geisenhoff, "성인 뇌의 정상 무게: 나이, 성별, 신장 및 체중에 따른 변화(Das Normgewicht des Gehirns beim Erwachsenen in Abhängigkeit von Alter, Geschlecht, Körpergröße und Gewicht)," *Pathologe* 15(1994): 165–170.
4. Karoll J. Cortez, Emmanuel Roilides, Flavio Quiroz-Telles, Joseph Meletiadis, Charalampos Antachopoulos, Tena Knudsen, Wendy Buchanan, et al., "스케도스포륨 속(屬) 진균에 의한 감염(Infections Caused by *Scedosporium* spp.)," *Clinical Microbiology Reviews* 21, no. 1(2008): 157–197.
5. P. A. Kowacs, C. E. Soares Silvado, S. Monteiro de Almeida, M. Ramos, K. Abrao, L. E. Madaloso, R. L. Pinheiro, et al., "익사에 가까운 경험 이후 스케도스포륨 아피오

스페르뭄에 의한 중추신경계 감염: 치명적인 사례 보고와 해당 사례의 혼란 요인 분석(Infection of the CNS by *Scedosporium apiospermum* after Near Drowning: Report of a Fatal Case and Analysis of Its Confounding Factors)," *Journal of Clinical Pathology* 57(2004): 205–207.

6. "더 이상 균을 무시하지 마(Stop Neglecting Fungi)," *Nature Microbiology* 2(2017): 17120.
7. Felix Bongomin, Sara Gago, Rita O. Oladele와 David W. Denning, "균으로 인한 질병의 국제적, 다국적 유행-추정 정밀도(Global and Multi-National Prevalence of Fungal Diseases—Estimate Precision)," *Journal of Fungi* 3, no. 4(2017): 57.
8. 뉴모시스티스 지로베치*(Pneumocystis jirovecii)* 균은 AIDS 환자에게서 폐포자충 폐렴을 일으킨다(3장 참조).
9. "진균성 질병: 크립토코쿠스증 감염 통계(Fungal Disease: *C. neoformans* Infection Statistics)," CDC, accessed July 15, 2023, https://www.cdc.gov/fungal/diseases/cryptococcosis-neoformans/statistics.html.
10. 모든 균은 기회주의적이라는 주장이 우선시되는 것은 레몽 방브뢰스험(Raymond Vanbreuseghem, 1909–1993)에게서 그 원인을 찾을 수 있다. 그는 앤트워프의 열대의학연구소에서 일하던 미생물학자였다: R. Vanbreuseghem, C. de Vroey, "전신성 기회감염 진균 감염(Systemic Opportunistic Fungal Infections)," *Postgraduate Medical Journal* 55(1979): 593–594.
11. Anuradha Chowdhary, Shallu Kathuria, Kshitij Agarwal, and Jacques F. Meis, "사람에게서 질환을 유발하는 사상성 담자균에 대한 인식: 리뷰(Recognizing Filamentous Basidiomycetes as Agents of Human Disease: A Review)," *Medical Mycology* 52, no. 8(2014): 782–797.
12. C. Correa-Martinez, A. Brentrup, K. Hess, K. Becker, A. H. Groll과 F. Schaumburg, "코프리놉시스 시네레아에 의한 국소적인 피부 및 연조직 감염에 대한 최초 보고(First Description of a Local *Coprinopsis cinerea* Skin and Soft Tissue Infection)," *New Microbes and New Infections* 21 (2018): 102–104.
13. Erin L. Greer, Todd J. Kowalski, Monica L. Cole, Dylan V. Miller와 Larry M. Baddour, "트러플의 복수: 돼지를 잡아먹은 버섯(Truffle's Revenge: A Pig-Eating Fungus)," *Cardiovascular Pathology* 17, no. 5(2008): 42–343.

14. Adela Enache-Angoulvant and Christophe Hennequin, "침습성 사카로미세스 감염: 총체적인 개관(Invasive *Saccharomyces* Infection: A Comprehensive Review)," *Clinical Infectious Diseases* 41, no. 11(2005): 1559–1568. 많은 경우에 유익균으로 쓰이는 사카로미세스 세레비지에의 한 변종. 몇몇 효모 전문가들은 이 변종을 사카로미세스 볼라르디(*Saccharomyces boulardii*)로 부른다. 그러나 본종과 변종 사이의 구분은 과학적인 논의로 이루어지기보다는 개인적인 주장의 문제로 여겨진다. 빵을 만들 때 쓰이는 평범한 효모에 의한 침습성 질환의 희귀한 사례도 보고되었다.

15. Arturo Casadevall and Liise-anne Pirofski, "미생물에 의한 발병의 손상-복구 프레임워크(The Damage-Response Framework of Microbial Pathogenesis)," *Nature Reviews Microbiology* 1, no. 1(2003): 17–24; Mary A. Jabra-Rizk, Eric F. Kong, Christina Tsui, M. Hong Nguyen, Cornelius J. Clancy, Paul L. Fidel, and Mairi Noverr, "칸디다 알비칸스 발병론: 숙주-미생물 손상 대응 프레임워크(*Candida albicans* Pathogenesis: Fitting within the Host-Microbe Damage Response Framework)," *Infection and Immunity* 84, no. 10(2016): 2724–2739; Antonis Rokas, "진균에 있어서 인간의 병원성 라이프스타일의 진화(Evolution of the Human Pathogenic Lifestyle in Fungi)," *Nature Microbiology* 7, no. 5(2022): 607–619.

16. Arturo Casadevall, "병원성 진균의 독성 결정인자(Determinants of Virulence in the Pathogenic Fungi)," *Fungal Biology Reviews* 21, no. 4(2007): 130–132; Cene Gostinčar, Janja Zajc, Metka Lenassi, Ana Plemenitaš, Sybren de Hoog, Abdullah M. S. Al-Hatmi 와 Nina Gunde-Cimerman, "인간에 대한 극한내성과 기회감염성 병원성 사이에 있는 균(Fungi between Extremotolerance and Opportunistic Pathogenicity on Humans)," *Fungal Diversity* 93(2018): 195–213.

17. 검은색을 띠게 하는 멜라닌을 갖고 있으며 돌발적인 뇌 감염을 일으키는 또 하나의 균은 클라도피아로프라 반티아나(Cladophialophora bantiana)라는 복잡한 라틴어 이름을 갖고 있다. 라틴어 학명을 먼저 음절 하나하나 큰 소리로 읽고 그다음에 연쇄적으로 빠르게 읽다 보면 마치 로마의 음유시인 같은 소리를 내게 된다. 클라도피아로포라는 지구상 전역에서 볼 수 있는 토양균으로, 배양접시에 길러보면 벨벳처럼 보드라운 군집을 이룬다. 이 균이 무서운 이유는, 멀쩡하던 면역체계를 감염시켜 70퍼센트에 가까운 치사율을 보이기 때문이다. 이 균 감염의 초기 증상으로는 두통, 발작, 사지통증, 운동실조 또는 근육조응상실 등이 나타난다. 이 균은 공기 중으로 퍼져나가는 포

자를 연속적으로 생산해내므로, 폐나 비강을 통해 우리 몸에 들어오는 것으로 보인다. 언제든지 우리 몸속에 들어올 수 있는 균임에도 불구하고, 실제로 감염되는 환자가 그토록 적은 이유는 아직도 밝혀지지 않았다. 환자들의 면역체계를 조사한 결과 환자들 대부분이 이 균에 의한 감염으로 진단받기 전까지는 드러나지 않았지만, 기본적으로 면역체계가 약한 사람들이었다는 결론을 얻었다. 그러나 여기서 더 진전된 연구는 없었다. 치료법으로는 감염된 조직을 외과적으로 제거하고 강력한 항생제를 쓰는 것밖에 없다. 하지만 높은 치사율이 이 감염증의 위험을 알려준다. 이 균은 매우 불쾌한 균이다: Todd P. Levin, Darric E. Baty, Thomas Fekete, Allan L. Truant, and Byungse Suh, "장기이식 수혜자에게서 발병하는 클라도피아로프라 반티아나 뇌농양: 사례보고와 문헌 리뷰(*Cladophialophora bantiana* Brain Abscess in a Solid-Organ Transplant Recipient: Case Report and Review of the Literature)," *Journal of Clinical Microbiology* 42, no. 9(2004): 4374–4378; Jon Velasco and Sanjay Revankar, "흑갈색 진균에 의한 중추신경계 감염(CNS Infections Caused by Brown-Black Fungi)," *Journal of Fungi* 5, no. 3(2019): 60.

18. 환자 간 폐포자충 전염은 진균증의 예외로 보인다(3장 참조).
19. Emily Monosson, *Blight: Fungi and the Coming Pandemic*(New York: W. W. Norton, 2023).
20. 공멸은 함께 죽는다는 의미다: José P. Veiga, "편리공생, 편해공생, 그리고 공멸(Commensalism, Amensalism, and Synnecrosis)," *The Encyclopedia of Evolutionary Biology*, vol. 1, ed. Richard M. Kliman(Oxford: Academic Press, 2016), 322–328. 홉스는 "모든 생물계는 전쟁터*(bellum omnium contra omnes)*"라고 말했다. 자연에 자비는 없다. 드물게 진균이 삶에 대한 나의 관점을 긍정적으로 만들지 못할 때, 자연의 생성 과정에는 악몽과 같은 측면도 존재한다.
21. Peter G. Pappas, "비HIV 감염 환자의 크립토코쿠스 감염(Cryptococcal Infections in Non-HIV-Infected Patients)," *Transactions of the American Clinical and Climatological Association* 124(2013): 61–79.
22. Judith N. Steenbergen, Howard Shuman, and Arturo Casadevall, "크립토코쿠스 네오포르만스와 아메바의 상호작용은 크립토코쿠스의 독성과 대식세포에 대항하는 분자 간 병원체의 전략을 암시한다(Cryptococcus neoformans Interactions with Amoebae Suggest an Explanation for Its Virulence and Intracellular Pathogenic

Strategy in Macrophages)," *Proceedings of the National Academy of Sciences USA* 98, no. 26(2001): 15245–15250; Rhys A. Watkins, Alexandre Andrews, Charlotte Wynn, Caroline Barisch, Jason S. King, and Simon A. Johnston, "크립토코쿠스 네오포르만스는 WASH에 의한 항상성 외포작용 및 구토포 작용이라는 두 가지 수단으로 딕티오스텔리움 아메바로부터 탈출한다(Cryptococcus neoformans Escape from Dictyostelium Amoeba by Both WASH-Mediated Constitutive Exocytosis and Vomocytosis)," *Frontiers in Cellular and Infection Microbiology* 8(2018): 108.

23. Liliana Scorzoni, Ana C. A. de Paula e Silva, Caroline M. Marcos, Patricia A. Assato, Wanessa C. M. A. de Melo, Haroldo C. de Oliveira, Caroline B. Costa-Orlandi, et al., "항진균 치료: 진균증의 이해와 치료에 대한 새로운 진전(Antifungal Therapy: New Advances in the Understanding and Treatment of Mycosis)," *Frontiers in Microbiology* 8(2017): 36.
24. "진균 질환: C. 네오포르만스 감염(Fungal Disease: *C. neoformans* Infection)," CDC, accessed July 15, 2023, https://www.cdc.gov/fungal/diseases/cryptococcosis-neoformans/index.html; World Health Organization, *WHO Fungal Priority Pathogens List to Guide Research, Development and Public Health Action*(Geneva: World Health Organization, 2022); Abbygail C. Spencer, Katelyn R. Brubaker와 Sylvie Garneau-Tsodikova, "전신성 진균 감염: 약리학자/연구자의 관점에서(Systemic Fungal Infections: A Pharmacist/Researcher Perspective)," *Fungal Biology Reviews* 44(2023): 100293. 크립토코쿠스 네오포르만스의 친척인 크립토코쿠스 가티 역시 심각한 뇌 감염을 일으킬 뿐만 아니라 완벽하게 건강한 면역기능을 가진 사람들에게서조차도 뇌 감염을 잘 일으킨다: Lamin Saidykhan, Chinaemerem U. Onyishi와 Robert C. May, "크립토코쿠스 가티의 종 복합체: 독성 메커니즘 연구가 필요한 독특한 병원성 효모(The *Cryptococcus gattii* Species Complex: Unique Pathogenic Yeasts with Understudied Virulence Mechanisms)," *PLoS Neglected Tropical Diseases* 16, no. 12(2022): e0010916.
25. Dimitrios P. Kontoyiannis, Hongbo Yang, Jinlin Song, Sneha S. Kelkar, Xi Yang, Nkechi Azie, Rachel Harrington, et al., "털곰팡이증의 유행과 미국에서의 털곰팡이증 관련 입원 환자들의 임상학적 경제학적 부담: 회상연구(Prevalence, Clinical and Economic Burden of Mucormycosis-Related Hospitalizations in the United States: A Retrospective Study)," *BMC Infectious Diseases* 16(2016): 730.

26. Sylvia Slaughter, "사랑은 슬픔의 얼굴을 하고 참는다(Love Endures in the Face of Sorrow)," *The Tennessean*, January 12, 2003, pp. 6–13.
27. Mahnoor Sukaina, "COVID-19 회복 환자에서 털곰팡이증의 재발: 인도에서 전염병으로 확산된 조용한 위협(Re-Emergence of Mucormycosis in COVID-19 Recovered Patients Transiting from Silent Threat to an Epidemic in India)," *JoGHR* 5(2021): e2021067; Neil Stone, Nitin Gypta, and Ilan Schwartz, "털곰팡이증: 이 치명적인 진균 감염증에 대해 이야기할 때(Mucormycosis: Time to Address This Deadly Fungal Infection)," *Lancet Microbe* 2, no. 8(2021): e343–e344.
28. Jana M. Ritter, Atis Muehlenbachs, Dianna M. Blau, Christopher D. Paddock, Wun-Ju Shieh, Clifton P. Drew, Brigid C. Batten, et al., "오염된 스테로이드 주사로 인한 엑세로힐룸 감염: 40가지 사례의 임상병리학적 리뷰(*Exserohilum* Infections Associated with Contaminated Steroid Injections: A Clinicopathologic Review of 40 Cases)," *American Journal of Pathology* 183, no. 3(2013): 881–892.
29. Diana Pisa, Ruth Alonso, Alberto Rábano, Izaskun Rodal와 Luis Carrasco, "알츠하이머병 환자들은 뇌의 다른 영역이 균에 감염된다," *Scientific Reports* 5(2015): 15015; Ruth Alonso, Diana Pisa, Ana M. Fernández-Fernández, and Luis Carrasco, "노인과 알츠하이머 환자의 뇌조직에서 균과 박테리아 감염(Infection of Fungi and Bacteria in Brain Tissue from Elderly Persons and Patients with Alzheimer's Disease)," *Frontiers in Aging Neuroscience* 10(2018): 159.
30. Bodo Parady, "선천성 면역과 알츠하이머병의 진균 모델(Innate Immune and Fungal Model of Alzheimer's Disease)," *Journal of Alzheimer's Disease Reports* 2, no. 1(2018): 139–152; Yifan Wu, S. Du, J. L. Johnson, H.-Y. Tung, C. T. Landers, Y. Liu, B. G. Seman, et al., "미세교세포와 아밀로이드 전구체 단백질이 기억손실을 불러오는 일시적인 칸디다 뇌염의 제어를 조절한다," *Nature Communications* 10(2019): 58.
31. Kelly Servick, doi:10.1126/science.aaw0147; R. C. Roberts, C. B. Farmer와 C. K. Walker, "사람 뇌의 미생물 군집: 우리 뇌 속에 박테리아가 있다!(The Human Brain Microbiome: There Are Bacteria in Our Brains!)," paper presented at the Neuroscience 2018 Conference, November 6, https://www.abstractsonline.com/pp8/#!/4649/presentation/32057.
32. Ruth Alonso, Diana Pisa, Ana Fernández-Fernández, Alberto Rábano와 Luis Carrasco,

"근위축성 측삭경화증 환자 신경조직의 진균 감염(Fungal Infection in Neural Tissue of Patients with Amyotrophic Lateral Sclerosis)," *Neurobiology of Disease* 108(2018): 249–260.

33. Diana Pisa, Ruth Alonso와 Luis Carrasco, "파킨슨병: 뇌조직의 진균과 박테리아 완벽 분석(Parkinson's Disease: A Comprehensive Analysis of Fungi and Bacteria in Brain Tissue)," *International Journal of Biology Sciences* 16, no. 7(2020): 1135–1152.
34. Mary Duenwald, "파킨슨병 '군집현상' 심층연구(Parkinson's 'Clusters' Getting a Closer Look)," *New York Times*, May 14, 2002.

5장 소화시키다

1. Yang Sun, Tao Zuo, Chun P. Cheung, Wenxi Gu, Yating Wan, Fen Zhang, Nan hen, et al., "인구 수준별로 본 중국의 도시와 농촌 6개 소수민족의 장내 마이코바이옴 구성(Population-Level Configurations of Gut Mycobiome across 6 Ethnicities in Urban and Rural China)," *Gastroenterology* 160, no. 1(2021): 272–286.
2. 중국의 연구에서 언급된 칸디다 종은 칸디다 더블리니엔시스*(Candida dubliniensis)*이다. 1990년대에 아일랜드에서 발견된 이 장내 균은 세계적으로 분포하고 있다.
3. Emily A. Speakman, Ivy M. Dambuza, Fabián Salazar와 Gordon D. Brown, "T 세포 항균면역과 C-타입 렉틴 수용체의 역할(T Cell Antifungal Immunity and the Role of C-Type Lectin Receptors)," *Trends in Immunology* 41, no. 1(2020): 61–76.
4. Lu Wu, Tiansheng Zeng, Massimo Deligios, Luciano Milanesi, Morgan G. I. Langille, Angelo Zinellu, Salvatore Rubino, et al., "사르데냐의 젊은층, 노년층, 100세 이상 연령층에 걸쳐 각 신체부위에서 나타나는 박테리아와 진균 집단의 연령 관련 변수(Age-Related Variation of Bacterial and Fungal Communities in Different Body Habitats across the Young, Elderly, and Centenarians in Sardinia)," *mSphere* 5, no. 1(2020): e00558-19.
5. Andrea K. Nash, Thomas A. Auchtung, Matthew C. Wong, Daniel P. Smith, Jonathan R. Gesell, Matthew C. Ross, Christopher J. Stewart, et al., "건강한 집단에서 사람의 장내 마이코바이옴 프로젝트(The Gut Mycobiome of the Human Microbiome Project

Healthy Cohort)," *Microbiome* 5, no. 1(2017): 153.

6. Mubanga H. Kabwe, Surendra Vikram, Khodani Mulaudzi, Janet K. Jansson과 Thulani P. Makhalanyane, "농촌과 도시에 거주하는 사람들의 장내 미생물총은 지리적 요인에 따라 형성된다," *BMC Microbiology* 20, no. 1(2020): 257.
7. Eric van Tilburg Bernardes, Veronika K. Pettersen, Mackensie W. Gutierrez, Isabelle Laforest-Lapointe, Nicholas G. Jendzjowsky, Jean-Baptiste Cavin, Fernando A. Vicentini, et al., "쥐의 경우 장내 균이 미생물 군집 조성과 면역 발달에 일상적으로 관여한다(The Gut Mycobiome of Healthy Mice Is Shaped by the Environment and Correlates with Metabolic Outcomes in Response to Diet)," *Nature Communications* 11, no. 1(2020): 2577; Tahliyah S. Mims, Qusai A. Abdallah, Justin D. Stewart, Sydney P. Watts, Catrina T. White, Thomas V. Rousselle, Ankush Gosain, et al., "건강한 쥐의 장내 마이코바이옴은 환경에 의해 형성되며 먹이에 따른 대사 산물과 관련이 있다," *Communications Biology* 4, no. 1(2021): 281.
8. Katherine D. Mueller, Hao Zhang, Christian R. Serrano, R. Blake Billmyre, Eun Y. Huh, Philipp Wiemann, Nancy P. Keller, et al., "생쥐 모델에 있어서 털곰팡이 시르시넬로이데스에 의해 유도된 위장관 미생물군 변화(Gastrointestinal Microbiota Alteration Induced by *Mucor circinelloides* in a Murine Model)," *Journal of Microbiology* 57, no. 6(2019): 509–520.
9. M. Mar Rodríguez, Daniel Pérez, Felipe J. Chaves, Eduardo Esteve, Pablo Marin-Garcia, Gemma Xifra, Joan Vendrell, et al., "비만이 사람의 장내 마이코바이옴을 변화시킨다(Obesity Changes the Human Gut Mycobiome)," *Scientific Reports* 5(2015): 14600.
10. William D. Fiers, Iris H. Gao, and Iliyan D. Iliev, "장내 진균군 관찰: 균 공생자인가 일시적인 환경의 변화인가?(Gut Mycobiota Under Scrutiny: Fungal Symbionts or Environmental Transients?)," *Current Opinion in Microbiology* 50(2019): 79–86.
11. Mario Matijašić, Tomislav Meštrović, Hana Čipčić Paljetak, Mihaela Perić, Anja Barešić, and Donatella Verbanac, "IBD에서 박테리아를 넘어선 장내 미생물 군집-진균 군집, 바이러스군집, 고세균 군집과 진핵기생생물(Gut Microbiota beyond Bacteria—Mycobiome, Virome, Archaeome, and Eukaryotic Parasites in IBD)," *International Journal of Molecular Sciences* 21(2020): 2668; Umang Jain, Aaron M. Ver

Heul, Shanshan Xiong, Martin H. Gregory, Elora G. Demers, Justin T. Kern, Chin-Wen Lai, et al., "데바리오미세스(*Debaryomyces*)는 크론병에 걸린 쥐의 장 조직을 손상시키고 치료를 방해한다," *Science* 371(2021): 1154–1159. 빵 효모인 사카로미세스 세레비지에의 세포벽에서 단백질에 대한 반응으로 생성되는 ASCA라 불리는 항체와 크론병의 발병 사이에 관계가 있다는 추정에 많은 관심이 있었다: Heba N. Iskandar and Matthew A. Ciorba, "염증성 장 질환의 생물지표: 현재의 실제 치료와 최근의 발전(Biomarkers in Inflammatory Bowel Disease: Current Practices and Recent Advances)," *Translational Research* 159, no. 4(2012): 313–325. 일부 연구에서는 이 항체가 장 염증에서 특정 역할을 하기는 하지만 빵과 맥주에 든 식용 효모 섭취와는 상관관계가 없다고 보고 있다: Anne S. Kvehaugen, Martin Aasbrenn, and Per G. Farup, "항 사카로미세스 세레비지에 항체는 체지방, 전신성 염증과 관련이 있지만 식용 효모의 섭취와는 관련이 없다: 단면 연구(Anti-*Saccharomyces cerevisiae* Antibodies(ASCA) Are Associated with Body Fat Mass and Systemic Inflammation, But Not with Dietary Yeast Consumption: A Cross-Sectional Study)," *BMC Obesity* 4(2017): 28.

12. Irina Leonardi, Sudarshan Paramsothy, Itai Doron, Alexa Semon, Nadeem O. Kaakoush, Jose C. Clemente, Jeremiah J. Faith, et al., "분변 미생물군 이식을 통한 궤양성 대장염 치료의 반응성과 연계된 균의 계간 역동성(Fungal Trans-Kingdom Dynamics Linked to Responsiveness to Fecal Microbiota Transplantation(FMT) Therapy in Ulcerative Colitis)," *Cell Host and Microbe* 27, no. 5(2020): 823–829.
13. Arthur C. Macedo, André O. V. de Faria와 Pietro Ghezzi, "과학에서 신화로, 면역체계 활성화: 구글 인포스피어 분석(Boosting the Immune System, from Science to Myth: Analysis 〔of〕 the Infosphere with Google)," *Frontiers in Medicine* 6(2019): 165.
14. Yao Zuo, Hui Zhan, Fen Zhang, Qin Liu, Eugene Y. K. Tso, Grace C. Y. Lui, Nan Chen, et al., "퇴원까지 입원기간 동안 COVID-19 환자의 분변 진균 미생물군의 변화(Alterations in Fecal Fungal Microbiome of Patients with COVID-19 during Time of Hospitalization until Discharge)," *Gastroenterology* 159, no. 4(2020): 1302–1310.
15. Bing Zhai, Mihaela Ola, Thierry Rolling, Nicholas L. Tosini, Sar Joshowitz, Eric R. Littmann, Luigi A. Amoretti, et al., "침습성 칸디다증에 앞선 진균군의 역동적인 장내 이동을 보여주는 고해상도 분석(High-Resolution Mycobiota Analysis Reveals Dynamic Intestinal Translocation Preceding Invasive Candidiasis)," *Nature Medicine*

26(2020): 59–64; Bastian Seelbinder, Jiarui Chen, Sasha Brunke, Ruben Vazquez-Uribe, Rakesh Santhaman, Anne-Christin Meyer, Felipe Senne de Oliveira Lino, et al., "항생제는 사람의 장내 미생물들을 상호 호혜주의로부터 경쟁관계로 바꾸어놓으며, 박테리아보다는 진균에게 더 장기적인 영향을 미친다(Antibiotics Create a Shift from Mutualism to Competition in Human Gut Communities with a Longer-Lasting Impact on Fungi Than Bacteria)," *Microbiome* 8(2020): 133.

16. Sara Botschuijver, Guus Roeselers, Evgeni Levin, Daisy M. Jonkers, Olaf Welting, Sigrid E. M. Heinsbroek, Heleen H. de Weerd, et al., "장내 진균 불균형은 과민성 장증후군을 가진 환자와 쥐의 내장과민성과 연관이 있다," *Gastroenterology* 153, no. 4(2017): 1026–1039.

17. Natalia Vallianou, Dimitris Kounatidis, Gerasimos Socrates Christodoulatos〔너무나 위대한 이름이어서 미들 네임은 이니셜만 쓰는 관행을 포기했다〕, Fotis Panagopoulos, Irene Karampela와 Maria Dalamaga, "마이코바이옴과 암: 증거가 무엇인가?(Mycobiome and Cancer: What Is the Evidence?)," *Cancers* 13(2021): 3149.

18. Berk Aykut, Smruit Pushalkar, Ruonan Chen, Qianhao Li, Raquel Abengozar, Jacqueline I. Kim, Sorin A. Shadaloey, et al., "마이코바이옴은 MBL의 활성화를 통해 췌장암의 발생 과정을 촉진한다," *Nature* 574(2019): 264–267; Jessica R. Galloway-Pena와 Dimitrios P. Kontoyiannis, "장내 마이코바이옴: 암 및 기타 면역억제 상태에 있는 환자들의 임상적 결과와 치료 합병증에 있어서 간과된 요소들(The Gut Mycobiome: The Overlooked Contituent of Clinical Outcomes and Treatment Complications in Patients with Cancer and Other Immunosuppressive Conditions)," *PLoS Pathogens* 16, no. 4(2020): e1008353; Lian Narunsky-Haziza, Gregory D. Sepich-Poore, Ilana Livyatan, Omer Asraf, Cameron Martino, Deborah Nejman, Nancy Gavert, et al., "특정 암 유형의 진균 생태와 박테리아 군집 상호작용을 드러내는 범암 분석(Pan-Cancer Analyses Reveal Cancer-Type-Specific Fungal Ecologies and Bacteriome Interactions)," *Cell* 185, no. 20(2022): 3789–3806; Anders B. Dohlman, Jared Klug, Marissa Mesko, Iris H. Gao, Steven M. Lipkin, Xiling Shen, and Iliyan D. Iliev, "위장관과 폐종양에 대한 균의 영향을 밝혀주는 범암 진균군 분석(A Pan-Cancer Mycobiome Analysis Reveals Fungal Involvement in Gastrointestinal and Lung Tumors)," *Cell* 185, no. 20(2022): 3807–3822.

19. Nicholas P. Money, "균사와 균사체의 의식: 균의 의식이라는 개념(Hyphal and Mycelial Consciousness: The Concept of the Fungal Mind)," *Fungal Biology* 125(2021): 257–259.

20. 생태학자들은 어떤 지역의 환경에 적응한 식물이나 동물의 군집을 일컬을 때 생태형(ecotype)이라는 용어를 쓴다. 생태형은 한 종의 내부에서 생겨난 변형이다. 진균형(mycotype)은 한 종의 균의 존재로 정의되는 균의 집단을 설명하기 위한 다른 방법으로 쓰인다. 장내 미생물형(enterotype)은 박테리아 구성에 바탕을 둔 장내 미생물군의 서로 다른 형태들을 구분하기 위해 쓰이는 또 다른 용어다.

21. B. P. Krom, S. Kidwai, and J. M. Ten Cate, "칸디다와 기타 균종: 건강한 구강 미생물군의 잊힌 요소들(Candida and Other Fungal Species: Forgotten Players of Healthy Oral Microbiota)," *Journal of Dental Research* 93, no. 5(2014): 445–451; B. Y. Hong, A. Hoare, A. Cardenas, A. K. Dupuy, L. Choquette, A. L. Salner, P. K. Schauer, et al., "타액 진균군에는 생태학적으로 구분되는 두 가지 진균형이 존재한다(The Salivary Mycobiome Contains 2 Ecologically Distinct Mycotypes)," *Journal of Dental Research* 99, no. 6(2020): 730–738.

22. M. N. Zakaria, M. Furuta, T. Takeshita, Y. Shibata, R. Sundari, N. Eshima, T. Ninomiya, et al., "시설 거주 노인의 구강 마이코바이옴 그리고 구강 건강과 전체적인 건강 상태에 대한 구강 마이코바이옴의 관계(Oral Mycobiome in Community-Dwelling Elderly and Its Relation to Oral and General Health Conditions)," *Oral Diseases* 23, no. 7(2017): 973–982; Eefje A. Kraneveld, Mark J. Buijs, Marc J. Bonder, Marjolein Visser, Bart J. F. Keijser, Wim Crielaard와 Egija Zaura, "네덜란드 노년 성인에 있어서 구강 칸디다 부하와 박테리아 미생물 군집의 특성(The Relation between Oral *Candida* Load and Bacterial Microbiome Profiles in Dutch Older Adults)," *PLoS ONE* 7, no. 8(2012): e42770. 의치와 관련된 구강 마이코바이옴의 변화 못지않게 두 인구 집단의 칸디다 수치 기저선 사이에 커다란 격차도 발견되었다. 일본 환자의 타액에는 1밀리리터당 평균 1만 개의 칸디다 세포가 있었던 반면에 네덜란드 환자들의 타액에서는 1억 개의 칸디다 세포가 발견되었다. 이러한 격차는 이들 연구에서 서로 다른 DNA 프라이머를 사용했기 때문일 가능성이 있다.

23. David W. Denning, Matthew Kneale, Jack D. Sobel과 Riina Rautemaa-Richardson, "재발성 질칸디다증의 전 세계적 부담: 체계적인 리뷰(Global Burden of Recurrent

Vulvovaginal Candidiasis: A Systematic Review)," *Lancet Infectious Diseases* 18, no. 11(2018): e339–e347; Brett A. Tortelli, Warren G. Lewis, Jennifer E. Allsworth, Nadum Member-Meneh, Lynne R. Foster, Hilary E. Reno, Jeffrey F. Peipert, et al., "가임기 여성에 있어서 질 미생물 군집과 칸디다 군집 사이의 관련성(Associations between the Vaginal Microbiome and Candida Colonization in Women of Reproductive Age)," *American Journal of Obstetrics and Gynecology* 222, no. 5(2020): 471.e1–e9.

24. Ning-Ning Liu, Xingping Zhao, Jing-Cong Tan, Sheng Liu, Bo-Wen Li, Wang-Xing Xu, Lin Peng, et al., "자궁 내 유착이 있는 여성들의 마이코바이옴 불균형(Mycobiome Dysbiosis in Women with Intrauterine Adhesions)," *Microbiology Spectrum* 10, no. 4(2022): e0132422.

25. Erik van Tilburg Bernardes, Mackenzie W. Gutierrez, and Marie-Claire Arrieta, "마이코바이옴과 천식(The Fungal Microbiome and Asthma)," *Frontiers in Cellular and Infection Microbiology* 10(2020): 583418.

26. Raphaël Enaud, Renaud Prevel, Eleonora Ciarlo, Fabien Beaufils, Gregoire Wieërs, Benoit Guery, and Laurence Delhaes, "건강과 호흡기 질병에 있어서 장-폐 축: 기관 간 및 생물계 간 상호작용의 장(The Gut-Lung Axis in Health and Respiratory Diseases: A Place for Inter-Organ and Inter-Kingdom Crosstalks)," *Frontiers in Cellular and Infection Microbiology* 10(2020): 9.

27. Tomasz Gosiewski, Dominika Salamon, Magdalena Szopa, Agnieska Sroka, Maciej T. Malecki와 Malgorzata Bulanda, "타입 1 및 타입 2 성인 당뇨 환자 분변에서 칸디다 속 진균의 정량평가-예비연구(Quantitative Evaluation of Fungi of the Genus Candida in the Feces of Adult Patients with Type 1 and 2 Diabetes—A Pilot Study)," *Gut Pathogens* 6(2014): 43; A. M. Yang, T. Inamine, K. Hochrath, P. Chen, L. Wang, C. Llorente, S. Bluemel, et al., "알코올성 간 질환의 진행에 있어서 장내 진균의 역할(Intestinal Fungi Contribute to Development of Alcoholic Liver Disease)," *Journal of Clinical Investigations* 127, no. 7(2017): 2829–2841; Lu Jiang, Peter Stärkel, Jian-Gao Fan, Derrick E. Fouts, Petra Bacher와 Bernd Schnabl, "장내 마이코바이옴: 만성 간 질환에 있어서의 특이한 역할(The Gut Mycobiome: A Novel Player in Chronic Liver Diseases)," *Journal of Gastroenterology* 56(2021): 1–11.

28. Jessica D. Forbes, Charles N. Bernstein, Helen Tremlett, Gary Van Domselaar와 Natlaie C. Knox, "균의 세계: 장내 마이코바이옴은 신경계 질환과 관련이 있는가?(A Fungal World: Could the Gut Mycobiome Be Involved in Neurological Disease?)," *Frontiers in Microbiology* 9(2019): 3249; Saumya Shah, Albertu Locca, Yair Dorsett, Claudia Cantoni, Laura Ghezzi, Qingqi Lin, Suresh Bokoliya, et al., "MS 환자의 장내 마이코바이옴 변화(Alterations of the Gut Mycobiome in Patients with MS)," *EBioMedicine* 71, no. 1(2021): 103557.
29. Jessica D. Forbes, Charles N. Bernstein, Helen Tremlett, Gary Van Domselaar, and Natlaie C. Knox, "균의 세계: 장내 마이코바이옴은 신경계 질환과 관련이 있는가?(A Fungal World: Could the Gut Mycobiome Be Involved in Neurological Disease?)," *Frontiers in Microbiology* 9(2019): 3249; Saumya Shah, Albertu Locca, Yair Dorsett, Claudia Cantoni, Laura Ghezzi, Qingqi Lin, Suresh Bokoliya, et al., "MS 환자의 장내 마이코바이옴 변화(Alterations of the Gut Mycobiome in Patients with MS)," *EBioMedicine* 71, no. 1(2021): 103557.Mahmoud Ghannoum과 Eve Adamson, *Total Gut Balance: Fix Your Mycobiome Fast for Complete Digestive Wellness*(Woodstock, VT: Countryman Press, 2019).
30. M. Ghannoum, C. Smith, E. Adamson, N. Isham, I. Salem과 M. Retuerto, "마이코바이옴 식단이 건강한 성인의 장내 진균 및 박테리아 군집에 미치는 영향(Effect of Mycobiome Diet on Gut Fungal and Bacterial Communities of Healthy Adults)," *Journal of Probiotics and Health* 8, no. 1(2020): 215.
31. Kearney T. W. Gunsalus, Stephanie N. Tornberg-Belanger, Nirupa R. Matthan, Alice H. Lichtensteinrhk Carol A. Kumamoto, "기회병원성 미생물 칸디다 알비칸스의 위장관 정착을 감소시키기 위한 숙주의 식단 조절(Manipulation of Host Diet to Reduce Gastrointestinal Colonization by the Opportunistic Pathogen *Candida albicans*)," *mSphere* 1, no. 1(2015): e00020-15.

6장 영양을 주다

1. 페니실륨(*Penicillium*)이라는 속명은 1809년 요한 프리드리히 링크(Heinrich Friedrich

Link)가 지은 이름이다. 그는 균사체에서 생성되는 빗자루 모양의 포자 자루 또는 분생자 자루를 '곧게 서 있고 끝이 붓 모양인 번식 기관'이라는 뜻의 '*fertilibus erectis apice penicillatis*'라고 묘사했다. 이 이름은 번식력을 높여준다는 의미를 갖는다: Heinrich F. Link, "자연 식물계에 대한 관찰: 제1논문(Observationes in Ordines Plantarum Naturales: Dissertatio Ima)," *Gesellschaft Naturforschender Freunde zu Berlin Magazin* 3, no. 1(1809): 3–42.

2. 페니실륨은 백악기에 출현했다. 페니실륨 속에 속한 여러 종의 DNA 시계로부터 백악기 7천만 년에 걸쳐 페니실륨이 크게 번성했던 것으로 추측된다: Jacob L. Steenwyk, Xing-Xing Shen, Abigail L. Lind, Gustavo H. Goldman, and Antonis Rokas, "아스페르길루스와 페니실륨 속의 생명공학적, 의학적으로 중요한 균의 계통유전체학적 타임트리," *mBio* 10(2019): e00925-19.
3. Frank Maixner, Mohamed S. Sarhan, Kun D. Huang, Adrian Tett, Alexander Schoenafinger, Stefania Zingale, Aitor Blanco-Míguez, et al., "철기 시대 블루치즈와 맥주를 마시고 바로크시대까지의 서구인과 다른 장내 미생물 군집을 가진 할슈타트 광부(Hallstatt Miners Consumed Blue Cheese and Beer During the Iron Age and Retained a Non-Westernized Gut Microbiome until the Baroque Period)," *Current Biology* 31, no. 23(2021): 5149–5162.
4. Nathaniel J. Dominy, "계통도에서의 발효(Ferment in the Family Tree)," *Proceedings of the National Academy of Sciences USA* 112, no. 2(2015): 308–309; Nicholas P. Money, *The Rise of Yeast: How the Sugar Fungus Shaped Civilization*(Oxford: Oxford University Press, 2018).
5. Jiajing Wang, Leping Jiang, and Hanlong Sun, "중국 남부의 9000년 된 적석단에서 발견된, 맥주를 마셨다는 초기 증거(Early Evidence for Beer Drinking in a 9000-Year-Old Platform Mound in Southern China)," *PLoS ONE* 16, no. 8(2021): e0255833. Jiajing Wang과 동료들은 유적지의 토기에서 사상균과 효모의 미세화석을 발견했다. 사상균은 쌀로 술을 빚을 때 발효 과정에서 전분을 당분으로 분해해주는 스타터로 쓰이고, 효모는 당분을 먹고 알코올을 만들어낸다. 덧붙이자면, 쌀로 만든 술은 사실 쌀맥주나 마찬가지다. 이 술도 사카린화라 불리는 발효의 첫 단계에서 당분으로 전환되는 전분을 가진 곡식을 재료로 만들어지기 때문이다. 와인은 으깬 포도와 다른 과즙으로 만들어지는데, 당분으로 가득해서 사카린화 단계 없이 효모가 곧바로 알코올을 만

들 수 있다.

6. Laure Segurel, Perle Guarino-Vignon, Nina Marchi, Sophie Lafosse, Romain Laurent, Céline Bon, Alexandre Fabre, et al., "유당 지속성은 왜, 언제 선택되었는가? 중앙아시아의 목동과 고대 DNA로부터의 고찰," *PLoS Biology* 18, no. 6(2020): e3000742; William T. T. Taylor, Julia Clark, Jamranjav ayarsaikhan, Tumurbaatar Tuvshinjargal, Jessica T. Jobe, William Fitzhugh, Richard Kortum, et al., "동유라시아의 초기 목축 경제와 가축 사육으로의 전환," *Scientific Reports* 10(2020): 1001; Mélanie Salque, Peter I. Bogucki, Joanna Pyzel, Iwona Sobkowiak-Tabaka, Ryszard Grygiel, Marzena Szmyt와 Richard P. Evershed, "기원전 6천 년 전 북유럽에서 치즈를 제조했다는 초기 증거," *Nature* 493(2013): 522–525.
7. Pliny, *Natural History*, Harris Rackham trans. Loeb Classical Library 353(Cambridge, MA: Harvard University Press, 1942), Book XI, XCVII, 582–585, lines 240–242; Petronius, *Satyricon*, Michael Heseltine trans. rev. Eric H. Warmington, Loeb Classical Library 15(Cambridge, MA: Harvard University Press, 1987), 148–149, line 66. 사티리콘의 치즈에 대한 트리말키오의 오찬에 초대받은 하비나스의 언급에서 인용.
8. Emilie Dumas, Alice Feurtey, Ricardo C. Rodríguez de la Vega, Stéphanie Le Prieur, Alodie Snirc, Monika Coton, Anne Thierry, et al., "블루치즈의 페니실륨 로크포르티 균을 길들인 독립적인 사건들(Independent Domestication Events in the Blue-Cheese Fungus *Penicillium roqueforti*)," *Molecular Ecology* 29(2020): 2639–2660.
9. Jeanne Ropars, Estelle Didiot, Ricardo C. Rodríguez de la Vega, Bastien Bennetot, Monika Coton, Elisabeth Poirier, Emmanuel Coton, et al., "흰 치즈 제조의 상징적인 곰팡이 페니실륨 카망베르티의 길들이기와 두 가지 품종으로의 다양화(Domestication of the Emblematic White Cheese-Making Fungus *Penicillium camemberti* and Its Diversification into Two Varieties)," *Current Biology* 30, no. 22(2020): 4441–4453, e1–e4.
10. Marie-Christine Montel, Solange Buchin, Adrien Mallet, Céline Delbes-Paus, Dominique A. Vuitton, Nathalie Desmasures, and François Berthier, "전통적인 치즈: 여러 가지 장점을 가진 풍부하고 다양한 미생물군(Traditional Cheeses: Rich and Diverse Microbiota with Associated Benefits)," *International Journal of Food Microbiology* 177(2014): 136–154.

11. Eric Dugat-Bony, Lucille Garnier, Jeremie Denonfoux, Stéphanie Ferreira, Anne-Sophie Sarthou, Pascal Bonnarme과 Françoise Irlinger, "12가지 프랑스 치즈의 미생물 다양성 주목하기(Highlighting the Microbial Diversity of 12 French Cheese Varieties)," *International Journal of Food Microbiology* 238(2016): 265–273.

12. Yuanchen Zhang, Erik K. Kastman, Jeffrey S. Guasto, and Benjamin E. Wolfe, "진균 네트워크를 형성하는 치즈 껍질의 박테리아 확산과 미생물 군집의 역동성(Fungal Networks Shape Dynamics of Bacterial Dispersal and Community Assembly in Cheese Rind Microbiomes)," *Nature Communications* 9(2018): 336.

13. Clifton Fadiman, *Any Number Can Play*(Cleveland, OH: World Publishing, 1957), 105. 같은 책(106). 패디먼은 로크포르를 "양에게서 만들어져 동굴에서 숙성된 〔그리고〕 곰팡이 핀 빵에 의해 완성되다"라고 묘사했다.

14. Montel et al., "전통 치즈." 생우유에는 저온살균 과정에서 파괴되는 비타민이 풍부하게 들어 있으며(일부 영양학자들에 따르면) 가공 우유보다 훨씬 건강한 지방을 함유하고 있다. 또한 천식을 비롯해 아동의 알레르기 질환으로부터 보호해주기도 한다.

15. Thibault Caron, Mélanie Le Piver, Anne-Claire Péron, Pascale Lieben, René Lavigne, Sammy Brunel, Daniel Roueyre, et al., "블루치즈의 향미를 만드는 휘발성 및 대사 복합물질 페니실륨 로크포르티 군집의 강력한 효과(Strong Effect of *Penicillium roqueforti* Populations on Volatile and Metabolic Compounds Responsible for Aromas, Flavor and Texture in Blue Cheeses)," *International Journal of Food Microbiology* 354(2021): 109174.

16. B. G. J. Knols and R. De Jong, "말라리아 모기(*Anopheles gambiae* s.s.)의 유인제로 쓰이는 림버거 치즈(Limburger Cheese as an Attractant for the Malaria Mosquito Anopheles gambiae s.s.)," *Parasitology Today* 12, no. 54(1996): 159–161.

17. Monika Coton, Franck Deniel, Jérôme Mounier, Rozenn Joubrel, Emeline Robieu, Audrey Pawtowski, Sabine Jeuge, et al., "프랑스식 건조 발효 소시지의 미생물 생태계와 저장기간의 균독소 위험 평가(Microbial Ecology of French Dry Fermented Sausages and Mycotoxin Risk Evaluation during Storage)," *Frontiers in Microbiology* 12(2021): 737140. 치즈의 균독소 오염 가능성에 대한 우려가 있었으나 치즈 섭취와 균독소 감염 사이의 증례는 찾을 수 없었다: Alan D. W. Dobson, "치즈의 균독소(Mycotoxins in Cheese)," in *Cheese: Chemistry, Physics and Microbiology*, 4th ed., ed. Paul L. H.

McSweeney, Patrick F. Fox, Paul D. Cotter, and David W. Everett(London: Academic Press, 2017), 595–601.

18. Giancarlo Perrone, Robert A. Samson, Jens C. Frisvad, Antonia Susca, Nina Gunde-Cimerman, Filomena Epifani와 Jos Houbraken, "보존육 숙성 기간에 생기는 새로운 종, 페니실륨 살라미(*Penicillium salamii*, A New Species Occurring during Seasoning of Dry-Cured Meat)," *International Journal of Food Microbiology* 193(2015): 91–98.
19. Andrea Osimani, Ilario Ferrocino, Monica Agnolucci, Luca Cocolin, Manuela Giovannetti, Caterina Cristani, Michela Palla, et al., "언베일링 하카를: 아이슬란드 전통 발효생선의 미생물군 연구(Unveiling Hákarl: A Study of the Microbiota of the Traditional Icelandic Fermented Fish)," *Food Microbiology* 82(2019): 560–572. 상어는 대부분 어쩌다가 우연히 어망에 걸려 잡힌다. 워낙 장수하는 동물이기에 이렇게 잡혀 죽는다는 것이 더욱 큰 비극으로 다가온다. 그린란드의 상어는 척추동물 중에서 수명이 가장 길어서 최장 100년까지 산다.
20. 인터넷에서 쉬르스트리밍의 냄새는 종종 하수구 냄새와 비교되곤 한다. 말뫼에 있는 구역질 나는 음식 박물관에 샘플이 전시되어 있다(https://disgustingfoodmuseum.com). 아시아의 발효생선 요리에 대한 다음과 같은 품평 기사가 있다: Yutika Narzary, Sandeep Nas, Arvind K. Goyal, Su S. Lam, Hermen Sarma, and Dolikajyoti Sharma, "남아시아, 서남아시아 요리의 발효 생선 제품: 토착 기술 공정, 영양 성분, 그리고 문화적 중요성(Fermented Fish Products in South and Southeast Asian Cuisine: Indigenous Technology Processes, Nutrient Composition, and Cultural Significance)," *Journal of Ethnic Foods* 8(2021): 33.
21. David Downie, "로마의 멸치 이야기(A Roman Anchovy's Tale)," *Gastronomica* 3(2003): 25–28; Brian Keogh, *The Secret Sauce: A History of Lea & Perrins*(Worcester, UK: Leaper Books, 1997).
22. Kotaro Ito, and Asahi Matsuyama, "일본의 간장을 숙성시키는 코지 곰팡이: 핵심적인 효소의 특징(Koji Molds for Japanese Soy Sauce Brewing: Characteristics and Key Enzymes)," *Journal of Fungi* 7(2021): 658.
23. M. J. Robert Nout와 Kofi E. Aidoo, "아시아의 균 발효 식품(Asian Fungal Fermented Food)," *The Mycota*, vol. 10, *Industrial Applications*, ed. Martin Hofrichter(Berlin: Springer, 2010), 29–58.

24. 4장에서 언급된 털곰팡이 감염이 유럽보다 인도와 아시아의 다른 지역에서 더 흔한 이유는 어쩌면 기후 때문일 수도 있다.

25. Money, *The Rise of Yeast*, 52.

26. Jack A. Whittaker, Robert I. Johnson, Tim J. A. Finnigan, Simon V. Avery, and Paul S. Dyer, "퀀 마이코프로틴의 생물공학: 과거, 현재 그리고 미래의 과제(The Biotechnology of Quorn Mycoprotein: Past, Present and Future Challenges)," *Grand Challenges in Fungal Biotechnology*, ed. Helena Nevalainen(Cham, Switzerland: Springer International Publishing, 2020), 59–79.

27. Pedro F. Souza Filho, Dan Andersson, Jorge A. Ferreira와 Mohammad J. Taherzadeh, "마이코프로틴: 환경의 영향과 건강의 측면(Mycoprotein: Environmental Impact and Health Aspects)," *World Journal of Microbiology and Biotechnology* 35, no. 10(2019): 147; Maurizio Cellura, Maria A. Cusenza, Sonia Longo, Le Q. Luu, and Thomas Skurk, "육류 대용으로서 단백질이 풍부한 음식이 생애주기의 환경에 미치는 영향과 건강에 미치는 효과: 리뷰(Life Cycle Environmental Impacts and Health Effects of Protein-Rich Food as Meat Alternatives: A Review)," *Sustainability* 14(2022): 979; Florian Humpenöder, Benjamin L. Bodirsky, Isabelle Weindl, Hermann Lotze-Campen, Tomas Linder, and Alexander Popp, "쇠고기를 균단백질로 대체할 때 예상되는 환경상의 이익(Projected Environmental Benefits of Replacing Beef with Microbial Protein)," *Nature* 605, no. 7908(2022): 90–96.

28. Robert King, Neil A. Brown, Martin Urban과 Kim E. Hammond-Kosack, "퀀 균 푸사리움 베네나툼과 가까운 친척인 식물병원균 푸사리움 그라미네아룸의 게놈 간 비교(Inter-Genome Comparison of the Quorn Fungus *Fusarium venenatum* and the Closely Related Plant Infecting Pathogen *Fusarium graminearum*)," *BMC Genomics* 19(2018): 269.

29. 균 제품 시장은 효모가 지배하고 있다. Nicholas P. Money, "매년 9천억 달러 규모의 가치가 있는 균(Fungus That's Worth $900 Billion a Year)," *OUPblog*, February 25, 2018, https://blog .oup.com/2018/02/fungus-worth-900-billion.

30. 주름버섯의 에너지 가치를 따져보면, 생 양송이버섯은 100그램당 22-31칼로리, 표고버섯은 약 44칼로리 정도가 된다. 로메인 상추는 100그램에 약 20칼로리다. 트러플의 에너지 가치는 연구에 따라 또는 트러플의 종류에 따라 다르지만, 트러플이 주름

버섯에 비해 에너지 가치가 높은 것은 일관되게 나타나는 결과다. 예를 들어, 중국에서 진행된 한 연구에서는 윈난에서 채취한 튜베르 속 한 종의 버섯 100그램에서 378칼로리를 측정했다. 이는 로크포르 치즈와 맞먹는 칼로리 양이다. U.S. Department of Agriculture, "흰 생버섯(Mushrooms, White, Raw)," April 1, 2019, https://fdc.nal.usda.gov/fdc-app.html#/food-details/169251/nutrients;Xiangyuan, Yan, Yanwei Wang, Xiaoyu Sang,and Li Fan, "중국에서 나는 튜베르 3종의 영양 가치, 화학적 구성 그리고 항산화 작용(Nutritional Value, Chemical Composition and Antioxidant Activity of Three Tuber Species from China)," *AMB Express* 7, no. 1(2017): 136.

7장 치료하다

1. U. Peintner, R. Pöder와 T. Pümpel, "아이스맨의 버섯(The Iceman's Fungi)," *Mycological Research* 102, no. 10(1998): 1153–1162.
2. Luigi Capasso, "5300년 전, 아이스맨은 천연 완하제와 항생제를 사용했다," *The Lancet* 352, no. 9143(1998): 1864. 하칸 투논(Hakan Tunón)과 잉바르 스반베르크(Ingvar Svanberg)는 카파소(Capasso)의 연구를 반박했다. "완하제와 아이스맨(Laxatives and the Ice Man)," *The Lancet* 353, no. 9156(1999): 925–926, "산업혁명 이전 북유럽의 민족식물학은 균류가 비의학적 용도, 예를 들면 금속 칼날이 녹슬지 않게 보호한다거나 얇은 칼날을 벼리는데, 장난감, 부표 또는 바늘꽂이 등으로도 사용되었음을 보여준다. 따라서 아이스맨이 벌레에 의한 감염을 치료하거나 기타 다른 목적으로 버섯을 가지고 있을 거라는 카파소의 주장은 믿기 어렵다. …… 그렇게 부족한 데이터로 여러 가지 결론을 내렸다니 놀랍다."
3. COVID-19 팬데믹 시절에 유명해진 이버멕틴을 비롯한 강력한 구충제들은 기생충을 마비시키고 죽인다. 또한 현대의 위생적인 시설과 처리방식은 애초에 우리 몸에 기생충이 생기지 않게 해준다. 장 기생충에 대한 안일한 태도는 오늘날의 풍요로운 생활 덕분에 많은 것을 당연히 여기는 마음가짐에서 비롯된 것이다. 이런 태도는 순진한 태도라고 할 수밖에 없다. 지금도 전 세계적으로 구충, 회충, 외치를 괴롭혔던 편형충 등에 감염된 사람들이 수십 억 명에 이르기 때문이다: Rachel L. Pullan, Jennifer L. Smith, Rashmi Jasrasaria, and Simon J. Brooker, "2010년 토양 매개 선충 감염으로 인

한 전 세계 감염자 수와 질병의 부담(Global Numbers of Infection and Disease Burden of Soil Transmitted Helminth Infections in 2010)," *Parasites Vectors* 7(2014): 37.

4. Ulrike Grienke, Margit Zöll, Ursula Peintner, and Judith M. Rollinger, "유럽 약용버섯-전통적인 사용의 현대적 해석(European Medicinal Polypores—A Modern View on Traditional Uses)," *Journal of Ethnopharmacology* 154, no. 3(2014): 564–583.
5. Robert A. Blanchette, "향버섯: 북부 평원 아메리카 원주민의 전통적인 성스러운 버섯(*Haploporus odorus:* A Sacred Fungus in Traditional Native American Culture of the Northern Plains)," *Mycologia* 89, no. 2(1997): 233–240.
6. 약용버섯 투자자들은 이 산업이 매우 분화되어 있다고 본다. 서로 다른 여러 나라에서 수백 개 회사들이 시장을 공유하고 있다는 뜻이다. 소비자 입장에서는 탈중앙화가 바람직하고 소규모 신생기업도 새로운 상품라인을 개발할 기회가 많아진다. 소수의 대형 제약사가 지배하는 처방약, 일반의약품 시장과는 대비된다. "세계 버섯 시장(2020-2025)-세계 산업 트렌드, 점유율, 규모, 성장, 기회와 예측(Global Mushroom Market(2020 to 2025)—Global Industry Trends, Share, Size, Growth, Opportunity and Forecast—Research-AndMarkets.com)," *Business Wire*, July 1, 2020, https://www.businesswire.com/news/home/20200701005442/en/Global-Mushroom-Market-2020-to-2025—Global-Industry-Trends-Share-Size-Growth-Opportunity-and-Forecast—ResearchAndMarkets.com;Allana Akhtar, "노루궁뎅이버섯부터 운지버섯까지 웰니스 시장이 집착하고 있는 5대 '기능성' 버섯(5 'Functional' Mushrooms the Wellness Industry Is Obsessed with, from Lion's Mane to Turkey Tail)," YahooMoney, April 7, 2022, https://money.yahoo.com/5-functional-mushrooms-wellness-industry-135455865.html.
7. 동충하초는 주름버섯보다 효모와 더 가까운 친척인 자낭균이고, 차가버섯은 포자를 내지 않는 균 조직의 덩어리다.
8. "버섯의 건강 효능(Health Benefits of Mushrooms)," WebMD, September 12, 2022, https://www.webmd.com/diet/health-benefits-mushrooms; "버섯 가루의 영양 가치는 무엇인가?(What Is the Nutritional Value of Mushroom Powder?)," Om(blog), May 11, 2021,https://ommushrooms.com/blogs/blog/nutritional-value-of-mushroom-powder-m2.
9. Koichiro Mori, Yutaro Obara, Mitsuru Hirota, Yoshihito Azumi, Satomi Kinugasa,

Satoshi Inatomi, and Norimichi Nakahata, "1321N 인간 성상세포종 세포에서 노루궁뎅이버섯의 신경성장인자 유도 활성(Nerve Growth Factor-Inducing Activity of *Hericium erinaceus* in 1321N1 Human Astrocytoma Cells)," *Biological and Pharmaceutical Bulletin* 31, no. 9(2008): 1727–1732; Mari Shimbo, Hirokazu Kawagishi, and Hidehiko Yokogoshi, "에리나신 A가 쥐의 중추신경계에서 카테콜아민과 신경성장인자 함량을 증가시킨다(Erinacine A Increases Catecholamine and Nerve Growth Factor Content in the Central Nervous System of Rats)," *Nutrition Research* 25, no. 6(2005): 617–623. 아주 짧은 보고서들이지만, 배양 신경세포와 쥐의 뇌에 미치는 노루궁뎅이버섯의 효과를 다룬 가장 뛰어난 문헌들이다. 노루궁뎅이버섯에 대한 연구논문은 거의 모두가 신뢰할 만한 동료 심사를 통과하지 못했다. 이 버섯에 대한 자세한 분석 중 하나가 돋보였다: Hsing-Chun Kuo, Chien-Chien Lu, Chien-Heng Shen, Shui-Yi Tung, Meng Chiao Hsieh, Ko-Chao Lee, Li-Ya Li, et al., "노루궁뎅이버섯의 균사와 여기서 분리된 에리나신 A의, ER 스트레스를 통해 연쇄 세포자멸사를 촉발하는 MPTP 유도성 신경독으로부터의 보호(*Hericium erinaceus* Mycelium and Its Isolated Erinacine A Protection from MPTP-Induced Neurotoxicity through the ER Stress, Triggering an Apoptosis Cascade)," *Journal of Translational Medicine* 19(2021): 67. 내가 '돋보였다'라고 과거 시제를 쓴 것은 이 연구가 Grape King Bio, Ltd.이라는 대만의 노루궁뎅이버섯 추출물 생산 회사와 연관이 있다는 것을 파악하고 저널의 편집자들이 이 논문을 철회했기 때문이다.

10. Koichiro Mori, Satoshi Inatomi, Kenzi Ouchi, Yoshihito Azumi, and Takasi Tuchida, "노루궁뎅이버섯의 경증 인지장애 개선 효과: 이중 맹검 위약대조 임상시험(Improving Effects of the Mushroom Yamabushitake(Hericium erinaceus) on Mild Cognitive Impairment: A Double-Blind Placebo-Controlled Clinical Trial)," *Phytotherapy Research* 23, no. 3(2009): 367–372.
11. Tero Isokauppila, *Healing Mushrooms: A Practical and Culinary Guide to Using Mushrooms for Whole Body Health*(New York: Avery, 2017).
12. "노루궁뎅이버섯 캡슐(Lion's Mane Capsules)," FungiPerfecti, accessed July 15, 2023, https://fungi.com/products/lions-mane-capsules.
13. "발기부전을 효과적으로 관리하는 노루궁뎅이버섯의 5대 건강 이득(Top 5 Lions Mane Health Benefits for Managing Erectile Dysfunction Effectively)," Cure My

Erectile Dysfunction, accessed July 15, 2023, https://curemyerectiledysfunction.com/top-5-lions-mane-health-benefits-for-managing-erectile-dysfunction-effectively; "노루궁뎅이버섯은 당신의 성욕을 감소시킬 수 있다(Lion's Mane Can Reduce Your Libido/Sex-Drive)," *Boost Your Biology*(blog), August 17, 2020, https://www.ergogenic.health/blog/lions-mane-can-decrease-your-libido-sex-drive.

14. Hidde P. van Steenwijk, Aalt Bast와 Alie de Boer, "버섯 추출 베타 글루칸의 면역조절 효과: 전통적인 사용법부터 의약까지(Immunomodulating Effects of Fungal Beta-Glucans: From Traditional Use to Medicine)," *Nutrients* 13(2021): 1333.
15. Kurt Buchmann, "선천적인 면역의 진화: 무척추동물에서 어류를 거쳐 포유류까지(Evolution of Innate Immunity: Clues from Invertebrates via Fish to Mammals)," *Frontiers in Immunology* 5(2014): 459.
16. Kenji Ina, Takae Kataoka, and Takafumi Ando, "위암치료를 위한 레티난 활용(The Use of Lentinan for Treating Gastric Cancer)," *Anti-cancer Agents in Medicinal Chemistry* 13, no. 5(2013): 681–688.
17. Yiran Zhang, Meng Zhang, Yifei Jiang, Xiulian Li, Yanli He, Pengjiao Zeng, Zhihua Guo, et al., "폐암치료를 위한 면역치료제로서의 레티난: 12년에 걸친 중국의 임상 연구(Lentinan as an Immunotherapeutic for Treating Lung Cancer: A Review of 12 Years Clinical Studies in China)," *Journal of Cancer Research and Clinical Oncology* 144(2018): 2177–2186.
18. "약용버섯에서 베타글루칸의 의료적 건강 혜택(Medical Health Benefits of Beta-Glucans in Medicinal Mushrooms)," WENY News, July 20, 2021, https://www.weny.com/story/44338597/medical-health-benefits-of-beta-glucans-in-medicinal-mushrooms;Christopher Hertzog, *Beta Glucan: A 21st Century Miracle?*(Bangkok: Booksmango, 2014).
19. Djibril M. Ba, Xiang Gao, Joshua Muscat, Laila Al-Shaar, Vernon Chinchilli, Xinyuan Zhang, Paddy Ssentongo, et al., "미국 성인의 전체 사망률 및 원인별 사망률과 버섯 소비의 상관관계: NHANES III의 전향적 연구결과(Association of Mushroom Consumption with All-Cause and Cause-Specific Mortality among American Adults: Prospective Cohort Study Findings from NHANES III)," *Nutrition Journal* 20, no. 1(2021): 38.

20. Djibril M. Ba, Xiang Gao, Laila Al-Shaar, Joshua E. Muscat, Vernon M. Chinchilli, Robert B. Beelman과 John P. Richie, "버섯 섭취와 우울: 미국 국민 건강 및 영양 조사 데이터를 이용한 인구 기반 연구(Mushroom Intake and Depression: A Population-Based Study Using Data from the US National Health and Nutrition Examination Survey (NHANES)), 2005–2016," *Journal of Affective Disorders* 294(2021): 686–692; Djibril M. Ba, Paddy Ssentongo, Robert B. Beelman, Joshua Muscat, Xiang Gao와 John P. Richie, "버섯의 높은 소비량은 암의 낮은 위험률과 관련이 있다: 관찰 연구에 대한 체계적 평가와 메타 분석(Higher Mushroom Consumption Is Associated with Lower Risk of Cancer: A Systematic Review and Meta-Analysis of Observational Studies)," *Advances in Nutrition* 12, no. 5(2021): 1691–1704.
21. Piotr Rzymski, "'버섯 섭취와 우울: 미국 국민 건강 및 영양 조사 데이터를 이용한 인구기반 연구'에 대한 주석(Comment on 'Mushroom Intake and Depression: A Population-Based Study Using Data from the US National Health and Nutrition Examination Survey(NHANES)), 2005–2016," *Journal of Affective Disorders* 295(2021): 937–938.
22. Chayakrit Krittanawong, Ameesh Isath, Joshua Hahn, Zhen Wang, Sonya E. Fogg, Dhrubajyoti Bandyopadhyay, Hani Jneid, et al., "버섯 소비와 심혈관 건강: 체계적인 고찰(Mushroom Consumption and Cardiovascular Health: A Systematic Review)," *American Journal of Medicine* 134, no. 5(2021): 637–642.e2.
23. Nicholas P. Money, "버섯에 치유력이 있는가?(Are Mushrooms Medicinal?)," *Fungal Biology* 120, no. 4(2016): 449–453.
24. Christopher Hitchens, *God Is Not Great: How Religion Poisons Everything*(New York: Twelve, 2009), 150.
25. 버섯의 치유력에 대해 언급하는 웹페이지 외에도 "표고버섯 여드름", "표고버섯 천식" 등과 같은 수많은 사이트에서도 버섯을 생으로 섭취한 사람들과 버섯 관련 업체에서 버섯의 자실체를 포장하는 일을 하는 사람들 중 일부에게서 나타나는 심한 피부 알레르기를 설명하고 있다.
26. John Gerard, *The Herball, or, Generall Historie of Plantes*, 2nd ed., Thomas Johnson에 의해 확장 수정됨(London: Adam Islip, Joice Norton, and R. Whitakers, 1633), 1578, 1583; Horace, *Satires, Epistles, and Ars Poetica*, trans. H. Rushton Fairclough, Loeb

Classical Library 194(Cambridge, MA: Harvard University Press, 1929), *Satires Book* II, IV, 188–189, lines 20–21.

27. 약용버섯에 대한 연구는 말기 질환을 치료한다는 터무니없는 치료법을 포함한 궤변과 유사과학의 광란 속에서 길을 잃은 상태다. 그저 가벼운 웃음을 선사하는 의미로, 나는 『버섯 에센스: 균류 왕국의 진동 치유(*Mushroom Essences: Vibrational Healing from the Kingdom Fungi*)』, Berkeley, CA: North Atlantic Books, 2016)의 저자이자 식물채집 전문가인 로저스(Robert Rogers)를 균학계의 최고 미치광이상 후보로 지명했다. 로저스는 버섯이 "에너지 장을 나타낸다"고 주장한다. 숙련된 전문가가 나서면 이 에너지 장이라는 것을 원하는 곳에 집중시켜 "사람을 억누르고 있는 감정적·정신적 쇠창살로부터 해방시킬 수 있다"는 것이다. 이 상을 두고 경쟁할 만한 사람들은 많지만, 로저가 쓴 책 홍보 문구의 한 문장으로 그가 이 상을 수상할 자격이 있음을 충분히 설명할 수 있다고 본다. "꽃의 에센스는 음력의 기운 아래 만들어진다는 점이 다를 뿐, 꽃의 에센스와 마찬가지로 버섯 에센스도 마음과 몸에 깊은 치유를 가져다준다: 버섯 에센스는 특히 정신의 '그림자' 또는 융합되지 않은 일부와 조화를 잘 이룬다." 외치가 벌떡 일어나 차가버섯으로 한 대 후려칠 소리다.

28. Won C. Bak, Ji H. Park, Yong A. Park, and Kang H. Ka, "표고버섯 품종의 자실체와 균사체의 글루칸 함량 측정(Determination of Glucan Contents in the Fruiting Bodies and Mycelia of *Lentinula edodes* Cultivars)," *Mycobiology* 42, no. 3(2014): 301–304; Juan Chen, Xu Zeng, Yan L. Yang, Yong M. Xing, Qi Zhang, Jia Li, Ke Ma, et al., "유전체 및 전사체 분석을 통해 노루궁뎅이버섯에서 다양한 테르페노이드와 폴리케타이드 이차 대사물질의 차등적 조절을 밝혀내다(Genomic and Transcriptomic Analyses Reveal Differential Regulation of Diverse Terpenoid and Polyketides Secondary Metabolites in *Hericium erinaceus*)," *Scientific Reports* 7, no. 1(2017): 10151; Marcus Künzler. "How Fungi Defend Themselves against Microbial Competitors and Animal Predators," *PLoS Pathogens* 14, no. 9(2018): e1007184. 일부 약용버섯 회사들은 이러한 차이를 부각시키면서 자신들은 균사체가 아니라 자실체 추출물을 판매한다고 강조한다. 또 다른 회사들은 균사체가 약용버섯에서는 훨씬 더 월등한 원료라고 주장하지만, 이 두 원료 사이의 화학적 가능성의 차이에 대해서는 무관심한 이들이 훨씬 더 많다. 결론적으로, 정확한 활성성분은 밝혀진 적이 없으므로 소비자들에게는 어떤 주장도 큰 영향을 미치지 못한다. 자실체 추출물이냐 균사체 추출물이냐에 대한 마케팅

의 불확실성도 버섯 관련 상품을 식품으로 표기할 것이냐 대안 의약품으로 표기할 것이냐를 두고 발생하는 커다란 우려 중 하나다. '야생버섯'을 포함한 여러 가지 식품을 대상으로 한 DNA 바코딩 연구로 많은 상품이 재배된 버섯을 공통적으로 함유하고 있으며 건조 분말, 수프, 파스타 소스 등의 상품에서 성분 표시가 잘못 기재되어 있음을 발견했다: W. Dalley Cutler II, Alexander J. Bradshaw, and Bryn T. M. Dentinger, "오늘 저녁 메뉴는 뭐지? 미국에서 판매되는 식품 속 '야생버섯'의 DNA 인증(What's for Dinner This Time? DNA Authentication of 'Wild Mushrooms' in Food Products Sold in the USA)", *PeerJ* 2, no. 9(2021): e11747.

29. Kenneth D. Clevenger, Jin W. Bok, Rosa Ye, Galen P. Miley, Maria H. Verdan, Thomas Velk, Cynthia Chen, et al., "균의 이차 대사작용과 유전자 클러스터를 식별하기 위한 확장 가능한 플랫폼(A Scalable Platform to Identify Fungal Secondary Metabolites and Their Gene Clusters)," *Nature Chemical Biology* 13, no. 8(2017): 895–901; Claudio Greco, Nancy P. Keller, and Antonis Rokas, "균의 화학적 다양성 탐구와 신약개발 가능성(Unearthing Fungal Chemodiversity and Prospects for Drug Discovery)," *Current Opinion in Microbiology* 51(2019): 22–29; Matthew T. Robey, Lindsay K. Caesar, Milton T. Drott, Nancy P. Keller, and Neil L. Kelleher, "천 개의 균 유전체로부터 해석된 생합성 유전자 클러스터 지도(An Interpreted Atlas of Biosynthetic Gene Clusters from 1,000 Fungal Genomes)," *Proceedings of the National Academy of Sciences USA* 118, no. 19(2021): e2020230118; Kirstin Scherlach and Christian Hertweck, "드러나지 않은 생합성 잠재력의 발굴과 탐사(Mining and Unearthing Hidden Biosynthetic Potential)," *Nature Communications* 12(2021): 3864.

30. Carsten Gründemann, Jakob K. Reinhardt, and Ulricke Lindequist, "유럽의 약용버섯: 현대 의약에서도 가능성이 있는가?-업데이트 버전(European Medicinal Mushrooms: Do They Have Potential for Modern Medicine?—An Update)," *Phytomedicine* 66(2020): 153131.

31. Ravinder Kumar, Piyush Kumar, "효모 기반 백신: 백신 개발과 응용에 대한 새로운 전망(Yeast-Based Vaccines: New Perspective in Vaccine Development and Application)," *FEMS Yeast Research* 19, no. 2(2019): foz007.

32. 학생 시절에 책에서 좀주름찻잔버섯에 대해서 읽고 이 버섯의 오묘한 생김새에 대해 놀란 적이 있었다. 나중에 콜로라도에서 이 버섯을 처음 실제로 보았을 때, 스탕달이

피렌체의 산타 크로체 성당에서 볼테라노의 키아로스쿠로 프레스코화를 보고 경험했다고 하는 '감동의 파도' 비슷한 것을 느꼈다: "산타 크로체의 현관을 나섰을 때…… 나는 땅바닥에 엎어질 것만 같은 두려움을 느끼며 걸었다." 이 프랑스 작가의 감정적 반응은 '스탕달 신드롬'이라 불리게 되었다. 관광객들이 위대한 예술 작품 앞에서 느끼는 황홀감을 가리키는 말이다. 이 말은 균을 향한 매우 특별한 감정을 느끼는 사람들에게도 확장해서 적용되어야 할 것이다: "성스러운 배설(Sanctus stercore)," 라틴어 학명이 *Cyathus stercoreus.*인 이 작은 둥지를 들여다보며 나는 영어로 생각했다. 스탕달 신드롬의 균학적 표현을 추구하는 나는, 만약 운이 좋아 피에르 안토니오 미켈리(Pier Antonio Micheli, 1679–1737)의 무덤이 있는 산타 크로체 바실리카의 프레스코화를 보게 된다면 이와 똑같은 감동을 느낄 거라고 기대한다. 미켈리는 1729년에 출판된 걸작 『새로운 식물 속들*(Nova Plantarum Genera)*』에서 설명한 버섯 포자 실험으로 실험균학의 아버지로 일컬어지는 사람이다. 우피치 바깥의 주랑에 미켈리의 조각상이 있고, 피렌체와 로마에는 그의 이름을 딴 거리가 있다. 출전: Harold J. Brodie, *The Bird's Nest Fungi*(Toronto: University of Toronto Press, 1975); Stendhal, *Rome, Naples and Florence*, trans. Richard N. Coe(Richmond, UK: John Calder, 1959), 301–302; Iain Bamforth, "스탕달 신드롬(Stendhal's Syndrome)," *British Journal of General Practice* 60, no. 581(2010): 945–946.

33. 항생제에 대한 올호베츠키의 원래 관찰은 다른 학생 바브디시 나라인 조리(Bhavdish Narain Johri)의 박사 연구를 시뮬레이션한 것이었다. 조리의 연구는 좀주름찻잔버섯에 대한 모든 후속 연구의 바탕이 되었다: B. N. Johri, H. J. Brodie, A. D. Allbutt, W. A. Ayer, and H. Taube, "지금까지 알려지지 않은 *Cyathus helenae*균의 항생제 복합체(A Previously Unknown Antibiotic Complex from the Fungus *Cyathus helenae*)," *Experientia* 27(1971): 853; A. D. Allbutt, W. A. Ayer, H. J. Brodie, B. N. Johri, and H. Taube, "시아신, *Cyathus helenae*에서 생성되는 새로운 항생제 복합체(Cyathin, a New Antibiotic Complex Produced by *Cyathus helenae*)," *Canadian Journal of Microbiology* 17, no. 11(1971): 1401–1407. *The Bird's Nest Fungi*(Toronto: University of Toronto Press, 1975)는 해럴드 브로디(Harold Brodie)가 쓴 책으로, 나는 학생 시절에 이 책을 읽었다. 그는 아래의 부제목을 포함한, 자칫 건조할 수도 있었던 균사체의 융합에 관한 과학 논문에 소소한 웃음 포인트를 들여놓았다. "*Cyathus olla*와의 교배 시도(Attempts at Mating with Cyathus olla)."

34. Emma Dixon, Tatiana Schweibenz, Alison Hight, Brian Kang, Allyson Dailey, Sarah Kim, Meng-Yang Chen, et al., "디터페노이드 Cyathin A3, 신경성장인자(NGF)의 소분자 유도체의 박테리아 유도 정적 배양 곰팡이 발효(Bacteria-Induced Static Batch Fungal Fermentation of the Diterpenoid Cyathin A3, a Small-Molecule Inducer of Nerve Growth Factor)," *Journal of Industrial Microbiology and Biotechnology* 38, no. 5(2011): 607–615; Christian Bailly and Jin-Ming Gao, "Erinacine A와 Cyathane 디터펜 화합물: 신경 보호 및 항암 효과의 분자적 다양성과 작용 기전(Erinacine A and Related Cyathane Diterpenoids: Molecular Diversity and Mechanisms Underlying Their Neuroprotection and Anticancer Activities)," *Pharmaceutical Research* 159(2020): 104953.

8장 중독시키다

1. "죽음을 부른 축하연(Celebratory Meal a Near Death Experience)," *Raglan Chronicle*, May 9, 2020, https://www.raglanchronicle.co.nz/the-chronicle/2020/05/celebratory-meal-a-near-death-experience/; John Weekes, "와이카토 의사, 알광대버섯 중독으로 죽을 뻔하다(Waikato Doctor Nearly Dies after Death Cap Mushroom Poisoning)," *Stuff*, May 11, 2020, https://www.stuff.co.nz/national/health/121464993/waikato-doctor-nearly-dies-after-death-cap-mushroom-poisoning.
2. William E. Brandenburg와 Karlee J. Ward, "미국 내 버섯 중독의 역학적 연구(Mushroom Poisoning Epidemiology in the United States)," *Mycologia* 110, no. 4(2018): 637–641; Jeremy A. W. Gold, Emily Kiernan, Michael Yeh, Brendan R. Jackson, and Kaitlin Benedict, "2016-2018년 미국에서 우발적인 독버섯 섭취와 관련한 의료시설 이용과 그 결과(Health Care Utilization and Outcomes Associated with Accidental Poisonous Mushroom Ingestions—United States, 2016–2018)," *MMWR Morbidity and Mortality Weekly Report* 70(2021): 337–341. 1999년부터 2016년 사이에 매년 7천 명 이상의 미국인이 독버섯에 중독되었고, 그중 60퍼센트 이상이 여섯 살 이하의 어린이였던 것으로 보고되었다. 일시적인 소화기 스트레스 이상의 중증으로 발전한 경우는 매우 드물었다. 같은 기간 독버섯 때문에 사망한 경우는 7건 또는 그 이

하였다. 독사에게 물린 사고와 비슷했다.

3. Anne Pringle and Else C. Vellinga, "알아볼 수 있는 마지막 기회? 문헌을 활용한 알광대버섯의 생물지리학 및 침입 생물학 탐구(Last Chance to Know? Using Literature to Explore the Biogeography and Invasion Biology of the Death Cap Mushroom *Amanita phalloides*(Vaill. ex Fr.:Fr.) Link)," *Biological Invasions* 8(2006): 1131–1144; Anne Pringle, Rachel I. Adams, Hugh B. Cross, and Thomas D. Bruns, "외생균근균 알광대버섯이 북아메리카 서부 해안에 유입되어 그 분포가 확장 중이다(The Ectomycorrhizal Fungus *Amanita phalloides* Was Introduced and Is Expanding Its Range on the West Coast of North America)," *Molecular Ecology* 18(2009): 817–833.
4. 정확한 라틴어 학명은 이렇다: 느타리버섯, *Pleurotus ostreatus*; 노루궁뎅이버섯, *Hericium erinaceus*; 돌버섯, *Lycoperdon perlatum*; 큰돌버섯, *Calvatia gigantea*; 황금개나리버섯, *Cantharellus cibarius*; 포르치니 또는 포르치니, 셉스 또는 왕그물버섯, *Boletus edulis*.
5. Dennis R. Benjamin, *Mushrooms: Poisons and Panaceas—A Handbook for aturalists, ycologists, and Physicians*(New York: W. H. Freeman & Co., 1995). 우산광대버섯(*Amanita vaginata*)은 그리제트로 알려져 있고, 붉은점박이광대버섯(*Amanita rubescens*)은 자루나 갓이 손상되면 붉은색으로 변한다. 바보버섯(the fool's mushroom)은 봄외대버섯(*Amanita verna*)이다; 파괴천사버섯(the destroying angels)은 쌍외대버섯(*Amanita bisporigera, Amanita ocreata, Amanita virosa*)이다.
6. Britt A. Barnyard, "북아메리카에서 광대버섯 중독이 증가한 이면의 진짜 이야기(The Real Story behind Increased Amanita Poisonings in North America)," *FUNGI Magazine* 8, no. 3(2015): 6–9.
7. Chad Hyatt, *The Mushroom Hunter's Kitchen: Reimaging Comfort Food with a Chef Forager*(San Jose, CA: Chestnut Fed Books, 2018), 107–109.
8. Nicholas P. Money, *Mushrooms: A Natural and Cultural History*(London: Reaktion Books, 2017), 137–138.
9. 버섯 채집가들로부터 근거 없는 반박에 시달렸던, 선견지명이 엿보이는 논문 한 편을 버섯의 보존에 관심 있는 독자들에게 추천한다: Nicholas P. Money, "야생버섯 채취가 나쁜 행동일 수도 있는 이유(Why Picking Wild Mushrooms May Be Bad Behaviour)," *Mycological Research* 109, no. 2(2005): 131–135.

10. Paolo Scocco, Giampietro Rupolo, and Diego De Leo, "실패한 알광대버섯 자살과 그 후의 간이식: 사례연구(Failed Suicide by *Amanita phalloides*(Mycetismus) and Subsequent Liver Transplant): Case Report)," *Archives of Suicide Research* 4(1998): 201–206.

11. Ismail Yilmaz, Fatih Ermis, Ilgaz Akata, and Ertugrul Kaya, "사례연구: 알광대버섯과 아마톡신의 무엇이 인간에게 치명적인가?(A Case Study: What Doses of *Amanita phalloides* and Amatoxins Are Lethal to Humans?)," *Wilderness and Environmental Medicine* 26, no. 4(2015): 491.

12. Yongzhuang Ye와 Zhenning Liu, "알광대버섯 중독 관리: 문헌고찰 및 업데이트(Management of *Amanita phalloides* Poisoning: A Literature Review and Update)," *Journal of Critical Care* 46(2018): 17–22; Juliana Garcia, Vera M. Costa, Alexandra Carvalho, Paula Baptista, Paula G. de Pinho, Maria de Lourdes Bastos, and Félix Carvalho, "알광대버섯 중독: 독성과 치료의 메커니즘(*Amanita phalloides* Poisoning: Mechanisms of Toxicity and Treatment)," *Food and Chemical Toxicology* 86(2015): 41–55. 알광대버섯은 아마톡신(amatoxins), 팔로톡신(phallotoxins), 보미톡신(vomitoxins)이라는 세 종류의 독소를 함유하고 있다.

13. 알파-아마니틴의 치사량은 체중 1킬로그램당 0.1-0.3밀리그램(from Yilmaz et al., "A Case Study," 491–496)이다. 이와 비교해 아스피린의 치사량은 체중 1킬로그램당 300-500밀리그램이다. 덧붙이자면, 알파-아마니틴은 보툴리눔 톡신 또는 보톡신보다 치명성이 만 배나 낮다. 보툴리눔 톡신의 LD50은 체중 1킬로그램당 30나노그램이다. LD50은 특정 물질이 실험 대상 동물의 50퍼센트를 죽음에 이르게 하는 용량을 말한다. 이 추정치는 경구 투여를 기준으로 한 것이다.

14. Patrick L. West, Janet Lindgren, and B. Zane Horowitz, "아마니타 스미시아나 섭취: 지연성 신부전 사례와 문헌 검토(*Amanita smithiana* Mushroom Ingestion: A Case of Delayed Renal Failure and Literature Review)," *Journal of Medical Toxicology* 5, no. 1(2009): 32–38.

15. Brandon Landry, Jeannette Whitton, Anna L. Bazzicalupo, Oldriska Ceska, and Mary L. Berbee, "에밀종버섯 속 작은 갈색 버섯들이 가진 치명적인 아마톡신의 분포에 대한 계통학적 분석(Phylogenetic Analysis of the Distribution of Deadly Amatoxins among the Little Brown Mushrooms of the Genus *Galerina*)," *PLoS ONE* 16, no. 2(2021):

e0246575.
16. Julian White, Scott A. Weinstein, Luc De Haro, Regis Bédry, Andreas Schaper, Bary H. Rumack, and Thomas Zilker, "버섯 중독: 새로운 임상 분류 제안(Mushroom Poisoning: A Proposed New Clinical Classification)" *Toxicon* 157(2019): 53–65.
17. Regis Bedry, Isabelle Baudrimont, Gerard Deffieux, Edmond E. Creppy, Jean P. Pomies, Jean M. Ragnaud, Michel Dupon, et al., "횡문근융해증의 원인으로서의 야생버섯 중독(ild-Mushroom Intoxication as a Cause of Rhabdomyolysis)" *New England Journal of Medicine* 345(2001): 798–802.
18. Piotr Rzymski and Piotr Klimaszyk, "금빛송이버섯의 반격: 독성학적, 역학적, 및 조사 연구를 통해 황색기사버섯(Tricholoma equestre)의 식용 가능성을 옹호하다(The Yellow Knight Fights Back: Toxicological, Epidemiological, and Survey Studies Defend Edibility of *Tricholoma equestre*)," *Toxins* 10, no. 11(2018): 468.
19. 감자 1킬로그램에는 20~130밀리그램의 솔라닌 염화수소염이 들어있고, 쥐 연구에 따르면 솔라닌의 LD50은 체중 1킬로그램당 42밀리그램으로 추정된다. 이 수치를 이용해 추산하면 사람의 경우 감자를 20킬로그램 이상 먹어야 치사량에 가까워진다. 솔라닌 함유량이 예외적으로 높은 감자를 섭취할 경우, 이보다 훨씬 적은 양의 감자를 먹은 사람도 솔라닌에 중독될 수 있다. 저장 과정에서 감자가 상할 경우 이런 일이 생길 수 있다. 감자는 치명적인 벨라도나가 속해 있는 독성 식물군에 포함되는데, 벨라도나는 오닉스처럼 까만색의 열매에 치사량의 아트로핀을 함유하고 있다. 국립생물공학정보센터, "PubChem 화합물 개요: CID 118796405, 솔라닌 HCl(PubChem Compound Summary for CID 118796405, Solanine HCl)," accessed July 17, 2023, https://pubchem.ncbi.nlm.nih.gov/compound/Solanine-HCl.
20. Petteri Nieminen and Anne-Mari Mustonen, "전통적으로 섭취되는 버섯의 독성 가능성—답이 없는 질문과 논쟁의 연속(Toxic Potential of Traditionally Consumed Mushroom Species—A Controversial Continuum with Many Unanswered Questions)," *Toxins* 12, no. 10(2020): 639.
21. 어떤 사람들은 곰보버섯을 먹고도 탈이 난다: Benjamin, *Mushrooms*, 278.
22. Hikoto Ohta, Daisuke Watanabe, Chie Nomura, Daichi Saito, Koichi Inoue, Hajime Miyaguchi, Shuichi Harada, et al., "액체 크로마토그래피－탠덤 질량 분석법을 이용한 사람의 혈청과 버섯 샘플에서 붉은사슴뿔버섯의 주요 독소인 사트라톡신의

독성 분석(Toxicological Analysis of Satratoxins, the Main Toxins in the Mushroom *Trichoderma cornu-damae*, in Human Serum and Mushroom Samples by Liquid Chromatography–Tandem Mass Spectrometry)," *Forensic Toxicology* 39(2021): 101–113.

23. 산호와 모양이 비슷한 버섯은 대개 담자균류와 자낭균류에 속한다. 불산호는 자낭균이고, 클라바리아 또는 요정버섯, 라마리아와 '클라바리오이드'에 속하는 수백 종의 균은 담자균이다.
24. Luis E. Alonso-Aguilar, Adriana Montoya, Alejandro Kong, Arturo Estrada-Torres, and Roberto Garibay-Orijel, "멕시코 틀라스칼라 주 산 마테오 웨소유칸에서 야생버섯의 문화적 의미(The Cultural Significance of Wild Mushrooms in San Mateo Huexoyucan, Tlaxcala, Mexico)," *Journal of Ethnobiology and Ethnomedicine* 10(2014): 27.
25. "노랑싸리버섯(*Ramaria flava*(Schaeff.) Quél)," First Nature, accessed July 15, 2023, https://www.first-nature.com/fungi/ramaria-flava.php; Pamela M. North, *Poisonous Plants and Fungi in Colour* (London: Blandford Press, 1967), 109–110.
26. Charles McIlvaine, *One Thousand American Fungi: How to Select and Cook the Edible; How to Distinguish and Avoid the Poisonous*(Indianapolis, IN: Bowen-Merrill Co., 1900). 나는 이전에 썼던 다른 책에서 매킬베인 대위의 탁월한 삶과 커리어를 칭송한 적이 있다: *Mushrooms: A Natural and Cultural History*(London: Reaktion Books, 2017), 84–86.
27. Normal Mier, Sandrine Canete, Alain Klaebe, Luis Chavant, and Didier Fournier, "버섯과 독버섯 자실체의 살충 성질(Insecticidal Properties of Mushroom and Toadstool Carpophores)," *Phytochemistry* 41, no. 5(1996): 1293–1299.
28. Paul A. Horgen, Allan C. Vaisius, and Joseph F. Ammirati, "아마톡신에 의한 억제에 둔감한 버섯의 핵 RNA 중합효소의 활성(The Insensitivity of Mushroom Nuclear RNA Polymerase Activity to Inhibition by Amatoxins)," *Archives of Microbiology* 118(1978): 317–319.
29. Frank M. Dugan, *Fungi in the Ancient World: How Mushrooms, Mildews, Molds, and Yeast Shaped the Early Civilizations of Europe, the Mediterranean, and the Near East*(St. Paul, MN: APS Press, 2008).
30. 맥각 중독에 대한 문헌은 방대하다. 노르웨이에서 맥각 중독의 역사를 다룬 다음

의 두 논문이 다른 지역의 맥각 중독 발생에 대해 참고할 만한 문헌으로 보인다: Torbjorn Alm, Brita Elvevag, "노르웨이의 맥각 중독, 1부: 후기 철기시대부터 17세기까지 맥각 중독의 증상과 해석(Ergotism in Norway, Part 1: The Symptoms and Their Interpretation from the Late Iron Age to the Seventeenth Century)," *History of Psychiatry* 24, no. 1(2013): 15–33, 그리고 "노르웨이의 맥각 중독, 2부: 18세기 이후 맥각 중독의 증상과 해석(Ergotism in Norway, Part 2: The Symptoms and Their Interpretation from the Eighteenth Century Onwards)," *History of Psychiatry* 24, no. 2(2013): 131–147.

31. 이러한 구분의 가치는 독성 불산호버섯의 사트라톡신 때문에 의미를 잃어버린다. 사트라톡신이 곰팡이에 의해서도 생성되기 때문이다. 버섯과 곰팡이에서 동일한 독소가 존재하는 이유는 버섯을 생성하는 일부 균류가 곰팡이로서의 이중적 정체성을 가지고 있다는 사실로 설명될 수 있다. 균의 한살이의 복잡한 특징에 대한 간략한 설명을 다음의 책에서 찾을 수 있다. Sarah C. Watkinson, Lynne Boddy, and Nicholas P. Money, *The Fungi*, 3rd ed.(Amsterdam: Academic Press, 2016), 20–21. 불산호버섯은 자낭균에 속하는 버섯이며, 주름버섯과 그물버섯보다는 곰보버섯과 더 가까운 친연관계에 있다. 무성 단계에서는 트리코데르마(*Trichoderma*) 속의 종으로 분류된다: Gary J. Samuels and D. J. Lodge, "자루형 자좌와 *Trichoderma* 무성형을 가진 *Hypocrea* 속의 세 종(Three Species of *Hypocrea* with Stipitate Stromata and *Trichoderma* Anamorphs)," *Mycologia* 88, no. 2(1996): 302–315.

32. Caroline De Costa, "성 안토니우스의 불과 살아 있는 결박: 에르고메트린의 짧은 역사(St Anthony's Fire and Living Ligatures: A Short History of Ergometrine)," *Lancet* 359, no. 9319(2002): 1768–1770.

33. Yan Liu, *Healing with Poisons: Potent Medicines in Medieval China*(Seattle: University of Washington Press, 2021).

34. Carolyn A. Young, Christopher L. Schardl, Daniel G. Panaccione, Simona Florea, Johanna E. Takach, Nikki D. Charlton, Neil Moore, et al., "에르고트 알칼로이드 다양성의 유전학, 유전체학 및 진화(Genetics, Genomics and Evolution of Ergot Alkaloid Diversity)," *Toxins(Basel)* 7, no. 4(2015): 1273–1302.

35. Laurinda S. Dixon, "보쉬의 '성 안토니우스 삼단화-약사의 신격화(Bosch's 'St. Anthony Triptych'—An Apothecary's Apotheosis)," *Art Journal* 44(2014): 119–131.

36. Linnda R. Caporael, "맥각 중독: 세일럼에 풀린 사탄?(Ergotism: The Satan Loosed in Salem?)," *Science* 192, no. 4234(1976): 21–26.

37. P. Salway and W. Dell, "아테네 역병(Plague at Athens)," *Greece and Rome* 2, no. 2(1955): 62–69; Mary K. Matossian, *Poisons of the Past: Molds, Epidemics and History*(New Haven, CT: Yale University Press, 1989).

38. A. J. Holladay and J. C. F. Poole, "투키디데스와 아테네 역병(Thucydides and the Plague of Athens)," *The Classical Quarterly* 29(1979): 282–300; Jane Bellemore, Ian M. Plant과 Lynne M. Cunningham, "아테네 역병-진균 중독일까?(Plague of Athens—Fungal Poison?)," *Journal of the History of Medicine and Allied Sciences* 49, no. 4(1994): 521–545. 독일의 약리학자이자 독물학자인 루돌프 코베르트(Rudolf Kobert, 1854–1918)는 그 역병의 증상이 맥각 중독으로 이미 허약해진 사람들 사이에서 천연두까지 퍼지면서 복합적으로 나타난 것이라고 주장했다.

39. Abraham Z. Joffe, "소화성 독성 백혈구 감소증(Alimentary Toxic Aleukia)," *Algal and Fungal Toxins*, ed. Solomon Kadis, Alex Ciegler, and Samuel J. Ajl(New York: Academic Press, 1971), 139–189; "소화성 독성 백혈구 감소증의 주요 원인인 포아이곰팡이와 스포로트리키오이데스곰팡이(*Fusarium poae and F. sporotrichioides* as Principal Causal Agents of Alimentary Toxic Aleukia)," *Mycotoxic Fungi, Mycotoxins, Mycotoxicoses: An Encyclopedic Handbook*, vol. 3, *Mycotoxicoses of Man and Plants: Mycotoxin Control and Regulatory Practices*, ed. Thomas D. Wyllie and Lawrence G. Morehouse(New York: Marcel Dekker, 1978), 21–86.

40. 20세기에 발생한 맥각 중독으로는 1927년 맨체스터에 거주하던 중앙 유럽 출신 유대인 이민자들과 1950년대 프랑스 남부 퐁 생 에스프리에서 250명의 중독자가 발생한 사례가 대표적이다. 맥각 중독은 퐁 생 에스프리 주민들을 괴롭혔던 정신병적 증상과 많은 부분이 일치하지만, 수은에 오염된 밀가루로 만든 빵도 또 다른 원인으로 제시되고 있다. 인도에서도 맥각 중독이 발생한 사례가 있고, 에티오피아에서도 지속적으로 발생하고 있다: Sarah Belser-Ehrlich, Ashley Harper, John Hussey, and Robert Hallock, "1900년 이후 인간과 소의 맥각 중독: 증상, 발생 그리고 규제(Human and Cattle Ergotism since 1900: Symptoms, Outbreaks, and Regulations)," *Toxicology and Industrial Health* 29, no. 4(2013): 307–316.

41. Noreddine Benkerroum, "아플라톡신의 만성 및 급성 독성: 작용 기전(Chronic and Acute

Toxicities of Aflatoxins: Mechanisms of Action)," *International Journal of Environmental Research and Public Health* 17, no. 2(2020): 423; Stephanie Kraft, Lisa Buchenauer, and Tobias Polte, "곰팡이, 마이코톡신과 불균형한 면역체계: 우려스러운 조합인가?(Mold, Mycotoxins and a Dysregulated Immune System: A Combination of Concern?)," *International Journal of Molecular Sciences* 22, no. 22(2021): 12269.

42. J. W. Bennett and M. Klich, "마이코톡신(Mycotoxins)," *Clinical Microbiology Reviews* 16, no. 3(2003): 497–516.

43. Yun Yun Gong, Sinead Watson, and Michael N. Routledge, "아플라톡신 노출이 인간의 건강에 미치는 영향: 역학연구에 대한 고찰(Aflatoxin Exposure and Associated Human Health Effects, a Review of Epidemiological Studies)," *Food Safety(Japan)* 4, no. 1(2016): 14–27.

44. Robert J. Lee, Alan D. Workman, Ryan M. Carey, Bei Chen, Philip L. Rosen, Laurel Doghramji, Nithin D. Adappa, et al., "진균 아플리톡신이 호흡기 점막의 섬모 기능을 저하시킨다(Fungal Aflatoxins Reduce Respiratory Mucosal Ciliary Function)," *Scientific Reports* 6(2016): 33221.

45. 하버드 공중보건대학의 저명한 교수인 해리엇 버지(Dr. Harriet Burge)는 호흡기를 통해 들어오는 시간당 포자의 수를 계산함으로써 곰팡이로 파괴된 집에서 흡입에 의해 마이코톡신 노출이 발생할 가능성은 상당히 낮다는 것을 보여주었다: Harriet A. Burge, "균: 독성 살인자인가 아니면 그저 피할 수 없는 귀찮은 존재인가?(Fungi: Toxic Killers or Unavoidable Nuisances?)," *Annals of Allergy, Asthma, and Immunology* 87(2001): 52–56.

46. Nicholas P. Money, *Carpet Monsters and Killer Spores: A Natural History of Toxic Mold*(New York: Oxford University Press, 2004).

47. Joan W. Bennett, "내 집을 먹어버리는 균류(The Fungi That Ate My House)," *Science* 349(2015): 1018; Arati A. Inamdar, Shannon Morath, and Joan W. Bennett, "균의 휘발성 유기화합물: 단순히 불쾌한 냄새 이상일까?(Fungal Volatile Organic Compounds: More Than Just a Funky Smell?)," *Annual Review of Microbiology* 74, no. 1(2020): 101–116.

48. Nandhitha Venkatesh and Nancy P. Keller, "박테리아와 균류의 대화에 등장하는 마이코톡신(Mycotoxins in Conversation with Bacteria and Fungi)," *Frontiers in*

Microbiology 10(2019): 403; Daniel G. Panaccione, "진균 속 맥각 알칼로이드의 다양성의 기원과 의미(Origins and Significance of Ergot Alkaloid Diversity in Fungi)," *FEMS Microbiology Letters* 251, no. 1(2005): 9–17.
49. 마이코톡신의 강력한 효능은 늘 군사 전력가들의 관심사였고, 곰팡이는 의심할 바 없이 극비 생물무기 연구의 일부다. Mary K. Klassen-Fischer, "생물무기로서의 균(Fungi as Bioweapons)," *Clinics in Laboratory Medicine* 26, no. 2(2006): 387–395; Edyta Janik-Karpińska, Michał Ceremunga, Joanna Saluk-Bijak, and Michał Bijak, "생물 테러리즘을 위한 잠재적인 도구로서의 생물 독소(Biological Toxins as the Potential Tools for Bioterrorism)," *International Journal of Molecular Sciences* 20(2019): 1181.
50. Nicholas P. Money, *The Rise of Yeast: How the Sugar Fungus Shaped Civilization*(Oxford: Oxford University Press, 2018).

9장 꿈꾸다

1. Robert Alter, *The Hebrew Bible*, vol. 2, *Prophets*(New York: Norton, 2019), Ezekiel 1:15–17, pp. 1054–1055; Jacques M. Chevalier, *A Postmodern Revelation: Signs of Astrology and the Apocalypse*(Toronto: University of Toronto Press, 1997), 223–263; Shawn Z. Aster, "메소포타미아 멜람무에 대한 에제키엘의 해석(Ezekiel's Adaptation of Mesopotamian Melammu)," *Die Welt des Orients* 45, no. 1(2015): 10–21.
2. Flavie Waters, Jan D. Blom, Thien T. Dang-Vu, Allan J. Cheyne, Ben Alderson-Day, Peter Woodruff, and Daniel Collerton, "환각, 꿈, 그리고 입면기-각성기 경험 사이에 어떤 관련이 있는가?(What Is the Link between Hallucinations, Dreams, and Hypnagogic-Hypnopompic Experiences?)," *Schizophrenia Bulletin* 42, no. 5(2016): 1098–1109; Rainer Kraehenmann, "꿈과 환각: 신경현상학적 비교와 치료적 함의(Dreams and Psychedelics: Neurophenomenological Comparison and Therapeutic Implications)," *Current Neuropharmacology* 15, no. 7(2017): 1032–1042; Camila Sanz, Federico Zamberlan, Earth Erowid, Fire Erowid, and Enzo Tagliazucchi, "환각제가 유발하는 경험은 대규모 정신활성 물질 보고서 데이터베이스에 기록된 꿈과 가장 높은 유사성을 나타낸다(The Experience Elicited by Hallucinogens Presents the Highest

Similarity to Dreaming within a Large Database of Psychoactive Substance Reports)," *Frontiers in Neuroscience* 12(2018): 7; Benjamin Baird, Sergio A. Mota-Rolim, and Martin Dresler, "자각몽의 인지신경학(The Cognitive Neuroscience of Lucid Dreaming)," *Neuroscience and Biobehavioral Reviews* 100(2019): 305–323. 자각몽은 꿈을 꾸는 동안 자신이 꿈을 꾸고 있다는 것을 인식하는 단계에서의 꿈을 말한다. 그러나 우주가 빙빙 돌아가는 듯한 환상적이고 생생한 꿈과 자각몽 사이에 뚜렷한 차이가 있는 것 같지는 않다.

3. 실로시빈은 세로토닌보다 쉽게 세포막을 통과해 신경세포 내부의 수용체 단백질과 결합한다. 세로토닌은 밖에 남는다. 버섯 알칼로이드가 신경계에 더 오래 영향을 미치는 이유를 이것으로 설명할 수도 있다: Maxemiliano V. Vargas, Lee E. Dunlap, Chunyang Dong, Samuel J. Carter, Robert J. Tombari, Shekib A. Jami, Lindsay P. Cameron, et al., "환각제는 세포 내 5-HT2A 수용체의 활성화를 통해 신경가소성을 촉진한다(Psychedelics Promote Neuroplasticity through the Activation of Intracellular 5-HT2A Receptors)," *Science* 379(2023): 700–706.
4. Jiawei Zhang, "뇌의 기본 신경단위: 뉴런, 시냅시스 그리고 활동전위(Basic Neural Units of the Brain: Neurons, Synapses and Action Potential)," May 30, 2019, arXiv:1906.01703.
5. 뇌를 컴퓨터에 비유하는 것은 적절한 비유지만, 은유의 한계는 인식할 필요가 있다. 디지털 컴퓨터와는 달리, 우리의 뇌는 아날로그 장치다. 정보 처리를 통해 정확한 불변의 답을 출력하는 것이 아니라 다수의 출처로부터 정보를 수집해 적절한 답을 찾아내는 것이다. 디지털에 비유한 설명은 세포 수준에서 더 유용하다. 뇌의 각 신경세포는 들어오는 전기신호를 전달하거나 차단하는 두 가지 방향으로 제한되기 때문이다: Romaine Brette, "컴퓨터로서의 뇌: 은유, 비유, 이론인가 사실인가?(Brains as Computers: Metaphor, Analogy, Theory or Fact?)," *Frontiers in Ecology and Evolution* 10(2022): 878729; Blake A. Richards, and Timothy P. Lillicrap, "뇌-컴퓨터 데이터베이스의 은유는 무용하다: 의미론적 문제(The Brain-Computer Metaphor Debate Is Useless: A Matter of Semantics)," *Frontiers of Computer Science* 4(2022): 810358. 두개골 내부의 1.3킬로그램짜리 젤리는 전구 하나가 소비하는 정도의 에너지밖에 소비하지 않는 반면에 슈퍼컴퓨터는 냉방시설이 갖춰진 대형 공간에서 소도시 하나 정도의 전기를 소비한다는 사실도 주목할 만하다.

6. Drummond E.-W. McCulloch, Gitte M. Knudsen, Frederick S. Barrett, Manoj K. Doss, Robin L. Carhart-Harris, Fernando E. Rosas, Gustavo Deco, et al., "환각적 휴지 상태 신경영상: 모사와 창의적인 분석의 균형에 대한 고찰과 전망(Psychedelic Resting-State Neuroimaging: A Review and Perspective on Balancing Replication and Novel Analyses)," *Neuroscience and Biobehavioral Reviews* 138(2022): 104689.
7. N. L. Mason, K. P. C. Kuypers, F. Müller, J. Reckweg, D. H. T. Tse, S. W. Toennes, N. R. P. W. Hutten, et al., "나, 나 자신, 안녕: 글루타메이트의 국소적 변화와 실로시빈에 의한 자아 해체 경험(Me, Myself, Bye: Regional Alterations in Glutamate and the Experience of Ego Dissolution with Psilocybin,)" *Neuropsychopharmacology* 45(2020): 2003–2011.
8. Lea J. Mertens, Matthew B. Wall, Leor Roseman, Lysia Demetriou, David J. Nutt, and Robin L. Carhart-Harris, "실로시빈의 치료 기전: 치료저항성 우울증을 위한 실로시빈 처방 후 감정 처리 과정에서 편도체와 전두엽의 기능적 연결성에 나타난 변화(Therapeutic Mechanisms of Psilocybin: Changes in Amygdala and Prefrontal Functional Connectivity during Emotional Processing after Psilocybin for Treatment-Resistant Depression)," *Journal of Psychopharmacology* 34, no. 2(2020): 167–180. 편도체 또는 편도핵은 뇌 속 깊은 곳에 묻혀 있으면서 쌍을 이루는 뉴런 클러스터로, 기억을 처리하고 의사결정을 내리며 공포, 공격성, 불안을 제어하는 기관이다.
9. Nina Schimmel, Joost J. Breeksema, Sanne Y. Smith-Apeldoorn, Jolien Veraart, Wim van den Brink, and Robert A. Schoevers, "우울, 불안 그리고 질환 말기 환자의 실존적 고통을 치료하기 위한 환각제: 체계적 고찰(Psychedelics for the Treatment of Depression, Anxiety, and Existential Distress in Patients with a Terminal Illness: A Systematic Review)," *Psychopharmacology*(Berlin) 239, no. 1(2022): 15–33.
10. Gabrielle I. Agin-Liebes, Tara Malone, Matthew M. Yalch, Sarah E. Mennenga, K. Linnae Ponté, Jeffrey Guss, Anthony P. Bossis, et al., "생명을 위협하는 암 환자의 정신적·실존적 고통을 위한 실로시빈 보조 심리치료의 장기 추적 연구(Long-Term Follow-Up of Psilocybin-Assisted Psychotherapy for Psychiatric and Existential Distress in Patients with Life-Threatening Cancer)," *Journal of Psychopharmacology* 34, no. 2(2020): 155–166.
11. Erwin Krediet, Tijmen Bostoen, Joost Breeksema, Annette van Schagen, and Torsten

Passiedhk Eric Vermetten, "환각제의 PTSD 치료 가능성에 대한 고찰(Reviewing the Potential of Psychedelics for the treatment of PTSD)," *International Journal of Neuropsychopharmacology* 23, no. 6(2020): 385–400; Michael P. Bogenschutz, Stephen Ross, Snehal Bhatt, Tara Baron, Alyssa A. Forcehimes, Eugene Laska, Sarah E. Mennenga, et al., "성인 알코올 의존증 환자의 치료에서 실로시빈 보조 심리치료와 위약치료 이후 과음일수 비율: 무작위 임상시험(Percentage of Heavy Drinking Days Following Psilocybin-Assisted Psychotherapy vs Placebo in the Treatment of Adult Patients with Alcohol Use Disorder: A Randomized Clinical Trial)," *JAMA Psychiatry*(2022), doi:10.1001/jamapsychiatry.2022.2096; Meg J. Spriggs, Hannah M. Douglass, Rebecca J. Park, Tim Read,Jennifer L. Danby, Frederico J. C. de Magalhaes, Kirsty L. Alderton, et al., "'신경성 식욕부진증 치료제로서의 실로시빈: 예비 연구'에 대한 연구 프로토콜(Study Protocol for 'Psilocybin as a Treatment for Anorexia Nervosa: A Pilot Study,')" *Frontiers in Psychiatry* 12(2021): 735523.

12. Richard E. Daws, Christopher Timmermann, Bruna Giribaldi, James D. Sexton, Matthew B. Wall, David Erritzoe, Loer Roseman, et al., "우울증의 실로시빈 치료 후 뇌의 전반적 통합성 증가(Increased Global Integration in the Brain after Psilocybin Therapy for Depression)," *Nature Medicine* 28, no. 4(2022): 844–851; Ling-Xiao Shao, Clara Liao, Ian Gregg, Pasha A. Davoudian, Neil K. Savalia, Kristin Delagarza, and Alex C. Kwan, "실로시빈은 생체 내 전두엽에서 수상돌기 가시의 빠르고 지속적인 성장을 유도한다(Psilocybin Induces Rapid and Persistent Growth of Dendritic Spines in Frontal Cortex In Vivo,)" *Neuron* 109, no. 16(2021): 2535–2544.
13. Sean McClintock, "투자자들이 사이키델릭 헬스케어 기업에 눈을 돌리는 이유(Why Investors Are Turning toward Psychedelic Healthcare Companies)," *Fortune*, September.
14. "오리건주 실로시빈 서비스법 109조 요약: 2021년 12월 13-15일 청문회(Oregon Psilocybin Services Section Summary of Measure 109: Listening Session December 13–15, 2021)," Oregon Health Authority, December 2021, https://www.oregon.gov/oha/PH/PREVENTIONWELLNESS/Documents/M109-Summary-2021-Dec.pdf.
15. Andrew Selsky, "오리건주 유권자들, 11월 투표에서 두 가지 약물 관련 법안에 직면하다(Oregon Voters Face 2 Drug Measures on November Ballot)," *AP News*, November 4, 2020.

16. Theresa M. Carbonaro, Matthew P. Bradstreet, Frederick S. Barrett, Katherine A. MacLean, Robert Jesse, Matthew W. Johnson, and Roland R. Griffiths, "실로시빈 버섯 섭취 후의 힘든 경험에 대한 설문 연구: 급성 및 지속성의 긍정적·부정적 영향(Survey Study of Challenging Experiences after Ingesting Psilocybin Mushrooms: Acute and Enduring Positive and Negative Consequences)," *Journal of Psychopharmacology* 30, no. 12(2016): 1268–1278.

17. Andy Letcher, *Shroom: A Cultural History of the Magic Mushroom*(London: Faber and Faber, 2006).

18. O. T. Oss and O. N. Oeric, *Psilocybin: Magic Mushroom Grower's Guide*(Berkeley, CA: And/Or Press, 1976). Otos는 '절대로 만족할 수 없는'을 의미하는 그리스어에서 온 말이고 oneiric은 꿈을 일컫는 말이다. 공동 저자들의 이름은 매케나의 필명이다. 이 책의 서문은 매케나의 실명으로 실었다.

19. N. Milne, P. Thomsen, N. Molgaard Knudsen, P. Rubaszka, M. Kristensen, and I. Borodina, "실로시빈과 관련 트립타민 유도체의 신규 생산을 위한 사카로미세스 세레비지에의 대사공학(Metabolic Engineering of *Saccharomyces cerevisiae* for the *de Novo* Production of Psilocybin and Related Tryptamine Derivatives)," *Metabolic Engineering* 60(2020): 25–36; William J. Gibbons, Madeline G. McKinney, Philip J. O'Dell, Brooke A. Bollinger, and J. Andrew Jones, "자가양조 실로시빈: 의약용 실로시빈 생산의 새로운 방식이 오락용 실로시빈을 가능하게 할 수 있을까?(Homebrewed Psilocybin: Can New Routes for Pharmaceutical Psilocybin Production Enable Recreational Use?)," *Bioengineered* 12, no. 1(2021): 8863–8871.

20. Janis Fricke, Felix Blei, and Dirk Hoffmeister, "실로시빈 효소 합성(Enzymatic Synthesis of Psilocybin)," *Angewandte Chemie International Edition* 56, no. 40(2017): 12352–12355; R. C. Van Court, M. S. Wiseman, K. W. Meyer, D. J. Ballhorn, K. R. Amses, J. C. Slot, B. T. M. Dentinger, et al., "실로시빈 함유 균류의 다양성, 생물학, 그리고 역사: 연구와 기술적 개발을 위한 제언(Diversity, Biology, and History of Psilocybin-Containing Fungi: Suggestions for Research and Technological Development)," *Fungal Biology* 126, no. 4(2022): 308–319.

21. Hannah T. Reynolds, Vinod Vijayakumar, Emile Gluck-Thaler, Hailee Brynn Korotkin, Patrick Brandon Matheny, and Jason C. Slot, "수평적 유전자 클러스터 전이가 환각버

섯의 다양성을 촉진했다(Horizontal Gene Cluster Transfer Increased Hallucinogenic Mushroom Diversity)," *Evolution Letters* 2, no. 2(2018): 88–101.

22. Kevin McKernan, Liam Kane, Yvonne Helbert, Lei Zhang, Nathan Houde, and Stephen McLaughlin, "실로시빈 생산을 위한 소스로 81개 실로시베 게놈의 전체 지도(A Whole Genome Atlas of 81 *Psilocybe* Genomes as a Resource for Psilocybin Production)," *F1000Research* 10(2021): 961.
23. M. Hibicke and C. D. Nichols, "초파리의 강제 수영 테스트 검증 및 이를 활용한 실로시빈의 지속적인 항우울 효과 입증(Validation of the Forced Swim Test in *Drosophila*, and Its Use to Demonstrate Psilocybin Has Long-Lasting Antidepressant-Like Effects in Flies)," *Scientific Reports* 12(2022): 10019. 실로시빈은 아무런 탈출 수단도 없이 물에 빠진 초파리에게도 낙관주의를 부추기는 것으로 보인다. 이 실험은 생쥐를 물이 가득한 유리 실린더에 빠뜨려 절망감을 느끼게 하는 그다지 바람직하지 못한 실험의 축소형이다. 실험 대상들은 물 밖으로 나오기를 포기하기 전까지 바깥으로 나오려고 필사적으로 기어오르다가 결국은 물 위에 떠 있기라도 하려고 버둥거린다. 항우울제를 처방한 동물들은 이렇게 절망적인 상황에서도 더 오래 열심히 탈출을 시도한다. 마치 사람에게서 우울증이 진행되는 과정, 그리고 완화되는 과정과 유사하다. 생쥐와 쥐처럼, 실로시빈을 먹인 초파리도 몇 초 만에 탈출을 포기한 대조군보다 훨씬 오래 분투한다. 실험결과에 따르면 물에 빠진 초파리는 간간이 활동을 멈추고 움직이지 않는 상태를 보이는데, 실로시빈의 영향 아래에서는 움직이지 않는 기간이 단축되는 것으로 나타났다. 뿌리파리는 같은 방식으로 고통받지는 않았지만 그들의 뇌는 초파리와 유사하며, 우리의 뇌 또한 곤충들의 뇌와 동일한 세포 구성 요소로 이루어져 있다.
24. 주름버섯이 갖고 있던 포자는 대부분 바람에 의해 퍼져나가지만, 자실체를 먹은 곤충들에 의해 다른 장소로 퍼져나가기도 한다. 이 포자들은 곤충의 소화기관을 거쳐 배설물에 섞여 배출되며, 배설물에 섞여 있던 영양성분은 포자가 발아하여 균사체를 형성할 때 성장에 도움을 준다. 실로시빈의 곤충 유인 모델은 실로시빈 버섯들의 갓 부분에서 해당 화합물이 가장 높은 수준으로 존재한다는 사실로도 증명된다: Klára Gotvaldová, Kateřina Hájková, Jan Borovička, Radek Jurok, Petra Cihlářová, and Martin Kuchař, "환각성 버섯 실로시베 쿠벤시스의 생체 물질에서 나타난 실로시빈과 네 가지 유사체의 안정성(Stability of Psilocybin and Its Four Analogs in the Biomass of the Psychotropic Mushroom Psilocybe cubensis)," *Drug Testing and Analysis* 13(2021):

439–446.

25. Ali R. Awan, Jaclyn M. Winter, Daniel Turner, William M. Shaw, Laura M. Suz, Alexander J. Bradshaw, Tom Ellis, et al., "환각버섯에 의한 실로시빈 생합성의 수렴적 진화(Convergent Evolution of Psilocybin Biosynthesis by Psychedelic Mushrooms)," *bioRxiv*(2018), https://doi.org/10.1101/374199.
26. Brian Lovett, Raymond J. St. Leger, and Henrik H. de Fine, "병원체가 유도한 고요한 밤으로 편안하게 들어가기(Going Gentle into That Pathogen-Induced Goodnight)," *Journal of Invertebrate Pathology* 174(2020): 107398. "Pathogen-Induced Good Night"는 딜런 토머스의 시구를 인용한 것으로 보이며 문법적인 의미에서도 적절하다.
27. Greg R. Boyce, Emile Gluck-Thaler, Jason C. Slot, Jason E. Stajich, William J. Davis, Tim Y. James, John R. Cooley, et al., "행동을 변화시키는 매미 병원체 두 종류에서 유래한 식물 및 버섯 관련 향정신성 알칼로이드(Psychoactive Plant-and Mushroom-Associated Alkaloids from Two Behavior Modifying Cicada Pathogens)," *Fungal Ecology* 41(2019): 147–164.
28. Claudius Lenz, Jonas Wick, Daniel Braga, María García-Altares, Gerald Lackner, Christian Hertweck, Markus Gressler, et al., "손상에 의해 촉발되는 실로시베 '마법의 버섯'의 청변 반응(Injury-Triggered Blueing Reactions of *Psilocybe* "Magic" Mushrooms)," *Angewandte Chemie International Edition* 59, no. 4(2020): 1450–1454.
29. Quentin Carboué and Michel Lopez, "*Amanita muscaria*: Ecology, Chemistry, Myths," *Encyclopedia* 1(2021): 905–914.
30. 16세기 영어에서는 파리가 악마를 지칭하는 낯익은 용어였다. Reginald Scot, *The Discoverie of Witchcraft*(London: William Brome, 1584), "파리, 달리 말하면 악마 또는 마귀(a flie, otherwise called a divell or familiar)"(III, xv, p. 65), "*Beelzebub*는 파리의 제왕을 의미한다. 모든 단순한 것들을 거미줄로 포획하기 때문이다"(xix, p. 518). 우유에 적시거나 우유와 함께 끓인 이 버섯의 조각은 파리를 유인하여 무스시몰의 전구체 또는 프로드럭인 이보텐산에 중독시킨다: Mateja Lumpert and Samo Kreft, "아마니타 무스카리아로 파리 잡기: 슬로베니아의 전통 요리법과 이보텐산 추출의 효용성(Catching Flies with *Amanita muscaria*: Traditional Recipes from Slovenia and Their Efficacy in the Extraction of Ibotenic Acid)," *Journal of Ethnopharmacology* 187(2016): 1–8.

31. Jan D. Blom, "이상한 나라의 앨리스 신드롬: 체계적 고찰(Alice in Wonderland Syndrome: A Systematic Review)," *Neurology Clinical Practice* 6, no. 3(2016): 259–270.

32. L. Alison McInnes, Jimmy J. Qian, Rishab S. Gargeya, Charles DeBattista, and Boris D. Heifets, "실제 의료 환경에서 우울증에 대한 케타민 정맥주사 치료의 회고적 분석(A Retrospective Analysis of Ketamine Intravenous Therapy for Depression in Real-World Care Settings)," *Journal of Affective Disorders* 301(2022): 486–495.

33. Francesca I. Rampolli, Premiila Kamler, Claudio C. Carlino, and Francesca Bedussi, "기만적인 버섯: 우발적인 아마니타 무스카리아 중독(The Deceptive Mushroom: Accidental *Amanita muscaria* Poisoning)," *European Journal of Case Reports in Internal Medicine* 8, no. 3(2021): 002212. 표범버섯(*Amanita pantherina*) 중독을 일으키는 것도 똑같은 독소 때문이다: Leszek Satora, Dorota Pach, Krysztof Ciszowski, and Lidia Winnik, "표범버섯 중독 사례 보고와 고찰(Panther Cap *Amanita pantherina* Poisoning Case Report and Review)," *Toxicon* 47, no. 5(2006): 605–607.

34. 민속균학을 다룬 문헌은 매우 많다. 이 주제에 대해 관심은 있지만 익숙하지 않은 독자가 있다면, 간단하게 웹 서치만 해도 엄청난 양의 논문과 책, 팟캐스트를 발견할 수 있다. 다음과 같은 논문들도 전체적인 개관을 파악하는 데 도움이 된다: Giorgio Samorini, "호모사피엔스와 향정신성 식물의 관계를 증명하는 가장 오래된 고고학적 데이터: 전 세계적 고찰(The Oldest Archeological Data Evidencing the Relationship of *Homo sapiens* with Psychoactive Plants: A Worldwide Overview)," *Journal of Psychedelic Studies* 3, no. 2(2019): 63–80.

35. Alter, *Hebrew Bible*, vol. 2, Ezekiel 28: 13–14, p. 1136.

36. Robert Graves, "버섯, 신의 음식(Mushrooms, Food of the Gods)," *The Atlantic*, August 1957, https://www.math.uci.edu/~vbaranov /nicetexts/eng/mushrooms.html.

37. R. Gordon Wasson, *Soma: Divine Mushroom of Immortality*(New York: Harcourt, Brace & World, 1969); Kevin Feeney, "워슨의 소마를 다시 돌아보다: 광대버섯의 화학적 성질에 대한 준비 과정의 영향 탐구(Revisiting Wasson's Soma: Exploring the Effects of Preparation on the Chemistry of *Amanita Muscaria*)," *Journal of Psychoactive Drugs* 42, no. 4(2010): 499–506.

38. John M. Allegro, *The Sacred Mushroom and the Cross: A Study of the Nature and Origins of Christianity within the Fertility Cults of the Ancient Near East*(London: Hodder &

Stoughton, 1970).

39. C. F. Evans, "학자들과 신의 세계(The Scholars and the World of God)," *The Times*(London), November 11, 1971. 학자로서 알레그로의 조악한 면모를 보고 큰 충격을 받은 와슨은 이렇게 썼다. "그는 매우 부족한 정보를 바탕으로 성급하게 신뢰하기 어려운 결론을 내렸다. 히브리어, 그리스어의 기원이 수메르어라고 하는 것과 같은 얼토당토않은 주장을 한다면, 어떤 언어학자라도 귀담아듣지 않을 것이다. 수메르어에서 기원한 언어는 어디에도 없으며 수메르어의 기원이 어떤 언어였는지는 아무도 모른다." 이 비평은 다음의 문집에서 인용한 것이다: Jan Irvin, "알레그로의 비방(The Defamation of Allegro)," Jan Irvin, Andrew Rutajit, *Astrotheology and Shamanism*(San Diego: The Book Tree, 2005), 51–58, http://www.johnallegro.org/the-defamation-of-allegro-by-jan-irvin-excerpted-from-astrotheology-shamanism.

40. Jerry B. Brown, Julie M. Brown, *The Psychedelic Gospels: The Secret History of Hallucinogens in Christianity*(Rochester, VT: Park Street Press, 2016); "기독교 미술의 엔테오겐(Entheogens in Christian Art): 와슨, 알레그로 그리고 사이키델릭 가스펠(Wasson, Allegro, and the Psychedelic Gospels)," *Journal of Psychedelic Studies* 3, no. 2(2019): 142–163.

41. R. R. Griffiths, W. A. Richards, U. McCann, and R. Jesse, "실로시빈은 실질적이고 지속적인 사적 의미와 영적 중요성을 지닌 신비류의 체험을 유발할 수 있다(Psilocybin Can Occasion Mystical-Type Experiences Having Substantial and Sustained Personal Meaning and Spiritual Significance)," *Psychopharmacology* 187(2006): 268–283; R. R. Griffiths, W. A. Richards, M. W. Johnson, U. McCann, and R. Jesse, "실로시빈에 의해 유발된 신비류의 체험은 14개월 후 사적 의미와 영적 중요성의 속성을 완성한다," *Journal of Psychopharmacology* 22, no. 6(2008): 621–632.

42. Roland R. Griffiths, Ethan S. Hurwitz, Alan K. Davis, Matthew W. Johnson, and Robert Jesse, "주관적인 접신 체험에 대한 조사: 자연발생적인 체험과 고전적인 사이키델릭 실로시빈, LSD, 아야화스카 또는 DMT에 의해 유발된 경험의 비교(Survey of Subjective 'God Encounter Experiences': Comparisons among Naturally Occurring Experiences and Those Occasioned by the Classic Psychedelics Psilocybin, LSD, Ayahuasca, or DMT)," *PLoS ONE* 14, no. 4(2016): e0214377.

43. 약물 사용으로 유발된 신비적 체험의 해석에 관한 도발적이고 객관적인 기사를 원

한다면, Huston Smith의 기사를 볼 것. "약물은 종교적인 의미를 갖고 있는가?(Do Drugs Have Religious Import?)," *Journal of Philosophy* 61, no. 18(1964): 517–530.

44. Aldous Huxley, *The Doors of Perception & Heaven and Hell*(New York: Harper, 2009). 꽃꽂이에 대한 헉슬리의 묘사는 이 책의 16-17쪽에 나온다. 헉슬리는 책 제목을 윌리엄 블레이크(William Blake)의 「천국과 지옥의 결혼(*The Marriage of Heaven and Hell*, 1970년대에 쓴 미발표 시)」에서 따왔으며 짐 모리슨(Jim Morrison)도 자기 밴드의 이름을 여기서 따왔다. 마법의 버섯을 먹지 않은 상태에서 블레이크는 이렇게 썼다. "지각의 문이 정화된다면, 모든 것은 있는 그대로 인간에게 나타날 것이니, 그것은 무한하다."

45. Aldous Huxley, *Brave New World*(London: Chatto and Windus, 1932), and *Brave New World Revisited*(New York: Harper, 1958).

46. Robin L. Carhart-Harris, Robert Leech, Peter J. Hellyer, Murray Shanahan, Amanda Feilding, Enzo Tagliazucchi, Dante R. Chialvo, et al., "뇌 엔트로피: 환각제 연구를 바탕으로 신경영상학이 밝힌 의식 상태 이론(The Entropic Brain: A Theory of Conscious States Informed by Neuroimaging Research with Psychedelic Drugs)," *Frontiers in Human Neuroscience* 8(2014): 20; Rubén Herzog, Pedro A. M. Mediano, Fernando E. Rosas, Robin Carhart-Harris, Yonatan S. Prl, Enzo Tagliazucchi, and Rodrigo Cofre, "환각제 유도성 신경 엔트로피 증가의 기계적 모델(A Mechanistic Model of the Neural Entropy Increase Elicited by Psychedelic Drugs)," *Scientific Reports* 10(2020): 17725.

47. Steven D. Hollon, Paul W. Andrews, Daisy R. Singla, Marta M. Maslej, and Benoit H. Mulsant, "우울증 치료와 진화론: 중요한 것은 오징어와 농어(Evolutionary Theory and the Treatment of Depression: It Is All About the Squids and the Sea Bass)," *Behavior Research and Therapy* 143(2021): 103849.

48. Robert Burton, *The Anatomy of Melancholy*(Oxford: John Litchfield and James Short, for Henry Cripps, 1621), Part II, Sect. 3. 인용문의 출전은 Horace's Odes, I.24.

49. Chris Paling, *A Very Nice Rejection Letter: Diary of a Novelist*(London: Constable, 2021), 151.

50. W. Steven Gilbert, *The Life and Work of Dennis Potter*(Woodstock, NY: Overlook Press, 1998), 294.

51. 미량 복용은 당면 과제를 처리하는 데 실질적인 영향을 받지 않으면서도 해당 약

물에서 기대되는 창의적인 효과를 누릴 수 있는 좋은 방법이다: Federico Cavanna, Stephanie Muller, Laura A. de la Fuente, Federico Zamberlan, Matías Palmucci, Lucie Janeckova, Martin Kuchar, et al., "실로시빈 버섯 미량 복용: 이중맹검-위약 대조연구(Microdosing with Psilocybin Mushrooms: A Double-Blind Placebo-Controlled Study)," *Translational Psychiatry* 12(2022): 307. 안타깝게도 이 연구는 미량 복용이 위약효과를 뛰어넘을 정도로 웰빙, 창의성 또는 인지기능을 증가시킨다는 증거를 찾지 못했다.

10장 재활용하다

1. Stephen R. Kane, Zhexing Li, Eric T. Wolf, Colby Ostberg, and Michelle L. Hill, "Kepler-1649 행성계에서 이심률에 의해 유발된 기후 효과(Eccentricity Driven Climate Effects in the Kepler-1649 System)," *Astronomical Journal* 161, no. 1(2020): 31. Kepler 1649c는 지구에서 3천 조 킬로미터 떨어져 있으며 유인 또는 무인 우주선으로 탐사하기 위해서는 6백만 년이 걸린다.
2. Yinon M. Bar-On, Rob Phillips, and Ron Milo, "지구의 생물량 분포(The Biomass Distribution on Earth)," *Proceedings of the National Academy of Sciences USA* 115, no. 25(2018): 6506–6511. 식물은 생물권 전체 무게의 80퍼센트를 차지한다. 2퍼센트는 균류가 차지하며 동물이 차지하는 무게는 모든 생물학적 무게의 1퍼센트에도 미치지 못한다. 육상 식물이 식물 무게의 대부분을 구성하며 식물 무게의 3분의 1은 균류와 균근을 형성하는 뿌리에 있다.
3. 20세기에는 수십억 그루의 느릅나무와 미국너도밤나무가 떼죽음을 당했고 오늘날에는 유칼립투스와 소나무가 녹병균에 시달리고 있다. Roderick J. Fensham and Julian Radford-Smith, "진균병에 의한 전례없는 나무들의 떼죽음(Unprecedented Extinction of Tree Species by Fungal Disease)," *Biological Conservation* 261(2021): 109276; Erin Shanahan, Kathryn M. Irvine, David Thoma, Siri Wilmoth, Andrew Ray, Kristin Legg, and Henry Shovic, "흰소나무 수포병, 산악 소나무 벌레 발생, 그리고 물 가용성과 연관된 흰껍질 소나무의 고사(Whitebark Pine Mortality Related to White Pine Blister Rust, Mountain Pine Beetle Outbreak, and Water Availability)," *Ecosphere* 7, no.

12(2016): e01610. 이러한 팬데믹 질병은 세계적인 무역에 의해 확산되고 기후변화로 더욱 악화된다.

4. N. C. Johnson, J. H. Graham, and F. A. Smith, "상리공생-기생 연속선에서의 균근 상호작용의 기능(Functioning of Mycorrhizal Associations along the Mutualism-Parasitism Continuum)," *New Phytologist* 135, no. 4(1997): 575–586; Nancy-Collins Johnson and James H. Graham, "연속성 개념은 여전히 균근 기능 연구를 위한 유용한 틀이다(The Continuum Concept Remains a Useful Framework for Studying Mycorrhizal Functioning)," *Plant and Soil* 363(2013): 411–419; Marc-André Selosse, Laure Schneider-Maunoury, and Florent Martos, "균 생태학을 다시 생각할 때? 균의 행태학적 틈새는 종종 편견에 휩싸인다(Time to Re-Think Fungal Ecology? Fungal Ecological Niches Are Often Prejudged)," *New Phytologist* 217(2018): 968–972. 한없이 유익하다고만 여겨지던 균근 곰팡이조차도 식물에 대한 이타심에서 벗어나 숙주에 대해 적대적으로 변하여 기생 생물로 행동할 수 있다. 트러플은 참나무, 헤이즐넛과 외생균근 관계를 형성하며, 흙 속의 영양분을 두고 경쟁하는 잡초와 풀에 기생하여 브륄레(brûlés)라 불리는 숙주 주변의 깨끗한 구역을 만들어낸다: I. Plattner, and I. R. Hall, "균근 곰팡이 페리고르 트러플에 의한 비숙주 식물의 기생(Parasitism of Non-Host Plants by the Mycorrhizal Fungus *Tuber melanosporum*)," *Mycological Research* 99, no. 11(1995): 1367–1370. 송이버섯 종은 특히 포괄적인 생태적 역할을 하는 것으로 보이며 상리공생자로서, 기생자로서, 그리고 죽은 뿌리를 분해하는 부생자로서 영양을 섭취한다: Wang Yun, Ian R. Hall, and Lynley A. Evans, "식용자실체를 만드는 외생균근성 진균 1. 송이버섯과 관련 균류(Ectomycorrhizal Fungi with Edible Fruiting Bodies 1. *Tricholoma matsutake* and Related Fungi)," *Economic Botany* 51, no. 3(1997): 311 – 327; Lin-Min Vaario, Taina Pennanen, Tytti Sarjala, Eira-Maija Savonen, and Jussi Heinonsalo, "핀란드의 주요 침엽수 두 종과 송이버섯의 두 침엽수와 송이버섯(Tricholoma matsutake)의 외생균근화—시험관 내 균근 형성 평가(Ectomycorrhization of Tricholoma matsutake and Two Major Conifers in Finland—An Assessment of In Vitro Mycorrhiza Formation)," *Mycorrhiza* 20, no. 7(2010): 511–518; Wang Yun, "송이버섯: 천연 생물학적 비료인가?(Matsutake: A Natural Biofertilizer?)," in *Handbook of Microbial Fertilizers*, ed. M. K. Rai(Binghamton, NY: Food Products Press, 2006), 497–541.

5. Suzanne W. Simard, David A. Perry, Melanie D. Jones, David D. Myrold, Daniel M. Durall, and Randy Molina, "현장에서 외생균근 수종 간 탄소의 순이동(Net Transfer of Carbon between Ectomycorrhizal Tree Species in the Field)," *Nature* 388(1997): 579–582. 이 고전적인 연구가 발표되었을 때 나무들 사이에서 영양소 이동에 미치는 균의 중요성에 의문이 제기되었으며, 이 문제는 여전히 논란의 여지가 있다: David Robinson and Alastair Fitter, "균근 공통 네트워크로 연결된 식물 간 탄소 이동의 규모와 제어(The Magnitude and Control of Carbon Transfer between Plants Linked by a Common Mycorrhizal Network)," *Journal of Experimental Botany* 50, no. 330(1999): 9–13; Monika A. Gorzelak, Benjamin H. Ellert, and Leho Tedersoo, "균근은 성숙 단계의 혼합림에서 탄소를 이동시킨다(Mycorrhizas Transfer Carbon in a Mature Mixed Forest)," *Molecular Ecology* 29(2020): 2315–2317; Justine Karst, Melanie D. Jones, and Jason D. Hoeksema, "긍정적 인용 편향과 과도한 해석이 숲의 균근 공통 네트워크에 대한 잘못된 정보를 불러온다(Positive Citation Bias and Overinterpreted Results Lead to Misinformation on Common Mycorrhizal Networks in Forests)," *Nature Ecology and Evolution*(2023), https://doi.org/10.1038/s41559-023-01986-1.
6. Thomas I. Wilkes, "농업에서의 수지상균근 곰팡이(Arbuscular Mycorrhizal Fungi in Agriculture)," *Encyclopedia* 1(2021): 1132–1154; Manjula Novindarajulu, Philip E. Pfeffer, Hairu Jin, Jehad Abubaker, David D. Douds, James W. Allen, Heike Bücking, et al., "수지상 균근 공생에서 질소 이동(Nitrogen Transfer in the Arbuscular Mycorrhizal Symbiosis)," *Nature* 435(2005): 819–823; Joanne Leigh, Angela Hodge, and Alastair H. Fitter, "수지상 균근 곰팡이는 유기물에서 자신의 숙주 식물로 상당한 양의 질소를 전달할 수 있다(Arbuscular Mycorrhizal Fungi Can Transfer Substantial Amounts of Nitrogen to Their Host Plant from Organic Material)," *New Phytologist* 181, no. 1(2009): 199–207; Sally E. Smith, Iver Jakobsen, Mette Gronlund, F. Andrew Smith, "식물의 인 영양에서 수지상균근의 역할: 수지상균근 내 인 흡수 경로 간의 상호작용은 식물의 인 획득을 이해하고 조절하는 데 중요한 함의를 가진다," *Plant Physiology* 156, no. 3(2011): 1050–1057; Kevin Garcia and Sabine D. Zimmermann, "식물의 칼륨 영양에서 균근 상호작용의 역할(The Role of Mycorrhizal Associations in Plant Potassium Nutrition)," *Frontiers in Plant Science* 5(2014): 337.
7. Ruairidh J. H. Sawers, M. Rosario Ramírez-Flores, Víctor Olalde-Portugal, and Uta

Paszkowski, "곡물에서의 수지상균근 공생에 대한 작물 재배화와 품종 개량의 영향: 유전학 및 유전체학적 통찰(The Impact of Domestication and Crop Improvement on Arbuscular Mycorrhizal Symbiosis in Cereals: Insights from Genetics and Genomics)," *New Phytologist* 220, no. 4(2018): 1135–1140; Jeremiah A. Henning, Evan Weiher, Yali D. Lee, Deborah Freund, Artur Stefanski, and Stephen P. Bentivenga, "인공 초원에서의 균근 곰팡이 포자 군집 구조(Mycorrhizal Fungal Spore Community Structure in a Manipulated Prairie)," *Restoration Ecology* 26(2018): 124–133.

8. Laura A. Bolte, Arnau V. Vila, Floris Imhann, Valerie Collij, Ranko Gacesa, Vera Peters, Cisca Wijmenga, et al., "장내 미생물 군집의 친염증성과 항염증적 특성은 장기적인 식습관과 관련이 있다(Long-Term Dietary Patterns Are Associated with Pro-Inflammatory and Anti-Inflammatory Features of the Gut Microbiome)," *Gut* 70, no. 7(2021): 1287–1298; Bernard Srour, Melissa C. Kordahi, Erica Bonazzi, Mélanie Deschasaux-Tanguy, Mathilde Touvier, and Benoit Chassaing, "초가공식품과 인간 건강: 역학적 증거에서 기전적 통찰까지(Ultra-Processed Foods and Human Health: From Epidemiological Evidence to Mechanistic Insights)," *Lancet Gastroenterology and Hepatology* 7(2022): 1128–1140. 패스트푸드 식단이 장내 균에 미치는 영향은 쥐를 대상으로 한 연구를 통해서도 명확하게 추론할 수 있다(5장 참조)(The explicit effect of a fast-food diet on the gut fungi is inferred from studies on mice): Tahliyah S. Mims, Qusai Abdallah, Justin D. Stewart, Sydney P. Watts, Catrina T. White, Thomas V. Rousselle, Ankush Gosain, et al., "건강한 쥐의 장내 마이코바이옴은 환경에 의해 형성되며, 식단에 따른 대사 결과와도 상관관계를 보인다(The Gut Mycobiome of Healthy Mice Is Shaped by the Environment and Correlates with Metabolic Outcomes in Response to Diet)," *Communications Biology* 4, no. 1(2021): 281; Jata Shankar, "식습관과 관련된 진균군의 구성 및 이들이 인간의 건강에 미치는 영향(Food Habit Associated Mycobiota Composition and Their Impact on Human Health)," *Frontiers in Nutrition* 8(2021): 773577.

9. Karin Hage-Ahmed, Kathrin Rosner, and Siegred Steinkellner, "수지상균근 곰팡이와 농약에 대한 반응(Arbuscular Mycorrhizal Fungi and Their Response to Pesticides)," *Pest Management* 75, no. 3(2019): 583–590; Anna Edlinger, Gina Garland, Kyle Hartman, Samiran Banerjee, Florine Degrune, Pablo García-Palacios, Sara Hallin,

et al., "농업의 경영과 농약 사용은 유익한 식물 공생체의 기능을 저하시킨다(Agricultural Management and Pesticide Use Reduce the Functioning of Beneficial Plant Symbionts)," *Nature Ecology and Evolution* 6(2022): 1145–1154; Gavin Duley, and Emanuele Boselli, "살균제 사용으로 손상된 식물과 균의 상호 공생(Mutual Plant-Fungi Symbiosis Compromised by Fungicide Use)," *Communications Biology* 5(2022): 1069.

10. Megan H. Ryan and James Graham, "농부들이 작물 관리 시 수지상균근 진균의 풍부함이나 다양성을 고려해야 한다는 근거는 거의 없다(Little Evidence That Farmers Should Consider Abundance or Diversity of Arbuscular Mycorrhizal Fungi When Managing Crops)," *New Phytologist* 220, no. 4(2018): 1092–1107; Matthias C. Rillig, Carlos A. Aguilar-Trigueros, Tessa Camenzind, Timothy R. Cavagnaro, Florine Degrune, Pierre Hohmann, Daniel R. Lammel, et al., "농부들이 수지상균근 공생을 관리해야 하는 이유(Why Farmers Should Manage the Arbuscular Mycorrhizal Symbiosis)," *New Phytologist* 222, no. 3(2019): 1171–1175.

11. Zahangir Kabir, "경운 또는 무경운: 균근에 미치는 영향(Tillage or No-Tillage: Impact on Mycorrhizae)," *Canadian Journal of Plant Science* 85, no. 1(2015): 23–29; Xingli Lu, Xingneng Lu, and Yuncheng iao, "경운 농법이 토양 수지상균근 진균의 다양성과 토양 집합체 연관 탄소 함량에 미치는 영향(Effect of Tillage Treatment on the Diversity of Soil Arbuscular Mycorrhizal Fungal and Soil Aggregate-Associated Carbon Content)," *Frontiers in Microbiology* 9(2018): 2986; Chen Zhu, Ning Ling, Junjie Guo, Min Wang, Shiwei Guo, and Qirong Shen, "비료 시비 방식이 옥수수 근권 토양 내 수지상균근 진균(AMF)의 군집 구성에 미치는 영향은 유기물 조성과 상관관계를 보였다(Impacts of Fertilization Regimes on Arbuscular Mycorrhizal Fungal(AMF) Community Composition Were correlated with Organic Matter Composition in Maize Rhizosphere Soil)," *Frontiers in Microbiology* 7(2016): 1840.

12. Ines Rocha, Isabel Duarte, Ying Ma, Pablo Souza-Alonso, Aleš Látr, Miroslav Vosátka, Helena Freitas, et al., "수지상균근 곰팡이를 활용한 병아리콩 종자 코팅으로 농지 생산성을 향상시켰다(Seed Coating with Arbuscular Mycorrhizal Fungi for Improved Field Production of Chickpea)," *Agronomy* 9(2019): 471.

13. M. Eric Benbow, Philip S. Barton, Michael D. Ulyshen, James C. Beasley, Travis L.

DeVault, Michael S. Strickland, Jeffery K. Tomberlin, et al., "자가영양 및 종속영양 기원 유기물의 분해 생태학을 연결하는 네크로바이옴 프레임워크(Necrobiome Framework for Bridging Decomposition Ecology of Autotrophically and Heterotrophically Derived Organic Matter)," *Ecological Monographs* 89, no. 1(2019): e01331; Peter G. Kennedy and François Maillard, "토양균 네크로바이옴에 대해 알려진 것과 알려지지 않은 것들(Knowns and Unknowns of the Soil Fungal Necrobiome)," *Trends in Microbiology* 31, no. 2(2023): 173–180.

14. J. J. C. Sidrim, R. E. Moreira Filho, R. A. Cordeiro, M. F. G. Rocha, E. P. Caetano, A. J. Monteiro, and R. S. N. Brilhante, "부검 조사 도구로서 진균 미생물군의 역학: 아스페르길루스, 페니실륨, 칸디다 종을 중심으로(Fungal Microbiota Dynamics as a Postmortem Investigation Tool: Focus on *Aspergillus, Penicillium* and *Candida* Species)," *Journal of Applied Microbiology* 108(2010): 1751–1756; Xiaoliang Fu, Juanjuan Guo, Dmitrijs Finkelbergs, Jing He, Lagabaiyila Zha, Yadong Guo, and Jifeng Cai, "포유류 사체 분해 과정에서 균의 천이와 잠재적인 법의학적 의미(Fungal Succession during Mammalian Cadaver Decomposition and Potential Forensic Implications)," *Scientific Reports* 9(2019): 12907.
15. Zohreh Shariatinia, "죽음에 대한 하이데거의 생각(Heidegger's Ideas about Death)," *Pacific Science Review B: Humanities and Social Sciences* 1, no. 2(2015): 92–97. 이란의 한 학자가 쓴 이 짧은 논문은 철학적인 전문용어 없이 죽음에 대한 하이데거 사상의 핵심을 다루고 있다.
16. Katie Rogers, "버섯 수트, 생분해성 유골함, 그리고 죽음의 그린 프론티어(Mushroom Suits, Biodegradable Urns and Death's Green Frontier)," *New York Times*, April 22, 2016.
17. 해적에 관한 비유는 생물학적 사실을 설명하는 데 매우 유용하다: Nicholas P. Money and Mark W. F. Fischer, "단세포 아메바의 무게는 얼마나 되며, 그것이 중요한 이유는 무엇인가?(What Is the Weight of a Single Amoeba and Why Does It Matter?)," *American Biology Teacher* 83, no. 9(2021): 571–574.
18. Thomas Terberger, Mikhail Zhilin, and Svetlana Savchenko, "유라시아 초기 예술의 맥락에서 본 시기르 아이돌(The Shigir Idol in the Context of Early Art in Eurasia)," *Quaternary International* 573 (2021): 1–3.

19. Joëlle Dupont, Claire Jacquet, Bruno Dennetiere, Sandrine Lacoste, Faisl Bousta, Genevieve Orial, Corinne Cruaud, et al., "프랑스의 구석기 시대 라스코 동굴에 침입한 푸사리움 솔라니 종 복합체(Invasion of the French Palcolithic Painted Cave of Lascaux by Members of the *Fusarium solani* Species Complex)," *Mycologia* 99, no. 4(2007): 526–533.

20. Pedro Martin-Sanchez, Alena Novakova, Fabiola Bastian, Claude Alabouvette, and Cesareo Saiz-Jimenez, "프랑스 라스코 동굴의 검은 얼룩에서 분리된 오크로코니스 속의 신종 두 종, O. lascauxensis와 O. anomala(Two New Species of the Genus *Ochroconis, O. lascauxensis* and *O. anomala* Isolated from Black Stains in Lascaux Cave, France)," *Fungal Biology* 116(2012): 574–589.

21. Laura Zucconi, Fabiana Canini, Daniela Isola, and Giulia Caneva, "역사적 가치가 있는 벽화에 영향을 미치는 곰팡이: 전 세계적으로 발견된 다양성에 대한 메타분석: Fungi Affecting Wall Paintings of Historical Value: A Worldwide Meta-Analysis of Their Detected Diversity," *Applied Sciences* 12(2022): 2988.

22. Nahid Akhtar and M. Amin-Ul Mannan, "균을 이용한 정화: 환경오염 물질 제거(Mycoremediation: Expunging Environmental Pollutants)," *Biotechnology Reports(Amsterdam)* 26(2020): e00452; A. Arun, and M. Eyini, "담자균류에 의한 리그닌과 다환방향족탄화수소 분해에 대한 비교 연구(Comparative Studies on Lignin and Polycyclic Aromatic Hydrocarbons Degradation by Basidiomycetes Fungi)," *Bioresource Technology* 102, no. 17(2011): 8063–8070.

23. Roc Tkavc, Vera Y. Matrosova, Olga E. Grichenko, Cene Gostinčar, Robert P. Volpe, Polina Klimenkova, Elena K. Gaidamakova, et al., "산성 방사성 폐기물 부지의 균류 생물 복원에 대한 전망: *Rhodotorula taiwanensis* MD1149의 특성화 및 유전체 서열 분석(Prospects for Fungal Bioremediation of Acidic Radioactive Waste Sites: Characterization and Genome Sequence of *Rhodotorula taiwanensis* MD1149)," *Frontiers in Microbiology* 8(2018): 2528. 이 연구의 대상은 사상균이 아니라 효모로, 효모는 감마 방사선에 대한 내성이 특히 강하다.

24. Anna Lowenhaupt Tsing, *The Mushroom at the End of the World: On the Possibility of Life in Capitalist Ruins*(Princeton, NJ: Princeton University Press, 2015); Alison Pouliot, *The Allure of the Fungi*(Clayton South, Australia: CSIRO Publishing, 2018).

25. A. Johnson, "블랙풋 인디언의 북서부 대평원 식물 활용법(Blackfoot Indian Utilization of the Flora of the Northwestern Great Plains)," *Economic Botany* 24(1970): 301–324; William R. Burk, "북아메리카 원주민들의 말불버섯 사용법(Puffball Usages among North American Indians)," *Journal of Ethnobiology* 3(1983): 55–62.
26. 균에 대한 연구는 1729년 미켈리의 『식물의 새로운 속*(Nova Plantarum Genera)*』이 출판되면서부터였다(7장 주석 32번 참조). Corrado Nai and Vera Meyer, "아름다움과 기괴함: 현대 예술에서 영감의 원천으로서의 균류(The Beauty and the Morbid: Fungi as Source of Inspiration in Contemporary Art)," *Fungal Biology and Biotechnology* 3(2016): 10; Regine Rapp, "마이코휴먼 퍼포먼스에 대하여: 현대 예술 연구에서의 균류(On Mycohuman Performances: Fungi in Current Artistic Research)," *Fungal Biology and Biotechnology* 6(2019): 22.
27. Ofer Grunwald, Ety Harish, and Nir Osherov, "아스페르길루스 니둘란스를 활용한 새로운 형태의 균류 예술 개발(Development of Novel Forms of Fungal Art Using Aspergillus nidulans)," *Journal of Fungi* 7, no. 12(2021): 1018.
28. Emily Farra, "당신이 헛것을 보는 게 아니다: 균이 패션을 점령하고 있다(You Aren't Tripping: Fungi Are Taking Over Fashion)," *Vogue*, April 2, 2021.
29. Patricia Kaishian and Hasmik Djoulakian, "지하의 과학: 균학이라는 퀴어 학문(The Science Underground: Mycology as a Queer Discipline)," *Catalyst: Feminism, Theory, Technoscience* 6, no. 2 (2020): 1–26.
30. Nicholas P. Money, "부고: 세실 테런스 잉골드(1905–2010)(Obituary: Cecil Terence Ingold)," *Nature* 465(2010): 1025.
31. Martin Grube, Ester Gaya, Havard Kauserud, Adrian M. Smith, Simon Avery, Sara J. Fernstad, Lucia Muggia, et al., "차세대 균 다양성 연구(The Next Generation Fungal Diversity Researcher)," *Fungal Biology Reviews* 31, no. 3(2017): 124–130.
32. Nicholas P. Money, "균사와 균사체의 의식: 균의 마음이라는 개념(Hyphal and Mycelial Consciousness: The Concept of the Fungal Mind)," *Fungal Biology* 125, no. 4(2021): 257–259; Kristin Aleklett and Lynne Boddy, "균의 행동: 행동 생태학의 새로운 영역(Fungal Behaviour: A New Frontier in Behavioural Ecology)," *Trends in Ecology and Evolution* 36, no. 9(2021): 787–796. 뇌 조직 1세제곱센티미터 또는 1밀리리터에는 6,800만 개의 뉴런이 들어 있으며, 이는 동일한 부피의 토양에 최대한 밀집될 수 있

는 균사의 수와 비슷하다.

33. Mohammad Mahdi Dehshibidhk Andrew Adamatzky, "균의 전기 활동: 신호 검출 및 복잡도 분석(Electrical Activity of Fungi: Spikes Detection and Complexity Analysis)," *Biosystems* 203(2021): 104373; Andrew Adamatzky, "균 전기신호 활동에서 유래한 균의 언어(Language of Fungi Derived from Their Electrical Spiking Activity)," *Royal Society Open Science* 9, no. 4(2022): 211926.
34. Rhawn G. Joseph, Richard Armstrong, Xinli Wei, Carl Gibson, Olivier Planchon, David Duvall, Ashraf M. T. Elewa, et al., "화성의 균? 연속 이미지에서 나타나는 성장과 행동의 증거(Fungi on Mars? Evidence of Growth and Behavior from Sequential Images)," *Journal of Cosmology* 29, no. 4(2021): 480–550.
35. 사람의 혈액 샘플에서 나온 DNA 프로파일은 1,000도 섭씨에서 소각된 후에도 복구될 수 있다: A. Klein, O. Krebs, A. Gehl, J. Morgner, L. Reeger, C. Augustin, and C. Edler, "열에 노출된 후 혈액 및 DNA 흔적의 검출(Detection of Blood and DNA Traces after Thermal Exposure)," *International Journal of Legal Medicine* 132, no. 4(2018): 1025–1033.
36. Gerald R. Taylor, Mary R. Henney, and Walter L. Ellis, "아폴로 우주비행사들의 자생균 변화(Changes in the Fungal Autoflora of Apollo Astronauts)," *Applied Microbiology* 26, no. 5(1973): 804–813.
37. Adriana Blachowicz, Snehit Mhatre, Nitin K. Singh, Jason M. Wood, Ceth W. Parker, Cynthia Ly, Daniel Butler, et al., "우주선 조립 클린룸과 연관된 희귀 마이코바이옴의 분리 및 특성화(The Isolation and Characterization of Rare Mycobiome Associated with Spacecraft Assembly Cleanrooms)," *Frontiers in Microbiology* 13(2022): 777133.
38. Aleksandra Checinska, Alexander J. Probst, Parag Vaishampayan, James R. White, Deepika Kumar, Victor G. Stepanov, George E. Fox, et al., "국제우주정거장 및 우주선 조립 시설에서 수집된 먼지 입자의 미생물 군집(Microbiomes of the Dust Particles Collected from the International Space Station and Spacecraft Assembly Facilities)," *Microbiome* 3(2015): 50.
39. Takashi Sugita, Takashi Yamazaki, Otomi Cho, Satoshi Furukawa, and Chiaki Mukai, "국제우주정거장에서 1년간 체류한 우주비행사의 피부 마이코바이옴(The Skin Mycobiome of an Astronaut during a 1-Year Stay on the International Space Station),"

Medical Mycology 59, no. 1(2021): 106–109.

40. Donatella Tesei, Anna Jewczynko, Anne M. Lynch, and Camilla Urbaniak, "장기 우주 임무의 성공을 위한 우주비행사 미생물 군집의 복잡성과 변화에 대한 이해(Understanding the Complexities and Changes in the Astronaut Microbiome for Successful Long-Duration Space Missions)," *Life* 12(2022): 495.

부록

1. Jie Tang, Iliyan D. Iliev, Jordan Brown, David M. Underhill, and Vincent A. Funari, "마이코바이옴: 장내 진균 분석 접근법(Mycobiome: Approaches to Analysisof Intestinal Fungi)," *Journal of Immunological Methods* 421(2015): 112–121; Robert Edgar, "16S rRNA 데이터베이스에서의 분류학 주석 및 가이드 트리 오류(Taxonomy Annotation and Guide Tree Errors in 16S rRNA Databases)," *PeerJ* 6(2018): e5030.
2. Amanda K. Dupuy, Marika S. David, Lu Li, Thomas N. Heider, Jason D. Peterson, Elizabeth A. Montano, Anna Dongari-Bagtzoglou, et al., "엠플리콘 기반 분류학의 개선된 방법을 활용한 인간 구강 마이코바이옴 재정의: 주요 공생균으로서의 말라세지아 발견(Redefining the Human Oral Mycobiome with Improved Practices in Amplicon-Based Taxonomy: Discovery of *Malassezia* as a Prominent Commensal)," *PLoS ONE* 9, no. 3(2014): e90899; Mallory J. Suhr와 Heather E. Hallen-Adams, "인간 장내 마이코바이옴: 함정과 가능성—진균학자의 관점(The Human Gut Mycobiome: Pitfalls and Potentials—A Mycologist's Perspective)," *Mycologia* 107, no. 6(2015): 1057–1073.
3. 런던 남부 왠즈워스의 천식 환자에게서 채취한 가래에서 발견된 진균을 분석한 결과, 다소 예상치 못한 종들이 확인되었다: Hugo C. van Woerden, Clive Gregory, Richard Brown, Julian R. Marchesi, Bastiaan Hoogendoorn, and Ian P. Matthews, "천식 환자와 비아토피성 대조군의 가래 샘플에서 발견된 진균의 차이: 지역사회 기반 환자-대조군 연구(Differences in Fungi Present in Induced Sputum Samples from Asthma Patients and Non-Atopic Controls: A Community Based Case Control Study)," *BMC Infectious Diseases* 13(2013): 69. 카디프 의과대학의 휴고 코르넬리스(Hugo Cornelis)와 그의 팀

은 흰개미버섯(*Termitomyces clypeatus*)이 천식 환자의 폐에는 널리 퍼져 있지만 비천식 대조군의 폐에 없는 균종의 하나라고 보고했다. 이 균은 큰 버섯으로 자라며, 1920년대 벨기에령 콩고 식민지였지만 현재는 콩고 민주공화국 영토인 한 대나무 숲속의 버려진 흰개미 둑에서 자라고 있었다. 이 버섯의 균사는 흰개미에 의해 재배되는데, 흰개미는 나무 조각과 식물의 잎을 섭취한 후 이를 배설하여 이 균이 정착, 군집을 이룰 스펀지 같은 '벌집 구조물'을 만든다. 흰개미가 섭취하는 식물 물질의 대부분은 우리 식단의 섬유질처럼 소화가 어려운 성분으로 이루어져 있는데, 여기서 버섯이 역할을 한다. 균의 균사가 이 섬유질을 분해하면서 단백질과 지방이 풍부해지고, 이는 흰개미에게 완벽한 먹이가 된다. 이 종에 대한 설명은 1951년이 되어서야 발표되었다: Roger Heim, "M. Goossens-Fontana가 수집한 벨기에령 콩고의 흰개미버섯(Les *Termitomyces* du Congo Belge Recueillis par Madame M. Goossens-Fontana)," *Bulletin du Jardin Botanique de l'État Bruxelles* 21, no. 3, 4(1951): 205–222. 흰개미버섯은 지리적으로 매우 널리 분포하고 있으며, 카메룬과 나이지리아의 각 지방 시장에서는 약으로도 쓸 수 있는 맛있는 버섯으로 팔리고 있다: Oumar Mahamat, Njouonkou André-Ledoux, Tume Chrisopher, Abamukong Adeline Mbifu, Kamanyi Albert, "흰개미와 연관된 균류 *Termitomyces clypeatus* R. Heim의 항미생물 및 면역조절 활성 평가(Assessment of Antimicrobial and Immunomodulatory Activities of Termite Associated Fungi, Termitomyces clypeatus R. Heim(Lyophyllaceae, Basidiomycota))," *Clinical Phytoscience* 4(2018): 28. 윈즈워스는 자연 풍광이 아름다운 지역이지만, 흰개미둑은 드문 곳이다. 이 가래 샘플에서 이 버섯의 샘플을 발견했다는 주장을 로라 팁턴(Laura Tipton), 엘로디 게댕(Elodie Ghedin)과 앨리슨 모리스(Alison Morris)는 비판 없이 인용했다. "차세대 시퀀싱 시대의 폐 마이코바이옴(The Lung Mycobiome in the Next-Generation Sequencing Era)," *Virulence* 8, no. 3(2017): 334–341, 이 문헌은 DNA 분석에서 나타나는 생물들에 대한 연구자들의 지식이 부족할 경우, 문헌의 오류가 지속될 수 있음을 보여준다. 반 워든(Van Worden)이 런던의 천식 환자들의 폐에서 확인한 수많은 종의 목록에는 이 아프리카 버섯 외에도, 남반구 숲에서 발견되는 목재 부후균, 남아프리카 유칼립투스 나무 내부에서 자라는 균류, 그리고 가장 이상한 것으로 아르헨티나 호수의 차가운 물속에서 자라는 작은 버섯까지 포함되어 있었다. 아마도 이 연구에서 발견되었다는 목재 부후균은 *Grifola sordulenta*, 남아프리카의 내생균은 *Lasiodiplodia gonubiensis*, 그리고 수생 버섯은 *Gloiocephala aquatica*일 것이다. 이 보고서에 나열된 다른 많은 종 역시 런던의 공기 중에 떠다니고 있을 가능성은 낮다.

4. 이 만남을 통해, 나는 의도치 않게 저명한 영국 과학자 하인츠 볼프(Heinz Wolff, 1928–2017)의 입장에 서게 되었다. 볼프 교수는 1970년대 후반 잉글랜드 옥스퍼드에서 열린 한 과학박람회에서 양치류의 정자 방출에 대한 내 전시물 앞에 왔다가 내 현미경을 들여다보았다. 작은 양치식물의 포자체 안에서 헤엄치는 정자 세포를 폭발적으로 방출하도록 유도하는 방법을 알아냈을 때, 나는 자신이 대견했다. 볼프 교수는 독일 억양으로 왜 내가 그런 수고를 했는지 물으며 이렇게 말했다. "그런데 여기서 대체 무슨 실험을 한 거요?"(피터 셀러스가 연기한 「닥터 스트레인지러브」를 떠올리면 딱 맞다) 좋은 질문이었다. 내 프로젝트는 관찰 중심이었고 실험은 최소한이었음을 인정했다. 볼프 교수는 열여섯 살짜리 머저리를 붙들고 쓸데없는 시간을 낭비했다는 듯이 고개를 절레절레 흔들며 가버렸다. 내 과학 선생님은 볼프가 우리말을 들을 수 없을 만큼 멀리 가자 나를 위로해주면서 깜짝 놀랄 정도의 험한 말로 그를 흉보았다. 그날의 수상자는 사립학교(우리 학교는 지역의 '통합학교'였다)에 다니는 남학생들이었는데, 원자로에 버금가는 인상적인 작품을 들고 나온 아이들이었다.
5. Nicholas P. Money, "균의 명명에 대한 반대 의견(Against the Naming of Fungi)," *Fungal Biology* 117(2013): 463–465. 이 논문에서 나는 이렇게 썼다. "50년 동안 균학자들은 확실하게 구분 가능한 종들이 있는 자연계 전체에 성스러운 질서가 존재한다는 린네식의 환상과 균의 다양성을 양립시켜 보려고 노력해왔다. 이 노력은 실패했으며 오늘날의 분류학은 불안정한 철학적 기반 위에 서 있다." 진균류의 수많은 종에 대한 정의가 아직도 확실하지 않고, 친연관계가 먼 진균 집단을 동일한 종으로 취급하거나, 반대로 다른 사람들은 단일 종으로 간주하는 진균에 제각각 여러 이름을 부여하는 상황이 벌어지고 있다.
6. Petr Kralik, Matteo PandRicchi, "미생물 진단에 있어서 실시간 PCR에 대한 기본 가이드: 정의, 매개변수, 기타(A Basic Guide to Real Time PCR in Microbial Diagnostics: Definitions, Parameters, and Everything)," *Frontiers in Microbiology* 8(2017): 108; M. N. Zakaria, M. Furuta, T. Takeshita, Y. Shibata, R. Sundari, N. Eshima, T. Ninomiya, et al., "지역사회 거주 노인의 구강 마이코바이옴과 구강 및 전반적인 건강 상태와의 연관성(Oral Mycobiome in Community-Dwelling Elderly and Its Relation to Oral and General Health Conditions)," *Oral Diseases* 23, no. 7(2017): 973–982.

그림 출처

1장 상호작용하다

Small fungal colony or mycelium of branching hyphae. Fungi growing in this form extract nutrients from solid materials including human tissues. Source: F. Felder, Lumott, LLC.

2장 만지다

Fungi multiplying as budding yeasts. Yeasts grow on the skin surface including the scalp. Source: Kallayanee Naloka / Shutterstock.

3장 숨쉬다

Spores of the mold Alternaria are among the most common causes of asthma and other allergies. Source: The Mycological Society of Japan, image from Junji Nishikawa and Chiharu Nakashima, "Morphological and Molecular Characterization of the Strawberry Black Leaf Spot Pathogen Referred to as the

Strawberry Pathotype of Alternaria alternata," Mycoscience 60, no. 1(2019): 1–9.

4장 퍼져나가다

Stalks of the fungus Rhizopus tipped with sporangia containing airborne spores. Rhizopus grows on rotting fruit and can also cause lethal brain infections. Source: Christos Georghiou / Shutterstock.

5장 소화시키다

The digestive system is colonized with fungi from mouth to anus. Source: Shutterstock.

6장 영양을 주다

Spores of the fungus Fusarium that is used to produce mycoprotein. Source: Kallayanee Naloka / Shutterstock. 226 Illustr at ions.

7장 치료하다

Beautiful fruit bodies of bird's nest fungi that are the source of antibiotics called cyathanes. ©2013 Insil Choi.

8장 중독시키다

St. Anthony of Egypt, whose relics became associated with the miraculous cure of ergotism in the Middle Ages. The victim of ergotism in this sixteenth-century woodcut is suffering from the ignis sacer or holy fire, which was a burning sensation in the extremities caused by vasoconstriction, and has lost one of his legs below the knee to gangrene. Source: World History Archive / Alamy Stock Photo.

9장 꿈꾸다

Fruit bodies of a species of Psilocybe with hallucinogenic properties. ©2022 Insil

Choi.

10장 재활용하다

Mycorrhizal symbiosis between the roots of a tree and the mycelia of mushrooms that are fruiting at the surface of the soil. ©2022 Insil Choi.

인류와 함께한 진균의 역사

초판 1쇄 인쇄 2026년 1월 10일
초판 1쇄 발행 2026년 1월 20일

지은이 니컬러스 P. 머니
옮긴이 김은영 | **감수** 조정남

펴낸이 오세인 | **펴낸곳** 세종서적(주)

국장 주지현
편집 최정미 | **표지디자인** 유어텍스트 | **본문디자인** 김진희
마케팅 조소영 | **경영지원** 홍성우

출판등록 1992년 3월 4일 제4-172호
주소 서울시 광진구 천호대로132길 15, 세종 SMS 빌딩 3층
전화 (02)775-7012 | 마케팅 (02)775-7011 | 팩스 (02)319-9014

홈페이지 www.sejongbooks.co.kr | 네이버 포스트 post.naver.com/sejongbooks
페이스북 www.facebook.com/sejongbooks | 원고 모집 sejong.edit@gmail.com

ISBN 979-11-993787-0-4 03470